普通高等教育"十二五"规划教材

现代机械工程制图

主　编　王志忠　雷淑存
副主编　宋春明　李　涛
主　审　郑　镁

科学出版社

北　京

内 容 简 介

本套教材分两册出版。其中,《工程图学基础》(已于 2011 年 7 月在科学出版社出版)是高等院校"工程制图"课程的公共基础通用教材;《现代机械工程制图》(本书)专为机械类、近机械类专业"机械制图"课程编写,与《工程图学基础》配套使用。

本书依照教育部高等学校工程图学教学指导委员会制定的"普通高等院校工程图学课程教学基本要求",参考国内同类优秀教材,采用最新的相关国家标准,并吸收"工程制图"陕西省精品课程建设和多项教学研究与改革的成果,经过精心组织编写而成。

全书分上、下两篇和附录三部分。上篇为传统的机械工程制图内容,包括机械工程图预备知识、标准件与常用件、零件的技术要求、零件图、装配图、表面展开图和焊接图;下篇介绍 SolidWorks 三维机械设计绘图应用软件的命令与工程图的生成等内容;附录包括图样的简化表示法、机械制图常用的国家标准等参考资料。

本书可作为高等工科院校本科及专科机械类、近机械类各专业机械工程制图课程的教材,也可作为函授、电大、夜大和职业技术教育同类专业或职工技术培训的教材或参考书。

图书在版编目(CIP)数据

现代机械工程制图/王志忠,雷淑存主编.—北京:科学出版社,2011
普通高等教育"十二五"规划教材
ISBN 978-7-03-032657-7

Ⅰ.①现… Ⅱ.①王…②雷… Ⅲ.①机械制图-高等学校-教材
Ⅳ.①TH126

中国版本图书馆 CIP 数据核字(2011)第 222714 号

责任编辑:匡 敏 朱晓颖 张丽花 / 责任校对:张林红
责任印制:张克忠 / 封面设计:迷底书装

科 学 出 版 社 出版
北京东黄城根北街 16 号
邮政编码:100717
http://www.sciencep.com

北京市文林印务有限公司印刷
科学出版社发行 各地新华书店经销

*

2012 年 1 月第 一 版 开本:787×1092 1/16
2018 年 1 月第七次印刷 印张:15
字数:380 000

定价:38.00 元
(如有印装质量问题,我社负责调换)

前　　言

本套教材分两册出版。其中,《工程图学基础》(已于 2011 年 7 月在科学出版社出版)是高等院校"工程制图"课程的公共基础通用教材;《现代机械工程制图》(本书)专为机械类、近机械类专业"机械制图"课程编写,与《工程图学基础》配套使用。

全书内容分为上、下两篇和附录三部分。上篇为传统的机械工程制图内容;下篇主要介绍 SolidWorks 2008 三维机械设计绘图应用软件的命令、操作以及工程图的生成等;附录Ⅰ是简化表示法,摘录了国家标准《简化表示法》的部分内容[图样画法(GB/T 16675.1—1996)和尺寸注法(GB/T 16675.2—1996)],附录Ⅱ则为机械制图常用的国家标准等参考资料。

本书采用了最新的国家标准,并对各章节及附录中相应标准的内容或图例做了适当的简化,以便于查阅和使用。为了培养和提高学生的工程素质,第 1 章简要介绍了与机械工程制图相关的预备知识,以便于学生更好地理解和掌握机械工程制图的教学内容。

本书在体系上力求把传统机械制图与现代机械设计、制造与工艺,以及现代设计制图技术融为一体,因此,在下篇中详细介绍了 SolidWorks 2008 三维机械设计绘图软件的应用,旨在使学生掌握这一现代设计制图技术,以满足当今社会对新型人才知识结构的需求。

本书由王志忠、雷淑存任主编。上篇编者依次为:张政武(第 1 章),陈华(第 2 章部分),吴信联(第 2 章部分,第 3 章部分),王幼苓(第 3 章部分),雷淑存(第 4 章),李涛(第 5 章),王志忠、宋春明(第 6 章);下篇由雷淑存、李涛和宋春明编写;附录Ⅰ和附录Ⅱ分别由张政武和王志忠编写。

西安交通大学郑镁教授仔细审阅了全书并提出许多宝贵的修改意见,在此谨表示衷心感谢!

由于编者经验与水平所限,书中不当之处敬请读者批评指正。

编　者
2011 年 11 月

目　　录

前言

上篇　机械工程制图

第1章　机械工程图预备知识 ……………………………………………………………………… 2
　1.1　机器概述 ……………………………………………………………………………………… 2
　　1.1.1　机器的作用与分类 …………………………………………………………………… 2
　　1.1.2　机器的构成 …………………………………………………………………………… 2
　　1.1.3　机器的制造与装配顺序 ……………………………………………………………… 3
　1.2　机械设计与制造过程简介 …………………………………………………………………… 3
　　1.2.1　机械产品设计过程与方法 …………………………………………………………… 3
　　1.2.2　机械制造过程 ………………………………………………………………………… 4
　1.3　机械制造方法简介 …………………………………………………………………………… 5
　　1.3.1　机械制造方法 ………………………………………………………………………… 5
　　1.3.2　机械装配方法 ………………………………………………………………………… 9
　　1.3.3　成形表面加工及成形刀具 …………………………………………………………… 10
　1.4　机械工程材料简介 …………………………………………………………………………… 11
　　1.4.1　金属材料 ……………………………………………………………………………… 11
　　1.4.2　非金属材料 …………………………………………………………………………… 12
第2章　标准件与常用件 ………………………………………………………………………… 13
　2.1　螺纹和螺纹紧固件 …………………………………………………………………………… 13
　　2.1.1　螺纹及螺纹要素 ……………………………………………………………………… 13
　　2.1.2　螺纹的规定画法与标注 ……………………………………………………………… 15
　　2.1.3　螺纹紧固件及其连接画法 …………………………………………………………… 18
　2.2　键 ……………………………………………………………………………………………… 23
　　2.2.1　键的作用和种类 ……………………………………………………………………… 23
　　2.2.2　键的规定标记 ………………………………………………………………………… 24
　　2.2.3　普通平键的键槽尺寸与标注 ………………………………………………………… 24
　　2.2.4　普通平键联结的画法 ………………………………………………………………… 25
　2.3　销 ……………………………………………………………………………………………… 25
　　2.3.1　销的作用和种类 ……………………………………………………………………… 25
　　2.3.2　销的规定标记 ………………………………………………………………………… 25
　　2.3.3　销的连接画法 ………………………………………………………………………… 26
　2.4　滚动轴承 ……………………………………………………………………………………… 26
　　2.4.1　滚动轴承的作用、结构和种类 ……………………………………………………… 26
　　2.4.2　滚动轴承的画法 ……………………………………………………………………… 26
　　2.4.3　滚动轴承的代号与标记 ……………………………………………………………… 28
　2.5　齿轮 …………………………………………………………………………………………… 29
　　2.5.1　直齿圆柱齿轮的各部分名称及尺寸 ………………………………………………… 29
　　2.5.2　圆柱齿轮的规定画法 ………………………………………………………………… 31

2.6　弹簧 ·· 33
   2.6.1　圆柱螺旋压缩弹簧的参数 ···························· 33
   2.6.2　圆柱螺旋弹簧的规定画法 ···························· 33

第3章　零件的技术要求 ·· 36
  3.1　零件的表面结构及其标注 ··································· 36
    3.1.1　概述 ·· 36
    3.1.2　表面结构的评定参数 ······························· 36
    3.1.3　表面结构的图形符号、代号及其标注方法 ············ 37
    3.1.4　表面结构要求在图样和其他技术产品文件中的注法 ···· 40
    3.1.5　表面结构参数的选用 ······························· 43
  3.2　极限与配合 ··· 43
    3.2.1　互换性 ·· 43
    3.2.2　极限与配合的概念 ································· 44
    3.2.3　极限与配合在图样中的标注 ························· 48
    3.2.4　极限偏差数值的查表方法 ··························· 50
    3.2.5　极限与配合的选择 ································· 51
  3.3　几何公差标注 ··· 53
    3.3.1　几何公差的种类、几何特征及其符号 ················ 53
    3.3.2　几何公差的标注 ··································· 54

第4章　零件图 ·· 57
  4.1　零件图概述 ··· 57
  4.2　零件的视图选择 ··· 58
    4.2.1　主视图的选择 ····································· 58
    4.2.2　其他视图的选择 ··································· 58
  4.3　零件的尺寸标注 ··· 60
    4.3.1　尺寸基准的种类和选择 ····························· 60
    4.3.2　合理标注尺寸应注意的问题 ························· 61
    4.3.3　标注零件尺寸的方法与步骤 ························· 64
  4.4　典型零件分析 ··· 64
    4.4.1　轴套类零件 ······································· 64
    4.4.2　轮盘类零件 ······································· 66
    4.4.3　叉架类零件 ······································· 68
    4.4.4　箱体类零件 ······································· 70
  4.5　零件上常见结构的画法及尺寸注法 ························· 72
  4.6　读零件图 ··· 79

第5章　装配图 ·· 83
  5.1　装配图的内容 ··· 83
  5.2　装配图的表示方法 ······································· 85
    5.2.1　装配图的规定画法 ································· 85
    5.2.2　装配图的特殊画法 ································· 85
  5.3　装配图中的尺寸标注和技术要求 ··························· 87
    5.3.1　装配图中的尺寸标注 ······························· 87
    5.3.2　装配图中的技术要求 ······························· 88
  5.4　装配图中零件序号的编排及明细栏、标题栏填写 ··········· 88
    5.4.1　零件序号的编排 ··································· 88

　　　5.4.2　标题栏和明细栏 ·· 89
　5.5　常见装配结构分析及画法 ·· 90
　5.6　画装配图的方法及步骤 ··· 94
　5.7　读装配图的方法及步骤 ·· 103
　5.8　由装配图拆画零件图 ··· 106
第 6 章　表面展开图和焊接图 ··· 113
　6.1　表面展开图 ··· 113
　　　6.1.1　概述 ··· 113
　　　6.1.2　锥面的表面展开 ··· 114
　　　6.1.3　柱面的表面展开 ··· 117
　　　6.1.4　不可展表面的近似展开 ·· 120
　　　6.1.5　表面展开的工程应用实例 ·· 122
　6.2　焊接图 ·· 123
　　　6.2.1　焊接的连接形式及焊缝的规定画法 ·· 123
　　　6.2.2　焊缝的标注方法 ··· 124
　　　6.2.3　焊接件图例 ·· 129

下篇　SolidWorks 三维机械设计基础

引言 ·· 132
第 7 章　SolidWorks 的操作基础 ·· 133
　7.1　程序启动及文件管理 ··· 133
　　　7.1.1　系统的启动 ·· 133
　　　7.1.2　保存文件 ··· 134
　7.2　SolidWorks 的零件模型工作界面 ··· 134
　7.3　模型的显示与鼠标的快捷操作 ·· 136
　　　7.3.1　SolidWorks 中各鼠标按键的作用及快捷操作 ····························· 136
　　　7.3.2　显示控制 ··· 136
第 8 章　草图的绘制 ·· 138
　8.1　草图的作用及草图模式 ·· 138
　　　8.1.1　草图的作用 ·· 138
　　　8.1.2　草图模式的进入 ··· 138
　8.2　草图的绘制 ·· 139
　　　8.2.1　草图绘制工具的应用 ··· 139
　　　8.2.2　草图绘制过程中应注意的问题及实例 ·· 146
第 9 章　实体特征设计 ··· 148
　9.1　实体特征的创建 ··· 148
　　　9.1.1　实体特征的形成 ··· 148
　　　9.1.2　实体特征工具及应用 ··· 148
　9.2　创建实体特征应注意的问题及实例 ··· 163
　　　9.2.1　创建实体特征过程中应注意的问题 ·· 163
　　　9.2.2　实体特征创建实例 ··· 163
　　　9.2.3　实体特征的再编辑 ··· 166
第 10 章　装配体的建立 ··· 167
　10.1　装配体设计的基本方法 ·· 167
　10.2　装配体的建立 ·· 167

第 11 章　工程图的创建 ··· 171

　11.1　工程图中各种视图的创建 ·· 171

　　11.1.1　工程图模式的进入 ··· 171

　　11.1.2　视图的创建 ··· 171

　　11.1.3　剖视图的创建 ··· 174

　　11.1.4　视（剖视）图创建中的常见问题 ·· 178

　　11.1.5　装配体的工程图创建 ··· 179

　　11.1.6　工程图创建过程实例 ··· 179

　11.2　工程图中的尺寸标注 ·· 183

　11.3　工程图中的技术要求 ·· 184

　11.4　系统选项设定 ··· 185

附　　录

附录Ⅰ　简化表示法 ··· 188

　Ⅰ.1　图样画法（摘自 GB/T 16675.1—1996） ·································· 188

　　Ⅰ.1.1　基本要求 ··· 188

　　Ⅰ.1.2　简化画法 ··· 188

　Ⅰ.2　尺寸注法（摘自 GB/T 16675.2—1996） ·································· 190

　　Ⅰ.2.1　基本要求 ··· 190

　　Ⅰ.2.2　简化注法 ··· 191

附录Ⅱ　机械制图常用国家标准及常用材料与热处理方法 ··············· 195

　Ⅱ.1　螺纹基本尺寸和螺纹要素 ·· 195

　Ⅱ.2　螺纹紧固件 ··· 199

　Ⅱ.3　键联结和销连接 ·· 208

　Ⅱ.4　滚动轴承 ··· 212

　Ⅱ.5　极限与配合 ··· 215

　Ⅱ.6　产品几何技术规范（GPS） ··· 224

　Ⅱ.7　机械零件的结构要素 ·· 226

　Ⅱ.8　其他标准 ··· 229

　Ⅱ.9　材料与热处理 ·· 230

参考文献 ··· 232

上 篇
机械工程制图

第1章 机械工程图预备知识

1.1 机 器 概 述

1.1.1 机器的作用与分类

机器是由零件组成的、执行机械运动的装置。机器的种类很多,其结构、功能和用途各异,按其用途和功能等可分为以下几类。

(1)动力机器:如电动机、发电机和内燃机等,主要用以实现机械能与其他形式能量之间的转换。

(2)加工机器:如普通机床、数控机床和工业机器人等,主要用来改变物料的结构形状、性质和状态。

(3)运输机器:如汽车、火车、飞机和输送机等,主要用来改变物料的空间位置。

(4)信息机器:如计算机、摄像机和复印机等,主要用来获取或处理各种信息。

图 1-1 所示为普遍使用的一种动力机器——电动机;图 1-2 所示为工业制造中最常用的加工机器——普通车床。

图 1-1　电动机

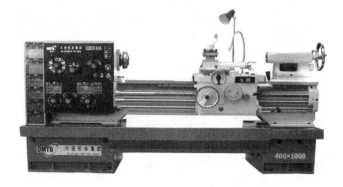

图 1-2　CDE6140A 型普通车床

1.1.2 机器的构成

任何一台机械产品(机器)都是用一定的材料,按预定的要求制造而成的,它具有一定的形状、大小和重量。如果从机器构成的角度来分析,机器是由部件和零件按预定的方式装配起来,彼此保持一定的相对关系,并能实现某种运动的装置。如果从制造的角度分析,任何机器都是由若干零件组成的,零件是机器中单独加工不可再分的单元体,不同的零件具有不同的结构形状和加工要求。

如图 1-3 所示为普通卧式车床外形图。它主要由床身、主轴箱、进给箱、溜板箱、刀架和尾座等部件构成。主轴箱由主轴部件、主传动变速及操纵机构、离合器及制动器、交换齿轮与换向机构、润滑装置等部件构成。而主轴部件又由主轴、轴承、套筒、传动齿轮及紧固件等零件构成。

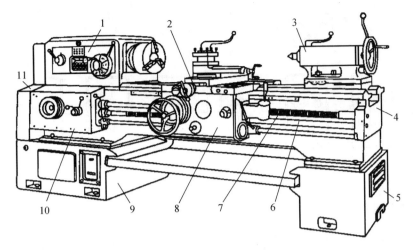

1-主轴箱；2-刀架；3-尾座；4-床身；5、9-床腿；6-光杠；

7-丝杠；8-溜板箱；10-进给箱；11-挂轮变速机构

图1-3 普通卧式车床外形图

1.1.3 机器的制造与装配顺序

制造一台机器，必须从每个零件的加工开始，将加工合格的零件连同外购件按照一定的要求进行组配、连接成符合设计要求的机器，这称为机器的装配。装配时，先将最基本的零件组装成小部件，再将若干个小部件装配成大部件，最后装配成机器。

1.2 机械设计与制造过程简介

1.2.1 机械产品设计过程与方法

1. 产品的设计过程

产品设计是产品整个生命周期中非常重要的环节。机械产品设计过程一般分为初期规划设计、总体方案设计、结构技术设计、生产施工设计等四个阶段。初期规划设计包括选题、调研和预测、可行性论证、确定设计任务；总体方案设计包括目标分析、创新构思、方案拟订、方案评价和方案决策；结构技术设计包括结构方案拟订、造型设计、结构设计、材料选择与尺寸设计、设计图绘制；生产施工设计包括工艺设计、工装设计和施工设计。

2. 产品现代设计方法——并行工程

传统的设计过程是一个直线链串行设计流程，从一个环节流向另一个环节。这种设计过程使得产品整个生命周期各环节相互独立，顺序作业，缺乏必要的信息交流和反馈，往往使产品开发周期长、反复次数多，并易造成设计与生产脱节。现代产品设计开发通常采用并行产品设计——并行工程，即在产品设计初期，就全面考虑产品的市场、制造、使用、销售及回收再利用等全过程，使各阶段交叉、重叠进行，从而缩短产品开发时间、降低生产成本，提高产品质量和生产率，为产品最终取得社会效益和经济效益打下良好的基础。产品并行设计过程如图1-4所示。

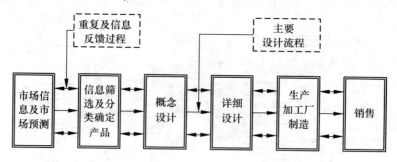

图 1-4　机械产品并行设计过程方框图

1.2.2　机械制造过程

机械产品的制造是一个包含产品设计、生产、销售、售后服务、信息反馈和设计改进等环节的系统。机械产品制造过程如图 1-5 所示。

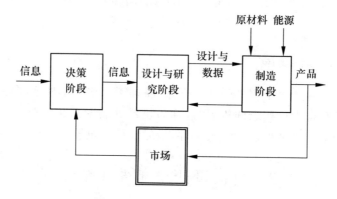

图 1-5　机械产品的制造过程

1. 生产过程

在制造机械产品时,把原材料转变为成品的各种有关劳动过程的总和,称为生产过程。生产过程是机械制造过程的核心,是机械产品由设计向产品转化的过程,主要包括下列内容:

（1）原材料、半成品的运输和保管。

（2）生产和技术准备工作,如工艺、工装的设计、制造以及生产组织等。

（3）毛坯制造,如铸造、锻造、焊接和冲压等。

（4）零件的机械加工、热处理等工作。

（5）部件和产品的装配、调整工作。

（6）产品测试与检验。

（7）产品的涂装和保管。

2. 工艺过程

机器的生产过程中,毛坯的制造、零件的机械加工与热处理、产品的装配等工作将直接改变生产对象的形状、尺寸、相对位置和性质等,使之成为成品或半成品,这一过程称为工艺过程。

原材料经过铸造、锻造、冲压或焊接等加工方法而成为铸件、锻件、冲压件或焊接件的过程,分别称为铸造、锻造、冲压或焊接工艺过程。将铸件、锻件等毛坯或钢坯经机械加工,改变它们的形状、尺寸和表面质量而使其成为合格零件的过程,称为机械加工工艺过程。对零件或半成品通过各种热加工处理而改变其表面材料性质的过程,称为热处理工艺过程。而将合格的机器零件和外购件、标准件装配成部件、机器的过程,则称为装配工艺过程。

3. 装配过程

装配过程是机器制造工艺过程中的重要组成部分。装配工艺过程主要包括清洗、连接、校正和配作、平衡、试验验收等。

1）清洗

机械零件在装配前,必须进行清洗和检查,以清除零件表面的污物。

2）连接

连接是最基本的装配。连接分为可拆卸连接和不可拆卸连接两大类。可拆卸连接包括螺纹连接、键联结、销钉连接、圆锥体连接,其中以螺纹连接应用最为广泛。不可拆卸连接包括焊接、铆接、胶合连接和过盈连接等。

3）校正和配作

校正是指装配时对各零部件间相互位置的找正及调整。校正的过程同时也是对零部件的尺寸、形状及位置的检验过程。配作主要有配钻、配铰、配刮及配研等。

4）平衡

转速较高的转动零件或部件,在装配时必须进行平衡,以消除或减轻运转时由惯性离心力而引起的振动,从而提高部件和机器工作的平稳性并降低噪声。

5）试验验收

产品装配完成后,应根据产品技术规范或标准进行检验与试验。

1.3 机械制造方法简介

机械制造方法是指将原材料改变其形状或特性,最终形成产品的方法。生产中制造方法一般包括机械加工与机械装配两方面,而机械加工与机械装配中又有许多种不同方法,机械产品制造方法的分类如图 1-6 所示。

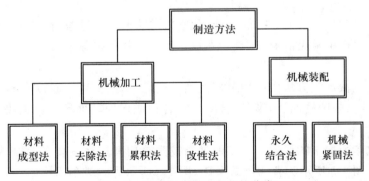

图 1-6 机械产品制造方法的分类

1.3.1 机械制造方法

1. 材料成型法

材料成型法是指将原材料加热成液态、半液态,并在特定模具中冷却成型、变形,或将粉末状的原材料在特定型腔中加热、加压成型的方法。材料在成型前后没有质量的变化,故又常称为"质量不变工艺"。材料成型法是零件毛坯的主要生产形式,生产中常用的材料成型法有铸造、锻造、粉末冶金、挤压、轧制和拉拔等方法。

1) 铸造

将熔化成液态的金属浇入事先做好的铸型中,金属凝固后获得一定形状和性能的铸件,称为铸造工艺。砂型铸造是生产中使用最广泛的铸造方法,常用于毛坯制造。其工艺过程如图 1-7 所示。

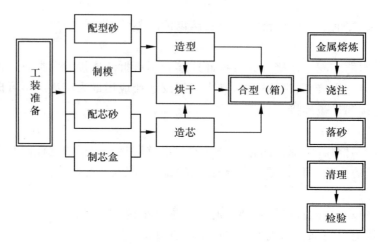

图 1-7　砂型铸造工艺过程

2) 锻造

锻造是指利用外力使材料产生塑性变形并形成所需形状和尺寸的方法。锻造也是生产中制造毛坯的主要方法之一。

3) 其他方法

另外,还有粉末冶金、挤压、轧制和拉拔等其他材料成型法。

2. 材料去除法

材料去除法是利用机械能、热能、光能、化学能等去除毛坯上多余材料而形成所需的形状和尺寸的方法。生产中常见的有车、铣、钻、铰、镗、磨等材料去除方法。

1) 车削

车削加工是机械加工方法中应用最广泛的方法之一,主要用于回转体零件的加工,如轴套类、轮盘类零件的内外圆柱面、圆锥面、台阶面及各种成形回转面等。其典型的加工表面如图 1-8(a)、(b)所示。

车床是完成车削加工的机器。车床的种类按其结构和用途主要分为卧式车床、立式车床和转塔车床等。图 1-3 所示为普通卧式车床,图 1-9 所示为立式车床。

2) 铣削

铣削加工是在铣床上用旋转的铣刀加工各种平面和沟槽的方法,它在机械零件加工和工具制造中仅次于车削。铣削加工适应面广,可加工各种零件的平面、台阶面、沟槽、成形表面、型孔表面及螺旋表面等。其典型的加工表面如图 1-8(c)、(d)所示。

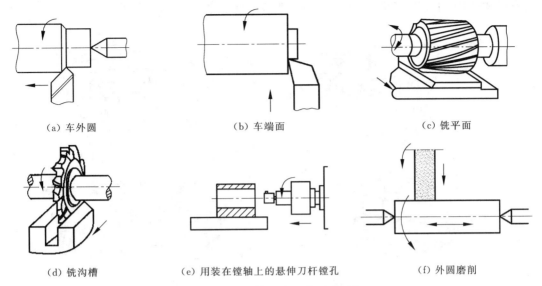

(a) 车外圆　　　　　　　(b) 车端面　　　　　　　(c) 铣平面

(d) 铣沟槽　　　(e) 用装在镗轴上的悬伸刀杆镗孔　　　(f) 外圆磨削

图 1-8　车、铣、镗、磨等最常见典型表面加工

铣床主要类型有卧式升降台铣床、立式升降台铣床、龙门铣床等。图 1-10 所示为立式升降台铣床的外形图。

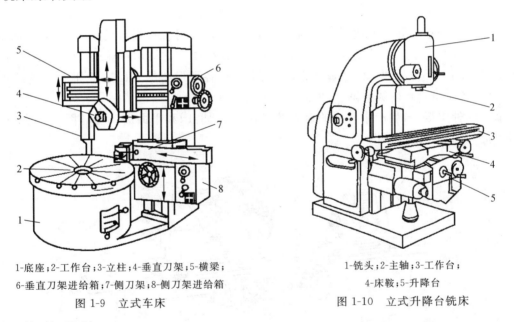

1-底座；2-工作台；3-立柱；4-垂直刀架；5-横梁；
6-垂直刀架进给箱；7-侧刀架；8-侧刀架进给箱

图 1-9　立式车床

1-铣头；2-主轴；3-工作台；
4-床鞍；5-升降台

图 1-10　立式升降台铣床

3）钻、铰、镗削

在钻床上以钻头的旋转做主运动，钻头沿工件上孔的轴向做进给运动，在工件上加工出孔的方法称为钻削；当工件上已加工有孔时，采用扩孔钻将孔径扩大的方法称为扩孔。铰削是用来对中、小直径的孔进行半精加工和精加工的常用方法，加工孔可以是圆柱孔，也可以是圆锥孔；既可加工通孔，亦可加工盲孔（不通孔）。镗削是指在镗床上以镗刀的旋转为主运动、工件或镗刀移动做进给运动、对孔进行扩大孔径及提高质量的加工方法。镗削加工的典型表面如图 1-8(e)所示。

钻床是孔加工的主要机床之一，其种类主要有立式钻床、台式钻床和摇臂钻床等，图 1-11 所示为台式钻床的外形图。镗床主要用于加工重量和尺寸较大的工件上的孔系等，其主要类型有卧式镗床、坐标镗床等。图 1-12 所示为立式单柱坐标镗床的外形图。

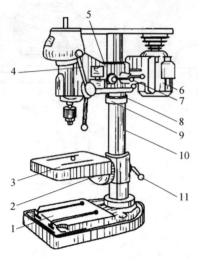 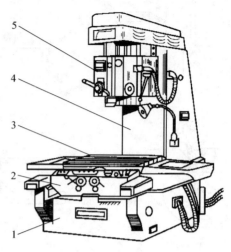

1-机座；2、8-锁紧螺钉；3-工作台；4-钻
头进给手柄；5-主轴架；6-电动机；
7、11-锁紧手柄；9-定位环；10-立柱
图 1-11　台式钻床

1-机座；2-滑座；3-工作台；
4-立柱；5-主轴箱
图 1-12　立式单柱坐标镗床

4）磨削

磨削加工是指在磨床上使用砂轮与工件做相对运动、对工件进行的一种多刀多刃的高速切削方法。主要用于零件的精加工，尤其对难切削的高硬度材料，如淬硬钢、硬质合金、玻璃和陶瓷等进行加工。磨削加工的适应性很广，几乎能对各种形状的表面进行加工。磨削可分为外圆磨削（图 1-8(f)）、内圆磨削、平面磨削等加工类型。

磨床的种类很多，生产中常用的有外圆磨床、内圆磨床和平面磨床等。图 1-13 所示为某型号万能外圆磨床的外形图。

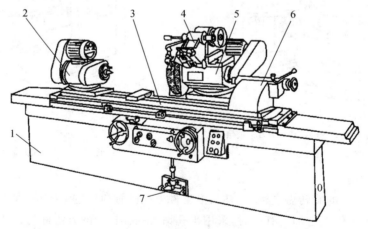

1-床身；2-头架；3-工作台；4-内圆磨装置；5-砂轮架；6-尾座；7-脚踏操纵板
图 1-13　万能外圆磨床

3. 材料累加法

材料累加法是指将分离的原材料通过加热、加压或其他手段结合成零件的方法，又称质量

增加工艺。属于此类工艺的有焊接、快速原形制造等。

1) 焊接

焊接是指通过加热或加压、使用填充材料将分离的两部分结合成同一零件的加工方法。生产中焊接的方法很多,按照焊接过程的特点不同,可分为熔焊、压焊和钎焊三大类。

2) 快速原形制造

快速原形制造(RPM)是机械工程、计算机技术、数控技术以及材料科学技术的集成,它能将计算机数学几何模型的设计迅速、自动地物化为具有一定结构和功能的原形或零件。RPM的核心是将零件(或产品)的三维实体按一定厚度分层,以平面制造方式将材料层层堆叠,并使每个薄层自动粘结成形,形成完整的零件。目前主要用于产品开发及模具制造方面。

快速原形制造技术工艺流程如图 1-14 所示。

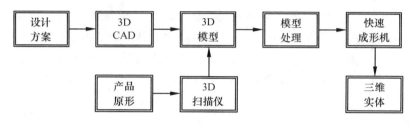

图 1-14　快速原形制造工艺流程

4. 材料改性法

材料改性法是生产中常用的热处理工艺,其主要目的是改善材料的加工性能、去除内应力以及提高零件的使用性能,常用的有退火、正火、淬火和回火等。

1) 退火和正火

退火是指将钢件加热到某一温度(对于碳钢,一般为 750～900℃),保温一段时间,然后随炉缓慢冷却的热处理工艺。退火工艺主要用于铸造、锻造及焊接零件的处理。退火的目的,一是均匀组织、细化晶粒;二是消除工件内应力,如经铸造、锻造或焊接后的钢件,因为有内应力的存在,会使工件变形,甚至开裂,所以必须退火处理,消除内应力;三是降低工件硬度,使其便于切削加工。

正火是指把钢件加热到 780～920℃,保温一段时间后,在空气中冷却的热处理工艺。与退火不同的是,正火的冷却速度较快,所获得的组织晶粒较细,力学性能得到改善。

2) 淬火和回火

淬火是指将钢件加热到 780～860℃,保温一段时间后,在冷却介质(如水或油)中快速冷却的热处理工艺。淬火的目的是提高零件表面的硬度和耐磨性,如各种刀具、量具、模具及许多机器零件都需要进行淬火处理。

回火是指将淬火后的零件,加热到一定温度并保温一段时间后,在空气中冷却的热处理工艺。

1.3.2　机械装配方法

1. 永久结合法

在装配方法中,属于永久结合的工艺主要有焊接、粘结等,其中焊接最常用。焊接后的工件不可拆卸,其连接质量和接头密封性好,并可承受高压,但焊接过程中会产生变形、裂纹等现象。

2. 机械紧固法

机械紧固法是机械装配中最常用的工艺,如螺纹连接、销钉、铰链、滑道等。与永久结合不同,机械紧固连接是可拆卸的,它便于产品及其零件的维护和修理。

1.3.3 成形表面加工及成形刀具

1. 成形表面

有些机器零件的表面,不是简单的圆柱面、圆锥面、平面及其组合,而是形状复杂的表面,这些复杂表面称为成形表面。

按照成形表面的几何特征,成形表面一般可分为以下三种类型。

(1) 成形回转面:由一条母线(曲线)绕一固定轴线旋转而成,如图1-15(a)所示的手柄。

(2) 直线成形面:由一条直母线沿一条曲线移动而成,如图1-15(b)所示的凸轮。

(3) 立体成形面:即零件各个断面具有不同的轮廓形状,如图1-15(c)所示的锻模。

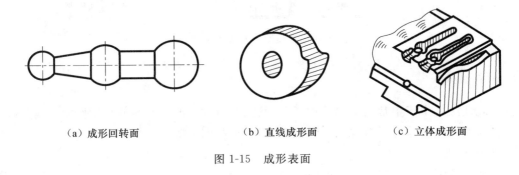

（a）成形回转面　　　　　　（b）直线成形面　　　　　　（c）立体成形面

图1-15　成形表面

2. 成形表面加工

成形表面的加工方法有:使用成形刀具加工,使用靠模装置加工及按运动轨迹加工等,其中使用成形刀具是最常见的一种加工方法。该方法在加工时,刀具的切削刃按工件表面轮廓形状制造,加工时刀具相对工件做简单的直线进给运动,如图1-16所示。

（a）车削成形表面　　　　　　（b）铣削成形表面　　　　　　（c）铰削成形表面

图1-16　使用成形刀具加工成形表面

使用成形刀具加工时,加工的精度主要取决于刀具的精度,并易于保证同一批工件表面形状、尺寸的一致性和互换性。但是成形刀具的设计、制造和刃磨都较复杂,一般适用于成形表面精度要求较高、尺寸较小、零件批量较大的场合。生产中常用的成形刀具有成形车刀、成形铣刀、成形砂轮、成形拉刀和成形铰刀等。

当用成形铰刀加工成形表面时,一般先要进行粗加工,如图 1-16(c)所示,用球形铰刀铰削较小直径的球窝,铰削前先用钻头在工件上钻出盲孔,再用成形车刀粗车成形,然后进行粗铰、精铰。

1.4　机械工程材料简介

机械工程材料主要包括金属材料和非金属材料。金属材料是应用最广泛的工程材料,包括纯金属及其合金。在工业领域,金属材料分为两类,一类是黑色金属,主要指应用最广泛的钢铁;另一类是有色金属,指除黑色金属之外的所有金属及其合金。非金属材料是近年来发展非常迅速的工程材料,因其具有金属材料无法具备的某些性能(如电绝缘性、耐腐蚀性等),在工业生产中已成为不可替代的重要材料,如高分子材料、工业陶瓷和复合材料。

1.4.1　金属材料

1. 黑色金属

黑色金属是指铁和铁的合金,如钢、生铁、铁合金和铸铁等。钢和铸铁是工业生产中应用最广泛的黑色金属材料。

1)钢

工业上将含碳量小于 2.11％的铁碳合金称为钢。钢的主要元素除铁、碳外,还有硅、锰、硫、磷等。

按化学成分不同,钢可分为碳素钢和合金钢。按含碳量不同碳素钢可分为低碳钢、中碳钢和高碳钢;按质量差异可分为普通钢、优质钢和高级优质钢;按用途可分为结构钢、工具钢和特殊性能钢等。钢的牌号及用途见附录Ⅱ.9。

2)铸铁

含碳量大于 2.11％的铁碳合金称为铸铁。铸铁具有优良的铸造性能、切削加工性能、耐磨性、减震性和耐蚀性,且价格较低,因此广泛应用于机械制造、石油化工、交通运输、基本建设及国防工业等方面。

铸铁根据铸铁中石墨形态的不同分为灰口铸铁、球墨铸铁和可锻铸铁等。常见铸铁的牌号及用途见附录Ⅱ.9。

2. 有色金属

工业生产中通常把铁和铁基合金以外的金属称为有色金属。有色金属种类很多,常用的有色金属有铝及铝合金、铜及铜合金、铅及铅合金、钛及钛合金以及轴承合金等。

1)铝及铝合金

除钢铁以外,铝材是用量最多、应用范围最广的第二大类金属材料。纯铝的强度很低,一般不宜直接作为结构材料和制造机械零件。但加入适量合金元素的铝合金,再经过强化处理后,其强度可以得到很大提高。铝合金按其成分、组织和工艺特点可分为形变铝合金和铸造铝合金。常见铝合金牌号及用途见附录Ⅱ.9。

2）铜及铜合金

纯铜强度低,虽经冷变形后可以提高强度,但塑性显著下降,一般也不作为结构材料使用,主要用于制造电线、电缆、导热零件和配制铜合金。铜合金主要有黄铜、青铜和白铜三大类,其中青铜和黄铜应用最广泛。常见铜合金牌号及用途见附录Ⅱ.9。

1.4.2 非金属材料

1. 塑料

塑料的主要成分是合成树脂。它是将各种单体通过聚合反应合成的高聚物,在一定的温度、压力下软化成型,是最主要的工程材料之一,主要用于电工、化工等工程领域。

塑料具有良好的电绝缘性、耐腐蚀性、耐磨性和成型性,而密度只有钢的1/6,对减轻其自身重量具有重大意义。塑料的缺点是强度、硬度较低,耐热性差,易老化,易蠕变等。根据热性能的不同,塑料分为热塑性塑料和热固性塑料两类。

2. 橡胶

橡胶与塑料不同之处是橡胶在室温下具有很高的弹性。经硫化处理和碳黑增强后,其抗拉强度可达 $25\sim35\mathrm{MPa}$,并具有良好的耐磨性。常用的橡胶有天然橡胶、合成橡胶和特种橡胶等。工业上橡胶常用于制造轮胎、胶带、胶管、减震器、橡胶弹簧、输油管、储油箱、密封件和电缆绝缘层等。

第2章 标准件与常用件

在各种机械及电器设备中,常用到螺栓、螺钉、螺母、垫圈、键、销和轴承等零件。由于这些零件应用广泛,使用量很大,为了便于制造和使用以及降低成本,国家标准对这些零件的结构形式和尺寸做了统一规定,并由专业化工厂组织大批量生产,用户需要时按规格外购即可,这类零件称为标准件。而有些零件的结构形式和尺寸并没有全部做统一规定,只是将其部分参数标准化,如齿轮、弹簧等,这类零件习惯上称为常用件。

为了简化画图和便于选用,"机械制图"国家标准制定了标准件和常用件的规定画法和标记规则。本章分别介绍常用的标准件和常用件的基本知识、画法和标记方法等。

2.1 螺纹和螺纹紧固件

2.1.1 螺纹及螺纹要素

1.螺纹的形成

图 2-1(a)所示为在车床上车削螺纹的方法。将圆柱形工件装夹在车床卡盘上并随主轴绕轴线做等速回转运动、车刀沿轴线方向做等速直线运动时,刀尖在工件上的运动轨迹便是一条圆柱螺旋线。当刀尖磨成一定形状且切入工件一定深度时,在工件上车制出的就是螺纹。

加工在圆柱外表面上的螺纹称为外螺纹,加工在圆柱内表面上的螺纹称为内螺纹。

此外,还可以用丝锥攻丝的方法加工内螺纹(图 2-1(b)),用板牙套扣的方法加工外螺纹;大批量生产则采用模具滚压等方法加工螺纹。

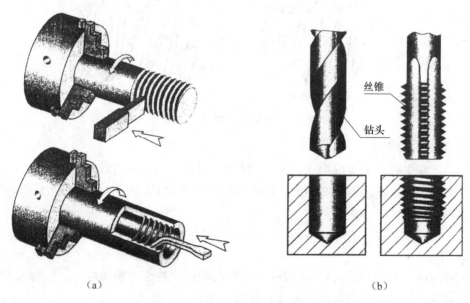

（a）　　　　　　　　　　　　　　　　　　（b）

图 2-1　螺纹的加工

2. 螺纹的要素

1）牙型

在通过螺纹轴线的剖面上，螺纹的轮廓形状称为螺纹的牙型。常用的螺纹牙型有三角形、梯形、锯齿形和矩形等，如图2-2所示。

2）直径（图2-3）

（1）大径（d、D）：与外螺纹牙顶或内螺纹牙底重合的假想圆柱直径称为大径。

（2）小径（d_1、D_1）：与外螺纹牙底或内螺纹牙顶重合的假想圆柱直径称为小径。

（3）中径（d_2、D_2）：通过牙型沟槽的槽宽和牙厚相等处的假想圆柱直径称为中径。

公称直径是代表螺纹尺寸大小的直径，一般指螺纹的大径。

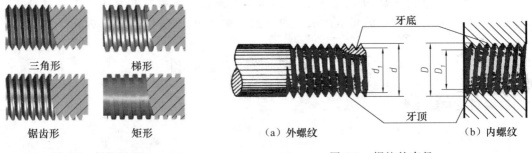

图 2-2 螺纹牙型   图 2-3 螺纹的直径

3）线数 n

螺纹有单线、多线之分。由一条螺旋线所形成的螺纹称为单线螺纹。由两条或两条以上，在轴向等距分布的螺旋线形成的螺纹称为双线或多线螺纹（图2-4）。

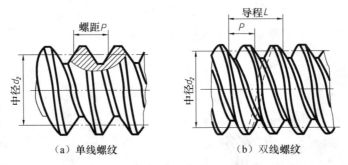

图 2-4 螺纹的线数、螺距和导程

4）螺距 P 和导程 L

相邻两牙在中径线上对应两点之间的轴向距离称为螺距，用 P 来表示，同一螺旋线上的相邻两牙在中径线上对应两点之间的轴向距离称为导程，用 L 表示（图2-4）。显然，导程 L 和螺距 P 及线数 n 有如下关系：

$$L = n \cdot P$$

5）旋向

螺纹的旋向分左旋和右旋，按顺时针方向旋进的螺纹称为右旋螺纹，反之，称为左旋螺纹，其中右旋螺纹使用最多。螺纹旋向的直观判断法如图2-5所示。

内外螺纹只有在上述五个要素完全相同时才能互相旋合。

3．螺纹的种类

（1）螺纹按用途分为连接螺纹和传动螺纹。前者起连接作用，如普通螺纹和管螺纹，后者用于传递动力和运动，如梯形螺纹和锯齿形螺纹等。

（2）螺纹按要素标准化的程度分为标准螺纹、特殊螺纹和非标准螺纹。凡牙型、公称直径和螺距符合国家标准规定的螺纹称为标准螺纹，本书附录Ⅱ中表Ⅱ-1～Ⅱ-4 给出了普通（三角形）螺纹等几种常

（a）左旋螺纹　　　　（b）右旋螺纹

图 2-5　螺纹的旋向

用螺纹的标准尺寸供参考；凡牙型符合标准，公称直径或螺距不符合标准的螺纹称为特殊螺纹；凡牙型不符合标准的螺纹称为非标准螺纹。

2.1.2　螺纹的规定画法与标注

1．螺纹的规定画法

为简化绘图，国家标准对螺纹的画法作了规定，无论螺纹的牙型如何，其规定画法是一致的。螺纹的规定画法如表 2-1 所示。

表 2-1　螺纹的规定画法

外螺纹画法	小径（牙底）画细实线　　大径（牙顶）画粗实线　　倒角圆省略不画 d　$d_1 \approx 0.85d$ 小径画入倒角　　螺纹终止线画粗实线　　小径画3/4圈细实线圆
内螺纹画法　通孔	大径（牙底）画细实线　　小径（牙顶）画粗实线　　倒角圆省略不画 D　D_1　$D \approx 0.85D$ 剖面线画到粗实线　　螺纹终止线画粗实线　　大径画3/4圈细实线圆
内螺纹画法　不通螺孔	钻头头部形成的锥顶角简化画成120° D　D_1 螺纹深度　钻孔深度　　一般应将钻孔深度与螺纹深度分别画出

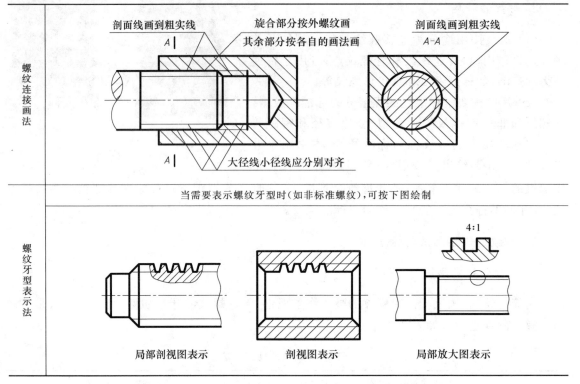

<table>
<tr><td>螺纹连接画法</td><td>剖面线画到粗实线 旋合部分按外螺纹画 其余部分按各自的画法画 剖面线画到粗实线 大径线小径线应分别对齐</td></tr>
</table>

当需要表示螺纹牙型时（如非标准螺纹），可按下图绘制

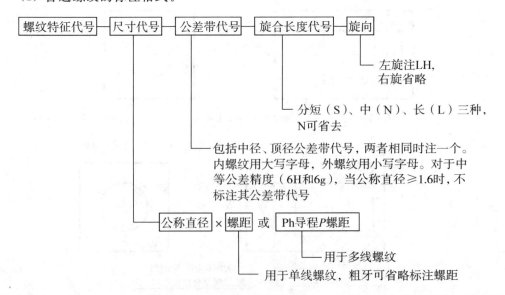

| 局部剖视图表示 | 剖视图表示 | 局部放大图表示 |

2. 螺纹的标注

1）标准螺纹的标注

按规定画法画出的螺纹，只表示了螺纹的大径和小径，螺纹的牙型等其他要素则要通过标注才能确定。螺纹的标注形式与一般回转体直径标注方式基本相同（管螺纹除外），但尺寸界线必须由螺纹大径引出（尤其注意内螺纹），且标注内容应按以下格式注写。

（1）普通螺纹的标注格式。

螺纹特征代号 — 尺寸代号 — 公差带代号 — 旋合长度代号 — 旋向

— 左旋注LH，右旋省略

— 分短（S）、中（N）、长（L）三种，N可省去

— 包括中径、顶径公差带代号，两者相同时注一个。内螺纹用大写字母，外螺纹用小写字母。对于中等公差精度（6H和6g），当公称直径≥1.6时，不标注其公差带代号

公称直径 × 螺距 或 Ph导程 P 螺距

— 用于多线螺纹

— 用于单线螺纹，粗牙可省略标注螺距

（2）梯形螺纹的标注格式。

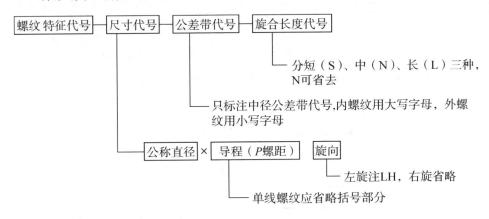

（3）管螺纹的标注格式。

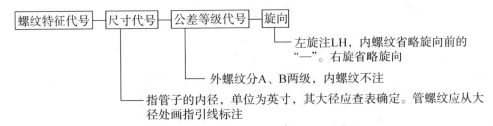

2）特殊螺纹和非标准螺纹的标注

对于特殊螺纹，应在螺纹特征代号前加注"特"字，如表2-2所示。对于非标准螺纹，不仅应画出螺纹的牙型，还必须标注螺纹的相关尺寸；当线数为多线或旋向为左旋时，还应在图纸的适当位置注明线数或旋向。

3）螺纹的标注示例

表2-2给出了常见的几种螺纹的特征代号、标注示例以及标注说明等。

表2-2 螺纹的标注示例

螺纹种类			特征代号	标注图例	标注含义
连接螺纹	普通螺纹	粗牙	M	*M20-LH*	粗牙普通螺纹，大径为20，中径、顶径公差带代号为6g，中等公差精度，中等旋合长度，左旋
		细牙		*M20X1-7H*	细牙普通螺纹，大径为20，螺距为1，中径、顶径公差带代号为7H，中等旋合长度，右旋
				M10X1.5-5g6g-s	细牙普通螺纹，大径为10，螺距为1.5，中径、顶径公差带代号分别为5g和6g，短旋合长度，右旋

螺纹种类			特征代号	标注图例	标注含义
连接螺纹	管螺纹	非密封性的圆柱管螺纹	G	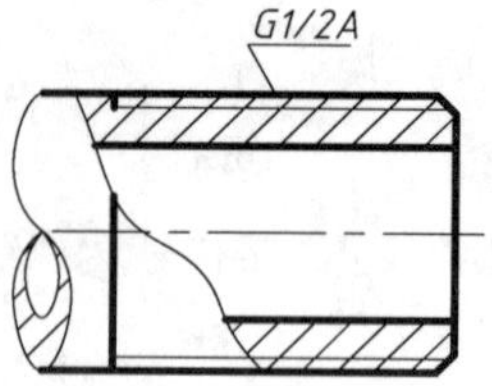 G1/2A	圆柱管螺纹,尺寸代号为1/2,右旋,公差等级为A级
				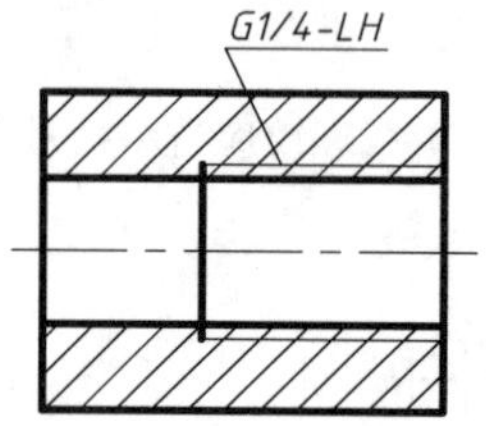 G1/4-LH	圆柱管螺纹,尺寸代号为1/4,左旋
传动螺纹	梯形螺纹	双线	Tr	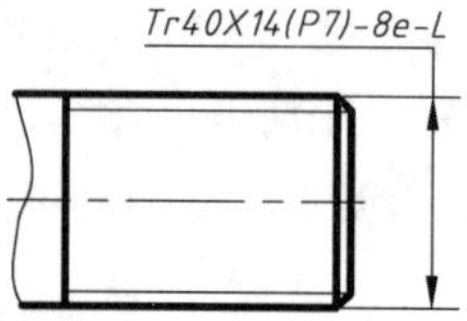 Tr40X14(P7)-8e-L	梯形螺纹,公称直径为40,导程为14,双线,螺距为7,右旋,中径公差带代号为8e,长旋合长度
		单线		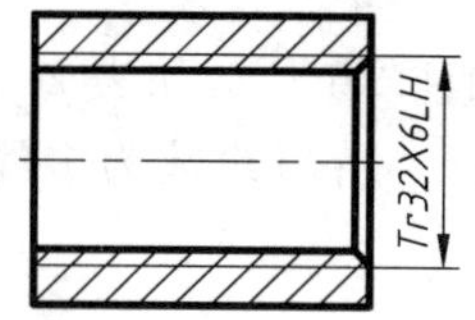 Tr32X6LH	梯形螺纹,公称直径为32,螺距为6,单线,左旋,中等旋合长度
特殊螺纹				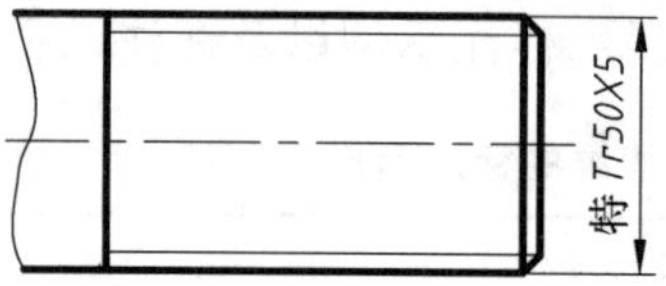 特Tr50X5	梯形特殊螺纹,公称直径为50,螺距为5,右旋,中等旋合长度
非标准螺纹				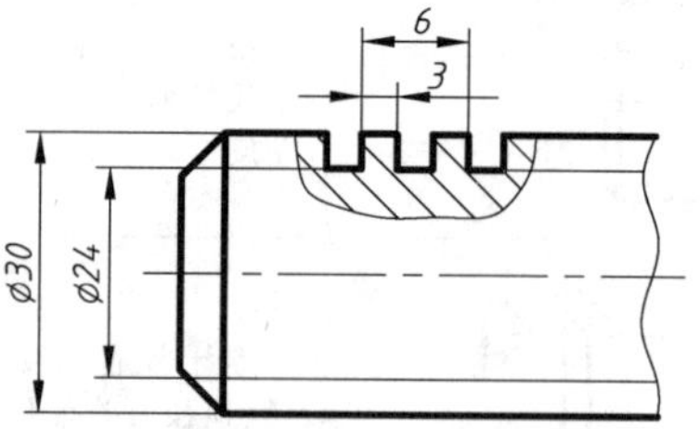 Ø30 Ø24 6 3	矩形螺纹,单线,右旋,螺纹尺寸如左图所示

2.1.3 螺纹紧固件及其连接画法

利用内、外螺纹的旋紧作用,将两个或两个以上零件连接在一起的一组相关零件称为螺纹紧固件。常用的螺纹紧固件有螺栓、螺钉、螺柱、螺母和垫圈等,如图2-6所示。

各种螺纹紧固件的结构形式和尺寸都已经标准化了。本书附录Ⅱ.2给出了常用螺纹紧固件的国家标准,供选用时查阅。

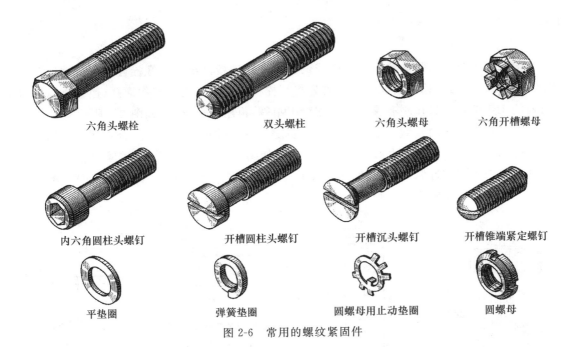

六角头螺栓　　　　双头螺柱　　　　六角头螺母　　　六角开槽螺母

内六角圆柱头螺钉　　开槽圆柱头螺钉　　开槽沉头螺钉　　开槽锥端紧定螺钉

平垫圈　　　　弹簧垫圈　　圆螺母用止动垫圈　　　圆螺母

图 2-6　常用的螺纹紧固件

1. 螺纹紧固件的规定标记

螺纹紧固件标记的简化格式为

$$\boxed{名称}\ \boxed{国家标准代号}\ \boxed{规格尺寸}$$

其中,国家标准代号中可省略现行标准的年代。螺纹紧固件的规格尺寸分别如下。

(1) 螺栓、螺柱、螺钉: $\boxed{螺纹代号}\times\boxed{公称长度}$

(2) 螺母: $\boxed{螺纹代号}$

(3) 垫圈: $\boxed{公称尺寸}$(与之配合使用的螺纹公称直径)

例如:螺纹规格为 $d=$M10、公称长度 $l=50$、C 级的六角头螺栓,以及与之配合使用的 I 型六角螺母和平垫圈,其标记形式分别为

　　　　螺栓　GB/T 5780　M10×50

　　　　螺母　GB/T 6170　M10

　　　　垫圈　GB/T 97.1　10

更多的螺纹紧固件的标注示例可参阅本书附录Ⅱ.2 相关附表。

2. 螺纹紧固件的连接画法

对符合标准的螺纹紧固件,根据规定标记,就能查阅相应标准确定其结构、尺寸并外购得到。因此,通常不需要画它的零件图,只需画它们的连接图。

1) 连接画法(装配画法)的基本规定

(1) 相邻两零件表面接触时画一条粗实线,不接触时画两条粗实线。

(2) 在剖视图中,相邻两零件的剖面线方向应相反或方向相同但间隔不同。同一零件在各剖视图中的剖面线方向和间隔应一致。

(3) 当剖切平面通过标准件和实心零件(轴、球等)的轴线时,这些零件均按不剖绘制,即

仍画其外形。

2) 螺栓连接画法

螺栓连接由螺栓、螺母、垫圈及两个或两个以上被连接件组成。螺栓连接用于被连接零件厚度不大、可以钻出通孔的情况。连接时先将螺栓杆身穿过被连接件的通孔（通孔直径约为螺纹直径的1.1倍），然后在制有螺纹的一端套上垫圈，再用螺母旋紧，如图2-7所示。

螺栓连接中各紧固件的尺寸可通过查表确定，也可以采用比例尺寸画出，螺栓、螺母、垫圈各部分的比例尺寸如图2-8所示。螺栓连接画法如图2-9(b)所示，其中螺母及螺栓头部双曲线的画法可采用圆弧近似代替，如图2-8所示。还可以采用简化画法，如图2-9(c)所示。螺纹连接常见错误画法如图2-9(d)所示。

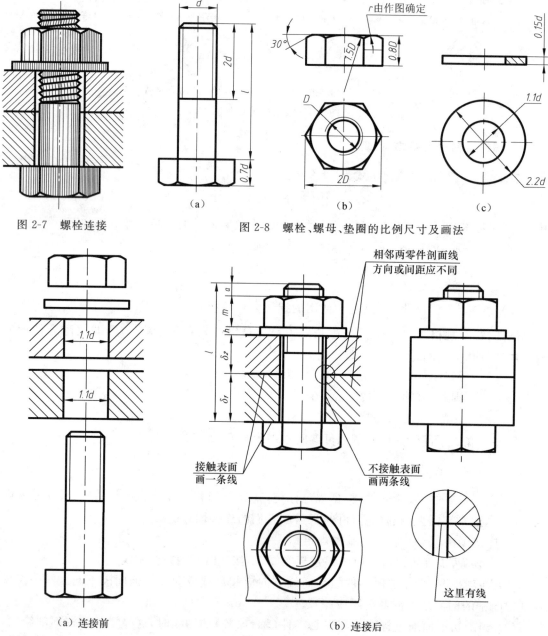

图 2-7　螺栓连接

图 2-8　螺栓、螺母、垫圈的比例尺寸及画法

（a）连接前　　　　　　　　　　　　　　　　（b）连接后

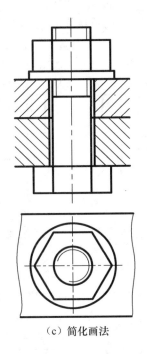

（c）简化画法　　　　　　　　　　　（d）常见错误画法

图 2-9　螺栓的连接画法

由图 2-9（b）可以看出，当两个被连接件的厚度 δ_1、δ_2 已知时，所需螺栓的公称长度 l 可由下式计算确定：

$$l \geqslant l' = \delta_1 + \delta_2 + h + m + a \quad (a \approx 0.3d)$$

其中，h，m 需查表确定。按上式计算得长度 l' 后，再查表Ⅱ-5选取与 l' 相近且不小于 l' 的标准长度 l。

3）螺柱连接画法

螺柱连接由双头螺柱、螺母、垫圈和被连接件组成。螺柱连接常用于被连接件之一较厚、不便于或不允许钻成通孔的情况。连接时，先将螺柱穿过一被连接件的通孔（通孔直径约为螺纹直径的1.1倍）后旋入另一被连接件的螺孔内，然后装上垫圈再用螺母旋紧，如图 2-10 所示。

双头螺柱两端均有螺纹，旋入螺孔的一端称为旋入端，另一端称为紧固端，其中旋入端螺纹的长度 b_m 与被旋入零件的材料有关，旋入端长度及对应螺柱标准编号如表 2-3 所示。

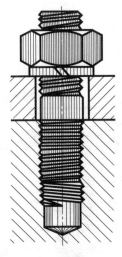

图 2-10　螺柱连接

表 2-3　螺柱旋入端长度

被旋入零件的材料	旋入端长度 b_m	螺柱对应标准号
钢或青铜	$b_m = d$	GB/T 897—1988
铸铁	$b_m = 1.25d$ 或　$b_m = 1.5d$	GB/T 898—1988 GB/T 899—1988
铝合金	$b_m = 2d$	GB/T 900—1988

为了保证连接可靠，螺柱的旋入端应全部旋入被连接件的螺孔内，因此画图时螺柱旋入端

的螺纹终止线应与两零件结合面平齐。因为螺孔的深度与旋入端长度 b_m 有关,作图时一般取螺孔深度 $L=b_m+0.5d$,而钻孔深度 $H=L+0.5d$,如图 2-11(a)所示。

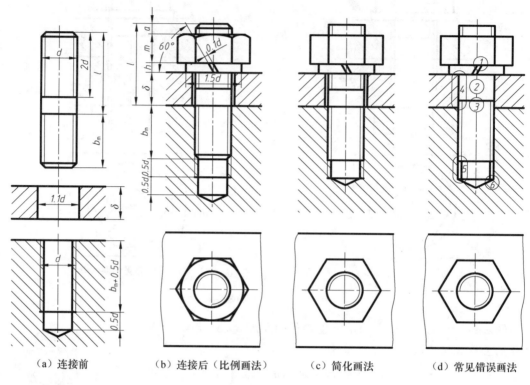

| （a）连接前 | （b）连接后（比例画法） | （c）简化画法 | （d）常见错误画法 |

图 2-11　螺柱连接的画法

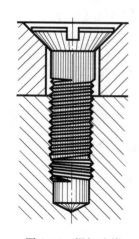

图 2-12　螺钉连接

紧定螺钉两类。

螺柱连接画法如图 2-11(b)、(c)所示,常见错误画法如图 2-11(d)所示。

在装配图中,螺孔以下钻孔部分可省略不画,但仍需从螺纹小径处画出 120°的钻尖角,如图 2-11(c)所示。

当采用比例画法或简化画法时,螺柱连接各部分的比例尺寸除 b_m 外,其他均与螺栓连接相同。

由图 2-11 可以看出,螺柱的公称长度先由下式计算得 l',再查表选取标准长度 l:

$$l \geqslant l' = \delta + h + m + a \quad (a \approx 0.3d)$$

4）螺钉连接画法

螺钉连接不用螺母,而是将螺钉穿过一被连接件的通孔而直接旋入另一被连接件的螺孔里,如图 2-12 所示。螺钉按用途分为连接螺钉和

连接螺钉一般用于连接不经常拆卸且受力较小的零件。螺钉旋入螺孔的螺纹长度 l_1 按螺柱旋入端长度 b_m 的选择方法确定,即根据螺孔所在零件的材料确定 l_1。为了保证连接可靠,螺钉的螺纹长度 b 应大于旋入长度 l_1,画图时可以简化成全螺纹,这是螺钉与螺柱连接画法中主要的不同点。

螺钉头部各结构尺寸可查表确定或采用比例画法。一字槽螺钉在投影为圆的视图上,一

字槽按与水平线倾斜 45°画出,当槽宽小于 2mm 时,可涂黑画出。图 2-13 是开槽沉头螺钉和开槽圆柱头螺钉的连接画法。在图 2-13(b)中,沉头螺钉的锥面是连接的定位面。

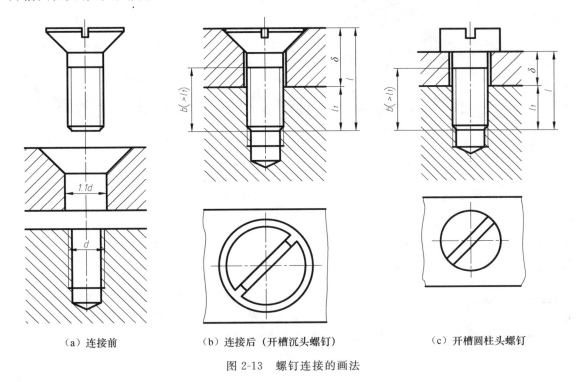

（a）连接前　　　　　　（b）连接后（开槽沉头螺钉）　　　　　　（c）开槽圆柱头螺钉

图 2-13　螺钉连接的画法

　　紧定螺钉用于固定两个零件以防止其相对运动。紧定螺钉的连接情况及画法如图 2-14 所示。

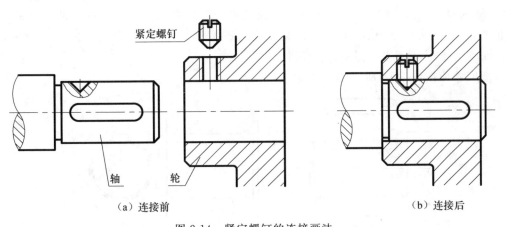

（a）连接前　　　　　　　　　　　　　　　（b）连接后

图 2-14　紧定螺钉的连接画法

2.2　键

2.2.1　键的作用和种类

　　键安装于传动轴与皮带轮、齿轮等传动零件之间用来传递动力和扭矩,如图 2-15 所示。常用的键有普通平键、半圆键和钩头楔键(图 2-16)。其中普通平键最为常见,它有 A、B、C 三种形式,图 2-17 表示 A 型普通平键,其余形式的平键详见附录Ⅱ表Ⅱ-15。

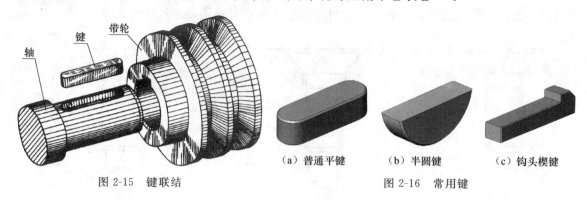

图 2-15　键联结

（a）普通平键　　（b）半圆键　　（c）钩头楔键

图 2-16　常用键

2.2.2　键的规定标记

键为标准件,其规定标记的格式为

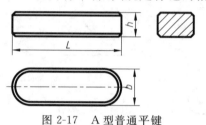

图 2-17　A 型普通平键

| 国家标准代号 | 键 | 规格尺寸 |

普通平键的规格尺寸是:型式　宽度×高度×长度,A 型平键可省略 A。半圆键的规格尺寸见附录Ⅱ表Ⅱ-16。

例如:宽度 b 为 18、高度 h 为 11、长度 L 为 100 的 A 型普通平键,其规定标记为

GB/T 1096　键　18×11×100

2.2.3　普通平键的键槽尺寸与标注

普通平键的宽度和高度由轴径的大小查表确定,键的长度则根据需要选取,但应符合标准长度值,见附录Ⅱ表Ⅱ-15。轴上的键槽宽度及长度应与键的尺寸一致;轴上的键槽深度 t 由附录Ⅱ表Ⅱ-14 查表确定;轮毂上的键槽宽度应与键宽度尺寸一致,轮毂上的键槽应为通槽,其键槽深度 t_1 也从附录Ⅱ表Ⅱ-14 中查得。

键槽尺寸应按图 2-18 所示的方法标注。

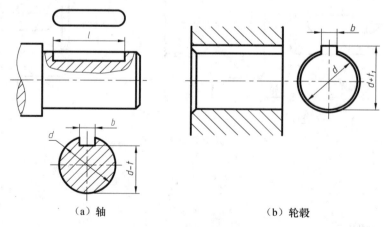

（a）轴　　　　　　　　　　　（b）轮毂

图 2-18　键槽的尺寸标注

例如:已知轴的直径 $d=60$,拟用长度为 100 的 A 型普通平键。查阅附录Ⅱ表Ⅱ-14 可知:键的宽度和键槽的宽度 $b=18$,轴上的键槽深度 $t=7$,轮毂上的键槽深度 $t_1=4.4$。为了测

量方便,在图中对轴上的键槽深度应注尺寸:$(d-t)=60-7=53$,对轮毂上的键槽深度应注尺寸:$(d+t_1)=60+4.4=64.4$。实际应用时,还应查附录Ⅱ表Ⅱ-14给出轴和轮毂上的键槽宽度b的偏差数值以及键槽深度t和t_1的偏差数值。

2.2.4 普通平键联结的画法

键联结通常采用剖视图表示。当纵向剖切键时,键按不剖绘制,即只画键的外形,而横向剖切键时,则应画剖面线。普通平键的两个侧面与键槽的两个侧面相接触,键的底面与轴上键槽的底面相接触,故均应画一条粗实线。键的顶面和轮毂键槽的底面不接触,应画两条粗实线。如图2-19所示。

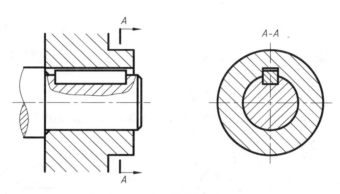

图 2-19 普通平键联结画法

半圆键的联结方式及画法与普通平键的类似,见附录Ⅱ表Ⅱ-16。钩头楔键的联结方式及画法可查阅相关的国家标准。

2.3 销

2.3.1 销的作用和种类

销一般用于零件之间的定位或连接。常用的销有圆柱销、圆锥销和开口销,如图2-20所示。圆柱销一般用于不经常拆卸的地方,圆锥销便于装拆并能自行锁紧,所以多用于经常拆卸的地方,而开口销常用于螺纹连接的锁紧装置中,以防止螺母松脱。

(a) 圆柱销　　　　　　　(b) 圆锥销　　　　　　　(c) 开口销

图 2-20 常用的销

2.3.2 销的规定标记

销为标准件,其规定的标记格式如下:

　　　　| 销 | 国家标准代号 | 规格尺寸 |

圆柱销的规格尺寸是:公称直径　公差带代号×公称长度

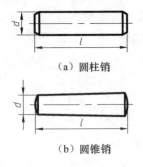

（a）圆柱销

（b）圆锥销

图 2-21　销的规格尺寸

圆锥销的规格尺寸是:型式　公称直径×公称长度

圆锥销有 A、B 两种类型,A 型可省略"A",B 型应标注"B",圆锥销的公称直径指小端直径。

例:公称直径 $d=8$,公差为 m6,公称长度 $l=30$ 的圆柱销(图 2-21(a)),其标记为

销　GB/T 119.1　8 m6×30

例:公称直径 $d=10$,公称长度 $l=60$ 的 B 型圆锥销(图 2-21(b)),其标记为

销　GB/T 117　B10×60

2.3.3　销的连接画法

圆柱销和圆锥销的连接画法如图 2-22 所示。当剖切平面通过销的轴线时,销按不剖绘制,销与销孔为接触表面,应画一条线。

用销连接或定位的两个零件上的销孔通常是在装配时一起加工的,所以,在零件图中销孔经常标注"配作"二字,如图 2-23 所示。圆锥销孔的直径尺寸需用引出线标注,它是指圆锥销的公称直径(小端直径),如图 2-23 所示。

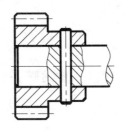

（a）圆柱销连接图

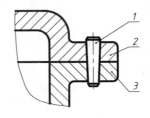

（b）圆锥销连接图

图 2-22　销连接画法

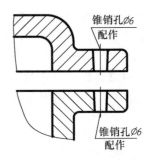

锥销孔∅6
配作

锥销孔∅6
配作

图 2-23　零件图中销孔尺寸注法

2.4　滚动轴承

2.4.1　滚动轴承的作用、结构和种类

滚动轴承是用来支撑旋转轴的标准组件,它将滑动摩擦形式转变成滚动形式,具有摩擦阻力小、效率高、结构紧凑、使用和维护方便等优点,因此在机器中广泛应用。

滚动轴承的种类很多,但其结构一般都由外圈、内圈、滚动体和保持架四部分组成,如图 2-24 所示。按其承受载荷的方向,滚动轴承可分为以下三种。

（1）向心轴承:主要用于承受径向载荷。常用的有深沟球轴承(图 2-24(a))。

（2）推力轴承:主要用于承受轴向载荷。常用的有推力球轴承(图 2-24(c))。

（3）向心推力轴承:同时承受径向和轴向载荷。常用的有圆锥滚子轴承等(图 2-24(b))。

2.4.2　滚动轴承的画法

国家标准规定了滚动轴承在装配图中的画法,分为简化画法(包括通用画法和特征画法,但在同一图样中一般只采用一种画法。)和规定画法两种。

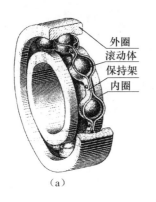
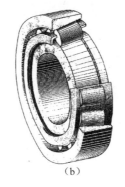
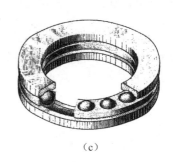

（a）　　　　　　　　（b）　　　　　　　　（c）

图 2-24　滚动轴承的结构及种类

当不需要确切地表示滚动轴承的外形轮廓、载荷特征和结构特征时，可采用通用画法；当需要较形象地表示滚动轴承的结构特征时，可采用特征画法；当需要较详细地表示滚动轴承的主要结构时，可采用规定画法。滚动轴承的各种画法如表 2-4 所示。

表 2-4　常用滚动轴承的画法

轴承类型和标准代号	规定画法	简化画法	
		特征画法	通用画法
深沟球轴承 GB/T 276—1994			
圆锥滚子轴承 GB/T 297—1994			
推力球轴承 GB/T 301—1995			

2.4.3 滚动轴承的代号与标记

由于滚动轴承的种类很多,为了便于组织生产和选用,国家标准规定用滚动轴承代号来表示滚动轴承的结构形式和尺寸大小等。

滚动轴承的代号由基本代号、前置代号和后置代号构成。

1. 基本代号

基本代号是轴承代号的基础。基本代号由轴承类型代号、尺寸系列代号、内径代号构成,其格式如下:

| 类型代号 | 尺寸系列代号 | 内径代号 |

其中,轴承类型代号用数字或字母表示,如表 2-5 所示。

尺寸系列代号由以下两项组成:

| 轴承宽(高)度系列代号 | 直径系列代号 |

这两项各由一位数字组合表示。轴承的内径代号如表 2-6 所示。

表 2-5 轴承类型代号

代号	轴承类型	代号	轴承类型
0	双列角接触球轴承		
1	调心球轴承	N	圆柱滚子轴承
2	调心滚子轴承和推力调心滚子轴承		双列或多列用字母 NN 表示
3	圆锥滚子轴承	U	外球面球轴承
4	双列深沟球轴承	QJ	四点接触球轴承
5	推力球轴承		
6	深沟球轴承		
7	角接触球轴承		
8	推力圆柱滚子轴承		

表 2-6 轴承内径代号

轴承公称内径/mm		内径代号	示例
10～17	10	00	深沟球轴承 6200
	12	01	$d=10\text{mm}$
	15	02	
	17	03	
20～480 (22,28,32 除外)		公称内径除以 5 的商数,商数为个位数,需在商数左边加"0",如 08	圆锥滚子轴承 32308 $d=40\text{mm}$

2. 前置代号和后置代号

前置代号和后置代号是轴承在结构形状、尺寸公差、技术要求等有改变时,在其基本代号左、右添加的补充代号,其具体内容请参阅有关标准。

3. 轴承代号示例

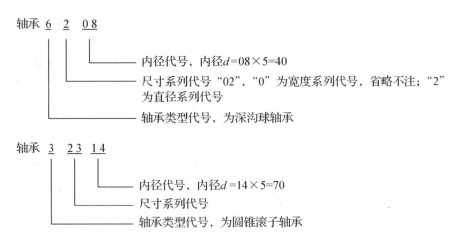

轴承 <u>6</u> <u>2</u> <u>08</u>

　　内径代号，内径d=08×5=40

　　尺寸系列代号"02"，"0"为宽度系列代号，省略不注；"2"
　　为直径系列代号

　　轴承类型代号，为深沟球轴承

轴承 <u>3</u> <u>23</u> <u>14</u>

　　内径代号，内径d=14×5=70

　　尺寸系列代号

　　轴承类型代号，为圆锥滚子轴承

4. 轴承的规定标记

一般格式：| 名称 | | 轴承代号 | | 国家标准代号 |

标记示例：滚动轴承　6208　GB/T 276－1994。

2.5 齿 轮

齿轮是一种传动件，在机器中可用来传递动力、变换速度或改变运动方向等。

常见的齿轮有用于两平行轴之间传动的圆柱齿轮（有直齿、斜齿、人字齿之分）；用于两相交轴之间传动的圆锥齿轮，用于两交叉轴之间传动的蜗轮蜗杆等，如图 2-25 所示。

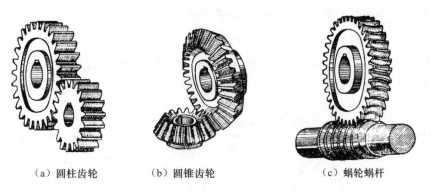

（a）圆柱齿轮　　　　　（b）圆锥齿轮　　　　　（c）蜗轮蜗杆

图 2-25　常见的齿轮

机械制图国家标准规定，各种齿轮的轮齿部分都采用相同的简化画法绘制。本节将以直齿圆柱齿轮为例，介绍齿轮各部分的名称、参数、尺寸关系及画法等。

2.5.1　直齿圆柱齿轮的各部分名称及尺寸

如图 2-26 所示，直齿圆柱齿轮的各部分名称、参数及尺寸如下。

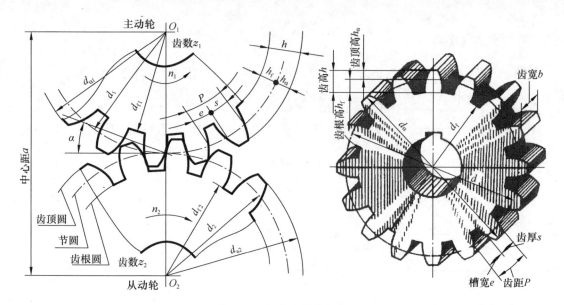

图 2-26 齿轮各部分名称

（1）齿顶圆 d_a：包络轮齿顶部的圆。

（2）齿根圆 d_f：包络轮齿根部的圆。

（3）分度圆 d：齿顶圆与齿根圆之间的一个假想圆，在该圆上的轮齿厚 s 等于齿槽宽 e。一对正确安装的标准齿轮在啮合时，它们的分度圆相切。

（4）齿距 P：分度圆上相邻两齿对应点之间的弧长。

（5）齿顶高 h_a：齿顶圆与分度圆之间的径向距离。

（6）齿根高 h_f：齿根圆与分度圆之间的径向距离。

（7）齿高 h：齿顶圆与齿根圆之间的径向距离。

（8）模数 m：齿轮的齿数 z、齿距 P 和分度圆 d 之间有如下关系

$$\pi d = Pz，即 \quad d = Pz/\pi$$

式中出现了无理数 π，为了设计制造方便，将比值 P/π 取为有理数，称为模数，用 m 表示。模数是齿轮的重要参数，其数值已标准化，如表 2-7 所示。

表 2-7 标准模数（GB/T 1357—1987）

第一系列	1 1.25 1.5 2 2.5 3 4 5 6 8 10 12 16 20 25 32 40 50
第二系列	1.75 2.25 2.75 （3.25） 3.5 （3.75） 4.5 5.5 （6.5） 7 9 （11） 14 18 22 28 （30） 36 45

注：优先选用第一系列，其次选用第二系列，括号内模数尽可能不选用。

已知齿轮齿数并确定模数后，则有

$$d = mz$$

设计齿轮时，先要确定模数 m 和齿数 z，其他有关尺寸都可以根据这两个基本参数按照表 2-8 中的计算公式算出。

表 2-8　标准渐开线直齿圆柱齿轮各部分尺寸计算公式

名称	代号	计算公式(基本参数:模数 m,齿数 z)
分度圆直径	d	$d = mz$
齿顶高	h_a	$h_a = m$
齿根高	h_f	$h_f = 1.25m$
齿顶圆直径	d_a	$d_a = m(z+2)$
齿根圆直径	d_f	$d_f = m(z-2.5)$
齿距	P	$P = m\pi$
中心距	a	$a = 1/2(d_1+d_2) = 1/2m(z_1+z_2)$

2.5.2　圆柱齿轮的规定画法

1. 单个齿轮的画法

机械制图国家标准规定,齿轮的轮齿部分用规定画法绘制,其他部分按实际形状的投影绘制。

齿轮一般用两个视图或一个视图和一个局部视图表示。齿轮的规定画法如图 2-27 所示。在剖视图中,当剖切平面通过齿轮的轴线时,无论轮齿是否被剖切,均按不剖绘制。

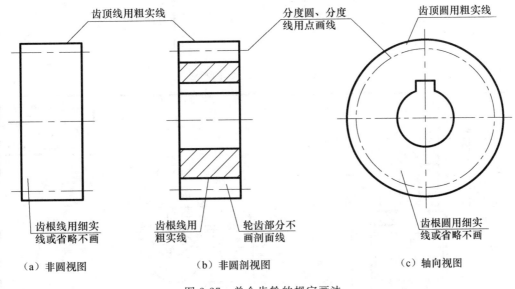

图 2-27　单个齿轮的规定画法

2. 齿轮的啮合画法

在齿轮啮合画法中,主视图多采用全剖视图,齿轮啮合区域的齿顶线、齿根线、分度线的画法如图 2-28(a)所示,其与轮齿的对应关系如图 2-29 所示。而在左视图中,齿顶圆有两种画法,如图 2-28(b)所示。

图 2-30 是圆柱齿轮的零件图,图中不但要表示齿轮的形状和尺寸,还要表示制造齿轮所需的基本参数和技术要求等内容。

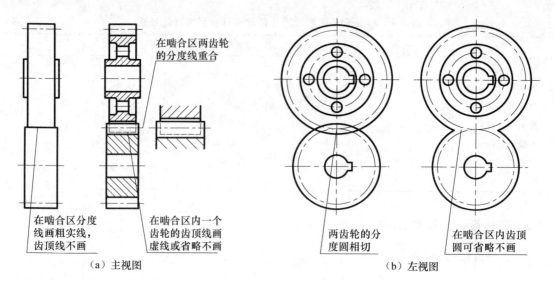

（a）主视图　　　　　　　　　　　　　　（b）左视图

图 2-28　齿轮啮合的规定画法

在啮合区分度线画粗实线，齿顶线不画

在啮合区内一个齿轮的齿顶线画虚线或省略不画

在啮合区两齿轮的分度线重合

两齿轮的分度圆相切

在啮合区内齿顶圆可省略不画

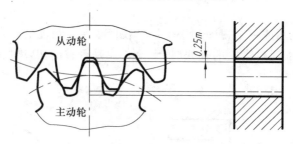

图 2-29　齿轮啮合区的画法

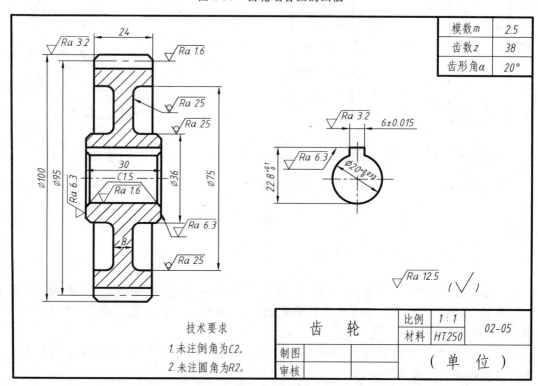

模数 m	2.5
齿数 z	38
齿形角 α	20°

技术要求

1. 未注倒角为C2。
2. 未注圆角为R2。

齿　轮		比例	1:1	02-05
		材料	HT250	
制图			（单　位）	
审核				

图 2-30　齿轮零件图

2.6 弹 簧

弹簧是一种储能元件,它具有在外力作用下产生变形,当外力撤除后能迅速恢复原形的特性。弹簧形式多样,用途广泛,在机器中常用于减振、缓冲、夹紧、测力、储能和复位等。弹簧的种类很多,有螺旋弹簧、蜗卷弹簧和板弹簧等,如图 2-31 所示。其中螺旋弹簧应用最广,根据不同受力方向又分为压缩弹簧、拉伸弹簧和扭转弹簧。本书只介绍圆柱螺旋压缩弹簧的相关知识及其画法,其他类型的弹簧可参阅相关标准。

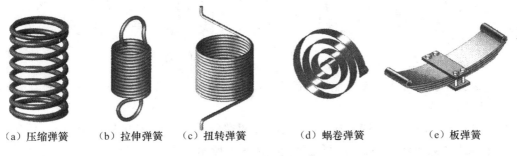

（a）压缩弹簧　　（b）拉伸弹簧　　（c）扭转弹簧　　　　（d）蜗卷弹簧　　　　（e）板弹簧

图 2-31　常见的弹簧

2.6.1　圆柱螺旋压缩弹簧的参数

圆柱螺旋压缩弹簧如图 2-32 所示,其参数主要有以下内容:

(1) 材料直径 d:指制造弹簧的钢丝直径,该直径为标准直径。

(2) 弹簧外径 D_2:弹簧的最大直径。

(3) 弹簧内径 D_1:弹簧的最小直径。

(4) 弹簧中径 D:弹簧外径和内径的平均直径。

(5) 弹簧节距 t:除支承圈外相邻两圈的轴向距离。

(6) 有效圈数 n:自由状态下保持相等节距的圈数。

(7) 支承圈数 n_z:为使弹簧工作平稳,受力均匀而将弹簧两端并紧磨平,这部分圈数仅起支承作用,称为支承圈,两端支承圈之和称为支承圈数,支承圈数分为 1.5 圈、2 圈、2.5 圈三种。

(8) 总圈数 n_1:有效圈数与支承圈数之和。

(9) 自由高度 H_0:弹簧没有负荷时的高度,

$$H_0 = nt + (n_z - 0.5)d$$

(10) 展开长度 L:用于制造弹簧的钢丝长度,

$$L \approx n_1 \sqrt{(\pi D_2)^2 + t^2}$$

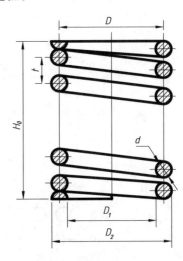

图 2-32　螺旋压簧参数

2.6.2　圆柱螺旋弹簧的规定画法

国家标准 GB/T 4459.4—2003 中规定了弹簧的画法,现以圆柱螺旋压缩弹簧画法为例简述如下。

1. 单个弹簧的画法

（1）螺旋弹簧在平行于轴线的视图中，各圈的轮廓线可画成直线，如图 2-33 所示，也可过轴线剖切画成如图 2-34 所示的全剖视图。

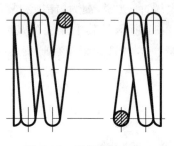 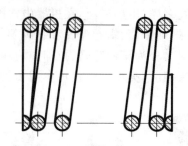

图 2-33　弹簧的画法一　　　　　　　　　图 2-34　弹簧的画法二

（2）螺旋弹簧均可按右旋绘制，左旋螺旋弹簧不论画成左旋还是右旋，一律要在"技术要求"中注出旋向。

（3）弹簧有效圈数多于四圈时，可以只画其两端的 1～2 圈（不包括支承圈），中间部分只画表示中径线的点画线，且总高度可缩短，如图 2-34 所示。

（4）螺旋压缩弹簧的支承圈要并紧、磨平，无论圈数多少，均按图 2-33 及图 2-34 的形式绘制，其实际支承圈数应在"技术要求"中用文字说明。

2. 圆柱螺旋压缩弹簧的画图步骤

对于圆柱螺旋压缩弹簧，无论参数如何变，其画法都一样，如图 2-35 所示。

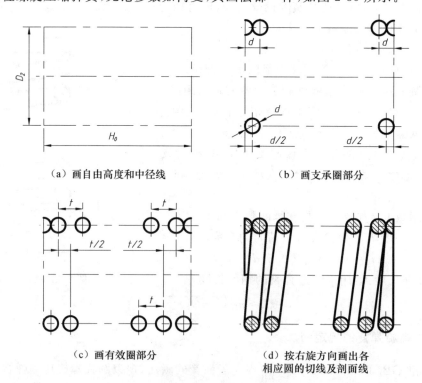

图 2-35　圆柱螺旋压簧画法

3. 弹簧在装配图中的画法

(1) 被弹簧挡住部分的结构一般不画,可见部分应从弹簧的外轮廓线或从弹簧钢丝剖面的中心线画起,如图 2-36(a)、(b)所示。

(2) 螺旋弹簧被剖切时,当弹簧钢丝直径小于或等于 2mm 时,其断面可涂黑表示,且允许只画弹簧钢丝直径断面,如图 2-36(b)所示。

(3) 当弹簧丝直径小于或等于 2mm 时,也允许采用示意画法,如图 2-36(c)所示。

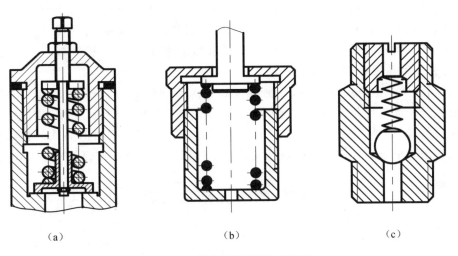

(a)　　　　　　　　(b)　　　　　　　　(c)

图 2-36　弹簧在装配图中的画法

第3章　零件的技术要求

零件的技术要求主要用于控制零件的几何精度。针对产品的几何定义和精度控制，国家制定了产品几何技术规范(简称 GPS)，它是面向产品开发全过程而构建的控制产品几何特性的一套完整的标准。GPS 是产品几何技术规范(Geometrical Product Specification and Verification)的英文缩写和简称，它覆盖了从宏观到微观的产品几何特征的描述，全面规范了产品(工件)的尺寸、形状和位置及表面特征的控制要求和检测方法，是工程领域产品设计、制造以及合理评定依据的重要基础标准之一。

产品几何技术规范是尺寸规范、几何规范和表面特性规范的总称，它包含了零件尺寸公差、几何公差及表面结构公差三部分，是零件在设计、加工及使用中应达到的技术指标和质量要求，通常以符号、代号、数字或文字形式注写在零件图中。本章将对产品几何技术规范中的表面结构、极限与配合和几何公差的概念及其在图样上的标注方法作简单介绍。

3.1　零件的表面结构及其标注

3.1.1　概述

表面结构是指零件表面的几何形态。

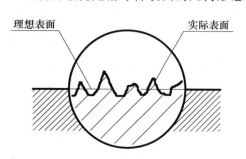

图 3-1　零件表面放大图

经过加工的零件表面看起来很光滑，但借助于放大装置可见其表面高低不平的状况。图 3-1 所示是零件表面在显微镜下呈现的景象。这是由加工过程中机床、刀具、工件系统的振动以及刀具切削时的塑性变形等因素造成的，这种误差称为表面结构误差。

零件的实际表面轮廓是由粗糙度轮廓、波纹度轮廓和原始轮廓及表面缺陷构成的。所以，零件的表面结构特征是粗糙度、波纹度和原始轮廓特性的统称。它是通过用不同的测量与计算方法得出的一系列参数进行表征的，是判定零件表面质量和保证其表面功能的重要技术指标。

表面结构对零件的配合性能、耐磨性、抗腐蚀性、密封性和外观等都有着重要的影响，关系到机器的使用性能和寿命，尤其对运转速度快、装配精度高、密封要求严的产品更具有重要的意义。因此，在设计绘图时应根据产品的精度要求，对其零件的表面结构提出相应的要求。

本节介绍表面粗糙度在图样上的表示法及其符号、代号的标注与识别方法。

3.1.2　表面结构的评定参数

表面结构的评定参数中最常用的是粗糙度轮廓参数。为了科学地评定零件表面质量，国家标准规定了用两个参数作为判断零件表面粗糙度的依据，它们是轮廓算术平均偏差 Ra 和

轮廓最大高度 Rz。Ra 是目前各国普遍采用的一个评定参数。

1. 轮廓算术平均偏差 Ra

Ra：在一个取样长度 l 内，轮廓偏距（在测量方向上轮廓线上的点与基准线之间的距离）绝对值的算术平均值。如图 3-2(a)所示。可用算式表示为

$$Ra = \frac{1}{l}\int_0^l |y(x)|\,\mathrm{d}x,\text{或近似表示为}\quad Ra = \frac{1}{n}\sum_{i=1}^n |y_i|$$

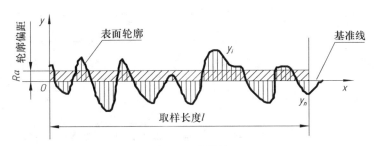

（a）轮廓算术平均偏差 Ra

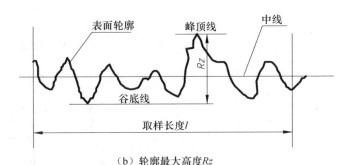

（b）轮廓最大高度 Rz

图 3-2　表面粗糙度参数

2. 轮廓最大高度 Rz

Rz：在一个取样长度 l 内，轮廓峰顶线与轮廓谷底线之间的距离，如图 3-2(b)所示。

选择零件的表面粗糙度要求，应当包括选取评定参数、确定参数的数值以及规定测量时取样长度等三方面的内容。测量时，一般应按照国际标准规定选取相应的取样长度值（详见GB/T 10610—2009），此时，在图样或技术文件中就可以省略标注取样长度值。

表面结构参数值要根据零件表面不同的功能要求选用。参数值越小，零件被加工表面越光滑，表面质量就越高，但加工成本也越高。因此，应该在满足零件使用要求的前提下合理选用参数值。

3.1.3　表面结构的图形符号、代号及其标注方法

零件图中应标注表面结构代（符）号，以说明该表面完工后的表面质量要求。国家标准《产品技术规范(GPS)技术文件中表面结构的表示法》GB/T 131—2006 规定了表面结构的符号、代号及其在图样上的注法。

1. 表面结构的图形符号

在图样中,对表面结构的要求可用几种不同的图形符号表示。表面结构的图形符号及其说明见表 3-1。

表 3-1　表面结构的图形符号及其说明

符号名称	符号	含义及说明
基本图形符号		基本图形符号,仅用于简化代号标注,没有补充说明时不能单独使用
扩展图形符号		在基本符号上加一短横,表示指定表面是用去除材料的方法获得,如通过机械加工(车、铣、钻、磨、剪切、抛光、腐蚀和电火花加工等)得到的表面
		在基本符号上加一个圆圈,表示指定表面是用不去除材料的方法获得,如铸、锻、冲压、热轧、冷轧和粉末冶金等;或者是保持上道工序的状况或原供应状况
完整图形符号	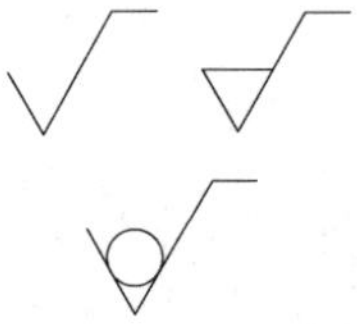	在上述所示图形符号的长边上加一横线,用于对表面结构有补充要求的标注
带有补充注释的图形符号		在完整图形符号上加一圆圈,表示某个视图上构成封闭轮廓的各表面有相同的表面结构要求。右图图示的表面结构要求符号是对图中封闭轮廓的六个面的共同要求(不包括前后面) 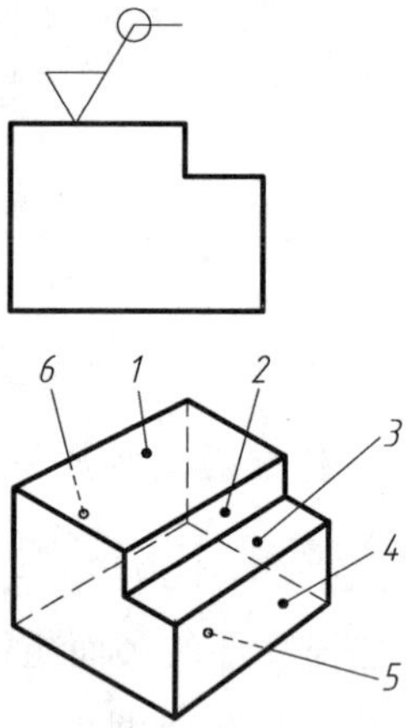

2. 表面结构的代号

表面结构代号由完整图形符号、参数代号(如 Ra、Rz)和参数值(极限值)组成,如图 3-3 (a)、(b)所示。必要时应标注补充要求,补充要求包括:传输带、取样长度、加工工艺、表面纹理及方向、加工余量等,其标注位置如图 3-3(c)所示。其中,位置 a:注写结构参数代号、极限值、取样长度(或传输带)等;位置 a 和 b:注写两个或多个表面结构要求;位置 c:注写加工方法、表面处理、涂层或其他加工工艺要求等;位置 d:注写所要求的表面纹理和纹理方向,如"≡"、"⊥"等;位置 e:注写所要求的加工余量。为了保证工件表面的功能特征,应对其表面结构参数规定不同的要求。

国家标准规定了表面结构图形符号以及附加标注的画法和尺寸,如图 3-4 所示,图中 h 为零件图中尺寸数字的高度,h 与表面结构图形符号的画法有以下近似比例关系:$H_1 \approx 1.5h$,$H_2 \approx 3h$。为了避免产生误解,在参数代号和参数值之间应插入空格。

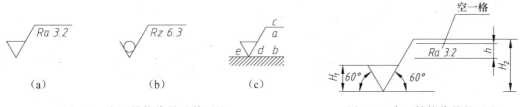

（a） （b） （c）

图 3-3　表面结构代号及其画法　　　　　图 3-4　表面结构代号的画法

在表面结构完整图形符号上,注写表面粗糙度的参数代号和数值及有关内容,则称为表面粗糙度代号,因此,图 3-3(a)、(b)所示表面结构代号即为表面粗糙度代号。

3. 表面粗糙度代号的含义及新旧标准标注形式对照

表面粗糙度代号的含义及其解释见表 3-2。为了方便读者了解表面粗糙度代号新旧标准的差别,在表 3-2 中分别列举了国家标准 GB/T 131—1993 版和 GB/T 131—2006 版中常用表面粗糙度代号的标注形式,值得注意的是,原来的表面粗糙度参数 Rz(10 点高度)已被取消,新的 Rz 则为原参数 Ry(轮廓最大高度)的定义,原参数 Ry 不再使用。

表 3-2　表面粗糙度代号的含义

序号	表面粗糙度代号新旧形式对比		含义与解释
	2006 年版本(新)	1993 年版本(旧)	
1	Ra 3.2	3.2	表示用去除材料的方法获得的表面,单向上限值,Ra 的上限值为 3.2
2	Ra 12.5	12.5	表示用不去除材料的方法获得的表面,单向上限值,Ra 的上限值为 12.5
3	Ra max 0.4	0.4 max	表示用去除材料的方法获得的表面,单向上限值,Ra 的上限最大值为 0.4
4	铣 Ra 3.2 ⊥	铣 3.2 ⊥	表示用去除材料的方法获得的表面,采用铣削加工。单向上限值,Ra 上限值为 3.2,加工纹理应垂直于标注符号的视图所在的投影面(表面纹理的标注见表 3-3)
5	U Ra 0.8 L Ra 3.2	0.8 3.2	表示用去除材料的方法获得的表面,双向极限值,Ra 的上限值为 0.8,下限值为 3.2
6	Rz 3.2	Ry 3.2	表示用不去除材料的方法获得的表面,单向上限值,Rz 的上限值为 3.2

表 3-3 表面纹理的标注

符号	解释与示例	符号	解释与示例
=	纹理平行于视图所在的投影面	×	纹理呈两斜向相交,且与视图所在投影面相交
⊥	纹理垂直于视图所在的投影面	C	纹理呈近似同心圆,且圆心与表面中心相关

3.1.4 表面结构要求在图样和其他技术产品文件中的注法

在同一图样上,表面结构要求对每一表面一般只标注一次,并尽可能标注在相应的尺寸及其公差的同一视图上。除非另有说明,所标注的表面结构要求是指对完工零件表面的要求。

表面结构代号应标注在可见轮廓线、指引线、尺寸线、尺寸界线或它们的延长线以及形位公差框格的上方。具体标注方法如表 3-4 所示。

表 3-4 表面结构代号在图样上的注法

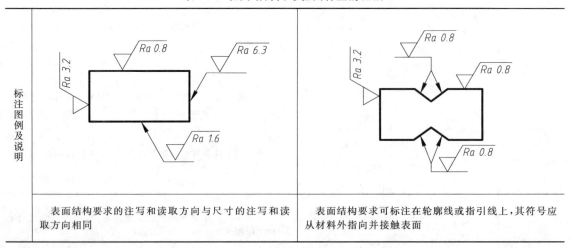

标注图例及说明	表面结构要求的注写和读取方向与尺寸的注写和读取方向相同	表面结构要求可标注在轮廓线或指引线上,其符号应从材料外指向并接触表面

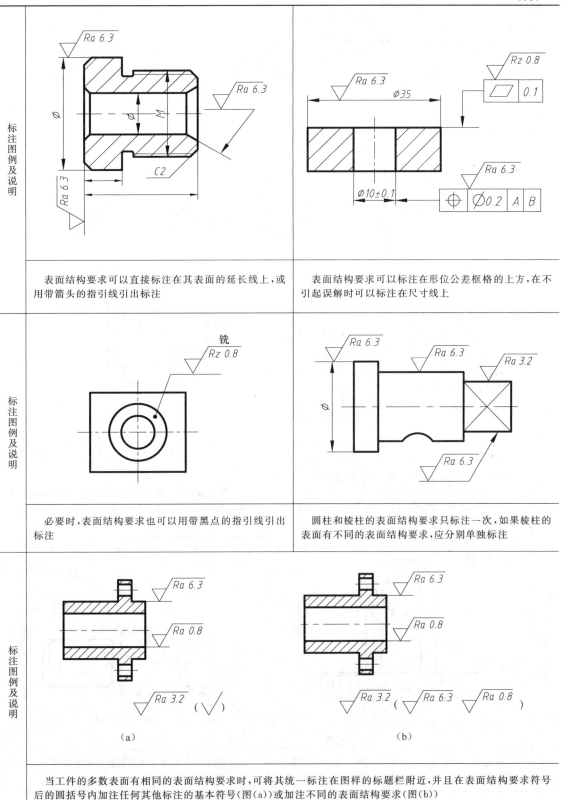

标注图例及说明		
表面结构要求可以直接标注在其表面的延长线上，或用带箭头的指引线引出标注		表面结构要求可以标注在形位公差框格的上方，在不引起误解时可以标注在尺寸线上
必要时，表面结构要求也可以用带黑点的指引线引出标注		圆柱和棱柱的表面结构要求只标注一次，如果棱柱的表面有不同的表面结构要求，应分别单独标注
当工件的多数表面有相同的表面结构要求时，可将其统一标注在图样的标题栏附近，并且在表面结构要求符号后的圆括号内加注任何其他标注的基本符号(图(a))或加注不同的表面结构要求(图(b))		

标 注 图 例 及 说 明	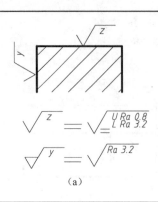

<table>
<tr><td colspan="2">

(a)

(b)

在图纸空间有限时,可用带字母的完整符号,以等式的形式,在图形或标题栏附近,对有相同表面结构要求的表面进行简化标注,如图(a)所示;也可以用基本符号、扩展符号,以等式的形式进行简化标注,如图(b)所示

</td></tr>
</table>

标 注 图 例 及 说 明	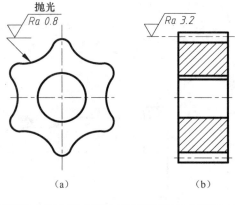	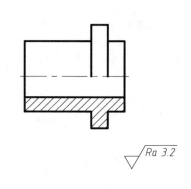
	(1) 零件上连续表面及重复要素(孔、槽、齿…)的表面,其表面结构要求的符号只标注一次,如图(a)所示。 (2) 在没有画出齿形时,齿轮工作表面的表面结构要求可按图(b)所示形式标注	当工件全部表面的结构要求都相同时,可将其结构要求统一标注在图样的标题栏附近
标 注 图 例 及 说 明	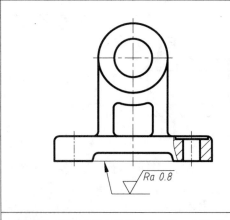	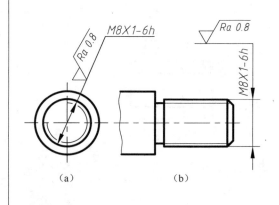
	零件表面用细实线连接不连续的同一表面,其表面结构要求的符号只标注一次	没有画出牙型时,螺纹工作表面的表面结构要求可按图(a)或图(b)所示形式标注

表面结构代号的注写和读取方向与尺寸的注写和读取方向一致。

3.1.5 表面结构参数的选用

表面结构中常用的粗糙度参数为轮廓算术平均偏差 Ra。Ra 参数值的选用原则是：在满足零件表面使用功能的前提下，考虑经济合理性，尽量选用较大的粗糙度参数值 Ra，以降低生产成本。具体选用时可参照生产中的实例或表 3-5，并用类比法确定，同时应注意下列问题：

（1）同一零件上接触表面应比非接触表面的粗糙度参数值小。

（2）摩擦表面应比非摩擦表面的粗糙度参数值小。

（3）配合性质要求高，其表面粗糙度参数值应小；同一公差等级，小尺寸比大尺寸、轴比孔的表面粗糙度参数值应小（参见附录Ⅱ表Ⅱ-29）。

（4）运动速度高、单位压力大的摩擦表面和承受交变载荷的圆角、沟槽处的粗糙度参数值应小。

表 3-5 Ra 值应用举例

$Ra/\mu m$	应用举例	主要加工方法
50 25	很粗糙的加工面，用于不接触的次要表面	粗车、粗铣、粗刨、钻、粗纹锉刀和粗砂轮加工
12.5	用于不接触表面，如螺栓通孔、倒角、油孔，以及轴、套、盖、支架、箱体等零件的不接触端面	粗车、刨、立铣平铣、钻
6.3	用于没有相对运动的接触面，如轴、套、盖、支架、箱体的接触表面，键槽的底面，齿轮的非工作面，轴上不安装轴承、齿轮的非配合面	精车、精铣、精刨、铰、镗、粗磨等
3.2	较重要的接触面，如盖、支架、箱体等零件的端面，重要轴肩的端面，键槽侧面；传动零件的配合面，如低、中速轴承孔、支架孔、衬套孔、带轮轴孔等	精车、精铣、精刨、铰、镗、粗磨等
1.6	用于较重要的配合面，如滚动轴承座孔，较精密齿轮的轴孔，拨叉工作面；一般齿轮工作面，皮带轮工作面，传动零件配合部位的低、中速轴颈表面等	精车、精铰、精拉、精镗、精磨等
0.8	用于与滚动轴承配合的轴颈表面，销孔，较精密齿轮的工作面及轴孔相配的轴颈表面，滑动导轨工作面	精车、精铰、精拉、精镗、精磨等
0.4	用于重要的配合面，高速轴颈及轴衬表面，高精度的齿轮工作面，传动丝杠工作面，曲轴、凸轮轴工作轴颈	精车、精铰、精拉、精镗、精磨等

在生产实际中，对于完工零件的表面，通常凭目测并与标准样块对照，以确定表面粗糙度参数值的大小。当表面质量要求较高时，可用电动轮廓仪或光学仪器测量。

3.2 极限与配合

3.2.1 互换性

所谓互换性，是指在大批量生产的条件下，相同规格的零件或部件，可以不经挑选、修配即可装配成满足预定使用性能要求的部件或机器。零件具有互换性，不但给机器装配和修理带来了方便，而且满足了生产部门广泛的协作要求，从而缩短了生产周期，提高劳动效率和经济效益。因此，零件具有互换性是现代化生产的重要基础。

在生产实际中，由于机床振动、刀具磨损和测量误差等一系列因素的影响，使得零件的尺寸不可能制造的绝对准确。因此,在不影响使用要求的前提下,应该允许零件尺寸有一定的误差。但为了使零件具有互换性,还必须将零件的尺寸误差限制在一个合理的范围内。因此,在工程图样上,对重要尺寸就要限制它们的尺寸误差。下面将介绍国家标准《极限与配合》(GB/T 1800.1—2009、GB/T 1800.2—2009、GB/T 1801—2009)的基本内容以及在图样上的标注方法。

3.2.2 极限与配合的概念

1. 有关极限与配合的术语及其定义

图 3-5(a)、(b)分别是标注有尺寸公差要求的孔和轴。现以图 3-5 和图 3-6 为例介绍有关极限与配合的术语及其定义。

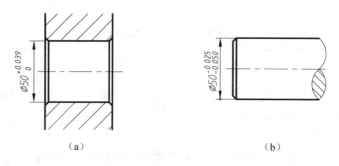

图 3-5　孔和轴的尺寸公差

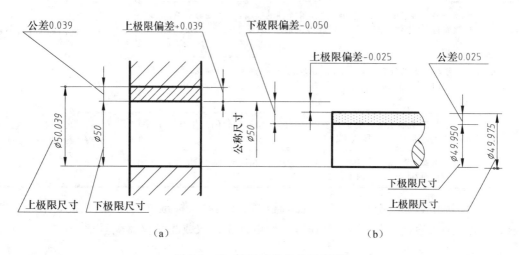

图 3-6　孔、轴尺寸及公差示意图

1）公称尺寸

由图样规范确定的理想要素的尺寸。零件的公称尺寸是根据其使用要求、通过计算、试验或经验确定的,如图 3-5 中的尺寸 Φ50 为公称尺寸。

2）实际尺寸

零件加工完成后测量所获得的尺寸。

3）极限尺寸

在加工零件时任何一个尺寸都不可能绝对准确地做到预定的数值,因而必须规定允许实际尺寸变化的两个极限值,这两个极限值分别称为上、下极限尺寸,它以公称尺寸为基数来确定。

上极限尺寸是两个极限尺寸中较大的一个,如在图 3-5 中,孔的上极限尺寸为 $\Phi50.039$,而轴的上极限尺寸为 $\Phi49.975$。

下极限尺寸是两个极限尺寸中较小的一个,如在图 3-5 中,孔的下极限尺寸为 $\Phi50$,而轴的下极限尺寸为 $\Phi49.950$。

实际尺寸在两个极限尺寸之间则为合格尺寸,否则为不合格。

4)尺寸偏差(简称偏差)

某一实际尺寸减去其公称尺寸所得的代数差,其中:

$$上极限偏差 = 上极限尺寸 - 公称尺寸$$

如图 3-5 中,孔的上极限偏差为 $50.039 - 50 = +0.039$,轴的上极限偏差为 $49.975 - 50 = -0.025$。

$$下极限偏差 = 下极限尺寸 - 公称尺寸$$

如图 3-5 中,孔的下极限偏差为 $50 - 50 = 0$,轴的下极限偏差为 $49.950 - 50 = -0.050$。

上、下极限偏差统称为极限偏差,它可以是正值、负值或零。

5)尺寸公差(简称公差)

允许尺寸的变动量:

$$公差 = 上极限尺寸 - 下极限尺寸 = 上极限偏差 - 下极限偏差$$

如图 3-5 中,孔的尺寸公差 $= 50.039 - 50 = 0.039 - 0 = 0.039$,而轴的尺寸公差 $= 49.975 - 49.950 = 0.025 - (-0.050) = 0.025$。

尺寸公差恒为正值。

6)公差带

常用公差带图形象地表示公称尺寸、上、下极限偏差和尺寸公差之间的关系,图 3-7 所示为图 3-5 中孔和轴的公差带图,它由代表上极限偏差和下极限偏差或上极限尺寸和下极限尺寸的两条直线所限定的一个区域确定,该区域称为公差带。孔的上极限偏差用"ES"表示,孔的下极限偏差用"EI"表示;轴的上极限偏差用"es"表示,轴的下极限偏差用"ei"表示。图中通常不画具体的孔和轴,只是将它们的公差带放大画出以便于分析。

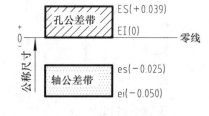

图 3-7 孔、轴公差带图

在公差带图中,零线是表示公称尺寸的一条基准直线,正偏差位于零线上方,负偏差位于零线下方。

由图 3-7 可见,公差带由公差大小和其相对零线的位置确定。其中,公差的大小由标准公差确定,公差带相对于零线的位置由基本偏差确定。国家标准规定了这两个要素的标准,即标准公差系列和基本偏差系列。

7)标准公差

标准公差是由国家标准规定的、用以确定公差带大小的一系列标准数值,用代号 IT(ISO Tolerance)表示。它的大小与公称尺寸和公差等级有关。国家标准规定公差等级分为 20 个等级,即 IT01、IT0、IT1~IT18,其中阿拉伯数字表示公差等级。从 IT01 到 IT18 公差等级依次降低。

在国家标准《极限与配合》GB/T 1800.2—2009 标准公差数值中给出了各级标准公差数值,见附录 II 表 II-21。由表可知,当公称尺寸相同时,公差等级愈高,标准公差数值愈小,尺寸的精确度愈高;当公差等级相同时,公称尺寸愈大,标准公差数值愈大。

8) 基本偏差

基本偏差是国家标准规定的用以确定公差带相对于零线位置的上极限偏差或下极限偏差，一般指靠近零线的那个偏差。如图 3-7 中孔的基本偏差为下极限偏差(0)，轴的基本偏差为上极限偏差(−0.025)。

国家标准分别对孔和轴各规定了 28 个基本偏差，其代号用拉丁字母表示，大写字母表示孔，小写字母表示轴，如图 3-8 所示。

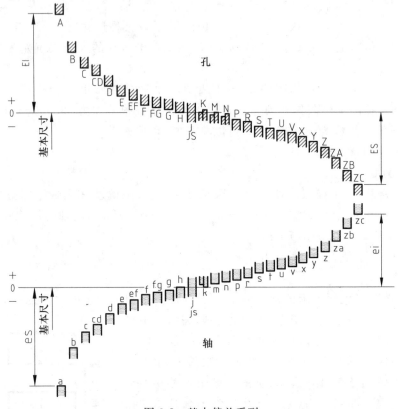

图 3-8　基本偏差系列

从图中可以看出：

（1）当公差带位于零线之上时，其基本偏差是下极限偏差；当公差带位于零线之下时，其基本偏差是上极限偏差。

（2）孔的基本偏差从 A～H 为下极限偏差，从 J～ZC 为上极限偏差；轴的基本偏差从 a～h 为上极限偏差，从 j～zc 为下极限偏差。

（3）基本偏差 JS 和 js 的公差带都对称分布于零线两侧，它们的基本偏差可以是上极限偏差(+IT/2)或下极限偏差(−IT/2)。

本书附录Ⅱ表Ⅱ-22 和表Ⅱ-23 分别给出了孔和轴的基本偏差标准数值。

基本偏差只表示了公差带的位置，标准公差值决定公差带的大小。根据公差带的定义，只要知道基本偏差和标准公差，就可以算出孔或轴的另一偏差，如图 3-9 所示。

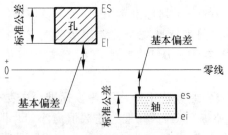

图 3-9　偏差计算示意图

9）公差带代号

为了便于标注基本偏差和标准公差,通常可用公差带代号表示。公差带代号分别由基本偏差代号和公差等级代号组成。例如:

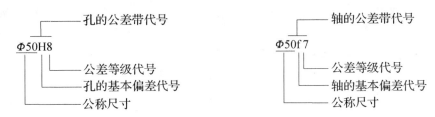

2. 配合的种类及基准制

公称尺寸相同、相互结合的孔和轴公差带之间的关系称为配合。配合表述的是孔和轴结合时的松紧程度,配合中可能有间隙或过盈,孔的尺寸减去相配合的轴的尺寸所得代数差为正称为间隙,孔的尺寸减去相配合的轴的尺寸所得代数差为负称为过盈。

1）配合种类

根据使用需要,国家标准将配合分为三类。

（1）间隙配合:具有间隙(包括最小间隙等于零)的配合称为间隙配合。此时,孔的公差带完全在轴的公差带之上,如图 3-10(a)所示。

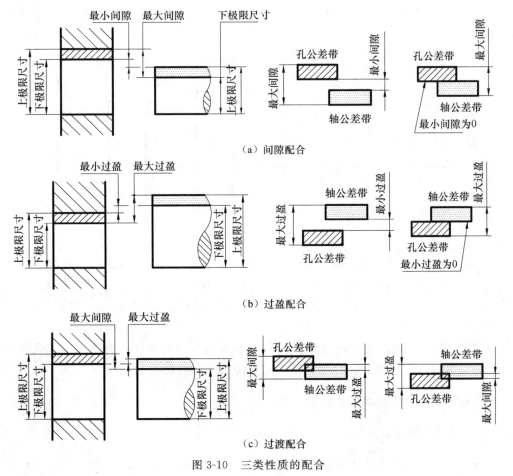

图 3-10 三类性质的配合

（2）过盈配合：具有过盈（包括最小过盈等于零）的配合称为过盈配合。此时，孔的公差带完全在轴的公差带之下，如图 3-10（b）所示。

（3）过渡配合：对一批孔和轴而言，可能具有间隙也可能具有过盈的配合称为过渡配合，但间隙或过盈量都很小。此时，孔的公差带与轴的公差带互相交叠，如图 3-10（c）所示。

2）基准制

国家标准规定了两种基准制，即基孔制和基轴制。

（1）基孔制：基本偏差为一定的孔的公差带，与不同基本偏差的轴的公差带组成各种配合的一种制度，如图 3-11 所示。

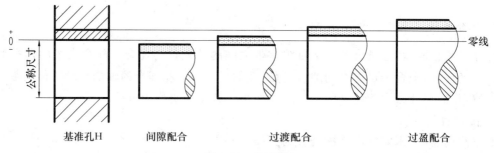

图 3-11　基孔制

基孔制的孔称为基准孔，其基本偏差代号为 H，基本偏差为下极限偏差且其值为 0。

（2）基轴制：基本偏差为一定的轴的公差带与不同基本偏差的孔的公差带组成各种配合的一种制度，如图 3-12 所示。

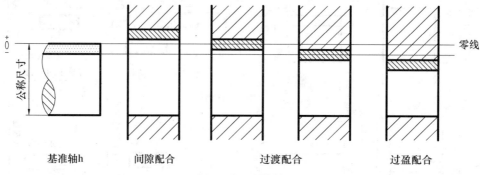

图 3-12　基轴制

基轴制的轴称为基准轴，其基本偏差代号为 h，基本偏差为上极限偏差且其值为 0。

从图 3-8 所示基本偏差系列图可以看出，在基孔制配合中，基准孔的基本偏差代号为 H，它与基本偏差代号为 a~h 的轴用于间隙配合；它与基本偏差代号为 j~zc 的轴用于过渡配合和过盈配合。

在基轴制配合中，基准轴的基本偏差代号为 h，它与基本偏差代号为 A~H 的孔用于间隙配合；它与基本偏差代号为 J~ZC 的孔用于过渡配合和过盈配合。

3.2.3　极限与配合在图样中的标注

1. 在装配图中的标注方法

在装配图中，对有配合要求的部位应标注配合代号。配合代号由两个互相配合的孔和轴的公差带代号组成,标注的通用形式为:公称尺寸$\dfrac{\text{孔公差带代号}}{\text{轴公差带代号}}$。

标注示例如图3-13(a)所示,必要时也允许按图3-13(b)、(c)的形式标注。

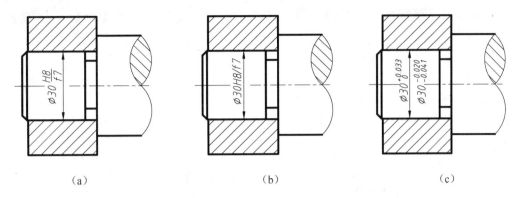

（a）　　　　　　　　　　　（b）　　　　　　　　　　　（c）

图 3-13　配合代号在装配图中的标注

　　在装配图上标注的配合代号中,如果分子中含有基本偏差代号 H,即为基孔制配合。如果分母中含有基本偏差代号 h,即为基轴制配合。如果分子为 H,同时分母为 h 时,一般可视为基孔制配合,也可视其为基轴制配合。

　　标注标准件、外购件与一般零件(轴或孔)配合代号时,可以不标注标准件、外购件的公差带代号,而只标注与标准件有配合关系的零件相应尺寸的公差带代号。如图 3-14 所示的轴承配合,由于轴承内孔直径是按基孔制的孔设计制造的,即它的基本偏差代号是 H。而轴承外径是按基轴制的轴设计制造的,即它的基本偏差代号是h。而它们的精度等级与轴承精度相同,因此,在装配图中可以省略其标注,只标注与它配合的轴径和轴承孔的配合代号,如图 3-14 中的 Φ30k6 和 Φ62J7。

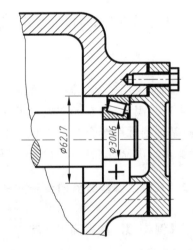

图 3-14　装配图上轴承的配合代号标注法

　　2. 在零件图中的标注方法

在零件图中标注公差有以下三种形式。

1) 标注公差带代号

如图 3-15 所示,这种注法便于采用专用量具检验零件,适用于大批量生产中。

2) 标注极限偏差数值

如图 3-16 所示,这种注法主要用于小批量或单件生产中。标注时应注意以下三点。

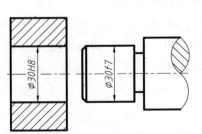

图 3-15　标注公差带代号

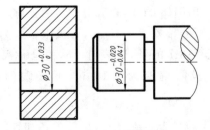

图 3-16　标注极限偏差值

（1）极限偏差数字比公称尺寸数字小一号，上极限偏差注在公称尺寸的右上方，下极限偏差应与公称尺寸注在同一条底线上。

（2）上、下极限偏差前必须标出正、负号，数值的小数点要对齐，其后面的位数也要相同。但当上极限偏差或下极限偏差为零时，可只标数字"0"，并与另一偏差的个位数对齐，如图 3-16 所示。

（3）如果上、下极限偏差数字相同而符号相反，偏差只注写一个，并在公称尺寸与偏差间注出符号"±"，且两者数字高度应相同，如图 3-17 所示。

3）标注公差带代号和极限偏差数值

同时标注公差带代号和极限偏差数值，后者应加注圆括号，如图 3-18 所示。

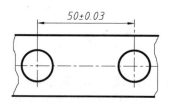

图 3-17　上、下极限偏差数字相同时的标注法

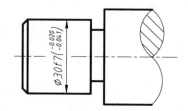

图 3-18　公差带代号和极限偏差数值标注法

上述标注方法可以依据具体情况选择。

3. 优先和常用配合

即使采用了基准制，仍可能形成大量的配合。过多的配合既不能发挥标准的作用，也不利于生产。因此，国家标准规定了优先和常用配合。基孔制常用配合有 59 种，其中优先配合 13 种；基轴制常用配合有 47 种，其中优先配合 13 种。一般情况下，采用优先配合就能够满足设计要求。国家标准推荐的基孔制和基轴制优先、常用配合见附录Ⅱ表Ⅱ-24 和表Ⅱ-25。

3.2.4　极限偏差数值的查表方法

【例 3-1】　查表确定 $\Phi18\dfrac{\text{H8}}{\text{f7}}$ 中孔和轴的上、下极限偏差值。

解　由附录Ⅱ表Ⅱ-24 可知，$\dfrac{\text{H8}}{\text{f7}}$ 是基孔制优先间隙配合。

在实际应用中，轴和孔的极限偏差值并不都需要通过标准公差和基本偏差来计算，可以按公称尺寸和公差带的代号直接从附录Ⅱ表Ⅱ-26"优先配合中轴尺寸的极限偏差"或表Ⅱ-27"优先配合中孔尺寸的极限偏差"中查得所需的极限偏差值。

对于 $\Phi18\text{H8}$ 的孔，查表Ⅱ-27，由公称尺寸"大于 14 至 18"的行和公差带 H8 的列相交处查得其上极限偏差为 $+27\mu\text{m}$，下极限偏差为 0。所以 $\Phi18\text{H8}$ 对应的极限偏差为 $\Phi18^{+0.027}_{0}$。

对于 $\Phi18\text{f7}$ 的轴，查表Ⅱ-26，由公称尺寸"大于 14 至 18"的行和公差带 f7 的列相交处查得其上极限偏差为 $-16\mu\text{m}$，下极限偏差为 $-34\mu\text{m}$。所以 $\Phi18\text{f7}$ 对应的极限偏差为 $\Phi18^{-0.016}_{-0.034}$。

【例 3-2】　查表确定 $\Phi30\dfrac{\text{K7}}{\text{h6}}$ 中孔和轴的上、下极限偏差值。

解 由表Ⅱ-25可知，$\dfrac{K7}{h6}$是基轴制优先过渡配合。

对于 $\Phi30K7$ 的孔，查表Ⅱ-27，由公称尺寸"大于 24 至 30"的行和公差带 K7 的列相交处查得其上极限偏差为 $6\mu m$，下极限偏差为 $-15\mu m$。所以 $\Phi30K7$ 也可标注成：$\Phi30^{+0.006}_{-0.015}$。

对于 $\Phi30h6$ 的轴，查表Ⅱ-26，由公称尺寸"大于 24 至 30"的行和公差带 h6 的列相交处查得其上极限偏差为 0，下极限偏差为 $-13\mu m$，所以 $\Phi30h6$ 也可标注成：$\Phi30^{\ 0}_{-0.013}$。

3.2.5 极限与配合的选择

正确选用极限与配合，可在保证机器质量的前提下，降低加工成本，提高产品竞争力。极限与配合的选用通常应包括基准制、公差等级和配合等三个项目的选择。

1. 基准制的选择

一般情况下应优先选用基孔制，这样可限制加工孔所需用的定值刀具、量具的规格数量，有利于降低生产成本。基轴制配合通常仅用于结构设计不适宜采用基孔制配合的情况，或者采用基轴制配合具有明显经济效果的场合。例如，同一尺寸的轴与几个具有不同配合要求的孔组成的配合，此时采用基轴制配合，基准轴采用同一个基本偏差而不需分段加工，用改变孔的公差带来达到不同的配合要求就比较经济。如图 3-19(a)所示。

当与标准件配合时，应按照标准件确定基准制。如图 3-19(b)所示，滚动轴承内孔是按基准孔设计的，故它与轴的配合应采用基孔制配合；而滚动轴承外圈是按基准轴设计制造的，故它与轴承孔的配合应采用基轴制配合。

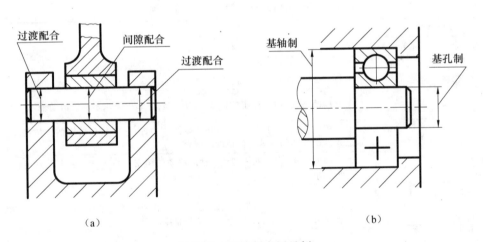

图 3-19 基轴制应用示例

2. 公差等级的选择

在保证设计和使用要求的前提下，应尽量选择比较低的公差等级，以减少加工制造成本。当公差等级高于 IT8 时，孔的公差等级应比轴的降低一级。在公差等级较低时，通常选用公差等级相同的孔、轴相配合。

通常 IT01～IT04 用于块规和量规，IT5～IT12 用于配合尺寸，IT13～IT18 用于非配合尺寸。表 3-6 为 IT5～IT12 的应用举例，供选用公差等级时参考。

表 3-6　常用配合尺寸中公差等级的应用

公差等级	IT5	IT6(轴)IT7(孔)	IT8、IT9	IT10~IT12	举例
精密机械	常用	次要处			仪器、航空机械
一般机械	重要处	常用	次要处		机床、汽车制造
非精密机械		重要处	常用	次要处	矿山、农业机械

3. 配合的选择

要根据设计的要求,合理地选择配合种类和公差等级。

首先选择优先公差带及优先配合,其次选择常用公差带及常用配合。

(1)间隙配合的选择:当零件之间具有相对转动或相对移动时,应选择间隙配合。其间隙大小的选择原则是:转动的间隙要比移动的间隙大,速度高的比速度低的间隙大,同心度要求低的比同心度要求高的间隙要大,工作温度高的比温度低的间隙要大。

(2)过盈配合的选择:若无外加紧固件(键、销或螺钉),只靠配合面的过盈来连接固定时,应选择过盈配合,其过盈量的大小与受力大小成正比,且和受力特性有关。

(3)过渡配合的选择:当零件之间不要求相对运动,又不靠配合传力(如键联结处孔与轴的配合),但要求定位(定心)精度较高时,通常选择过渡配合。其松紧程度的选择原则是:定位(定心)精度要求低的比要求高的松,经常拆卸的比不经常拆卸的松,有外加紧固件的比无外加紧固件的松。

表 3-7 给出了尺寸小于 500mm 的优先配合及选用举例说明以供参考。

表 3-7　优先配合特性及应用举例

优先配合		选用说明
基孔制配合	基轴制配合	
$\dfrac{H11}{c11}$	$\dfrac{C11}{h11}$	间隙极大,用于转速极高,孔、轴温差很大的滑动轴承。要求大公差、大间隙的外露部分,要求装配极方便
$\dfrac{H9}{d9}$	$\dfrac{D9}{h9}$	间隙很大,用于转速较高、轴颈压力较大、精度要求不高的滑动轴承
$\dfrac{H8}{f7}$	$\dfrac{F8}{h7}$	间隙不大,用于中等转速、中等轴颈压力、有一定精度要求的一般滑动轴承。要求装配方便的中等定位精度的配合
$\dfrac{H7}{g6}$	$\dfrac{G7}{h6}$	间隙较小,用于低速转动或轴向移动的精密定位配合。需要精密定位又经常装拆的不动配合
$\dfrac{H7}{h6}$　$\dfrac{H8}{h7}$ $\dfrac{H9}{h9}$　$\dfrac{H11}{h11}$	$\dfrac{H7}{h6}$　$\dfrac{H8}{h7}$ $\dfrac{H9}{h9}$　$\dfrac{H11}{h11}$	最小间隙为零,用于间隙定位配合,工作时一般无相对运动,也用于高精度低速轴向移动的配合。公差等级由定位精度决定
$\dfrac{H7}{k6}$	$\dfrac{K7}{h6}$	一般的过渡配合,平均间隙接近于零。用于要求装拆的定位配合,用于受不大的冲击载荷处,扭矩和冲击很大时应加紧固件,如轴承与孔的配合、带键联结的轴孔配合
$\dfrac{H7}{n6}$	$\dfrac{N7}{h6}$	较紧的过渡配合,用于一般不拆卸的更精密的定位配合,可承受很大的扭矩,振动及冲击,但需附加紧固件
$\dfrac{H7}{p6}$	$\dfrac{P7}{h6}$	过盈较小,用于要求定位精度高、配合刚性好的配合。不能只靠过盈传递载荷
$\dfrac{H7}{s6}$	$\dfrac{S7}{h6}$	过盈适中,用于靠过盈传递中等载荷的配合
$\dfrac{H7}{u6}$	$\dfrac{U7}{h6}$	过盈较大,用于靠过盈传递较大载荷的配合。需加热孔或冷却轴后加压装配

3.3 几何公差标注

在生产实践中,经过加工的零件不但会产生尺寸误差,其形状和位置也会产生误差。零件实际表面形状对理想表面形状的误差,称为形状误差。如图 3-20 中的小轴,由于加工后其轴线产生了直线度误差(图中双点画线所示),致使装配困难,影响使用。零件各表面之间、轴线之间或表面与轴线之间的实际位置对理想位置的误差,称为位置误差。如图 3-21 中的轴套,其左端面对轴线产生了垂直度误差,使其无法与其他零件的端面紧密接触,也会影响装配和使用。零件的上述误差通常是通过几何公差来控制的。

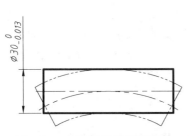

图 3-20 小轴轴线的形状误差

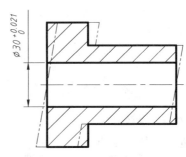

图 3-21 轴套端面的位置误差

国家标准 GB/T 1182—2008《产品几何技术规范(GPS)几何公差形状、方向、位置和跳动公差标注》将几何公差分为形状公差、方向公差、位置公差和跳动公差四类,并规定了它们在图样中的标注方法和要求,本节将简要介绍这些规定。

3.3.1 几何公差的种类、几何特征及其符号

国家标准 GB/T 1182 将几何公差分为形状公差、方向公差、位置公差和跳动公差四类,共19 种特征项目。几何公差的类型、几何特征、项目符号如表 3-8 所示。

表 3-8 几何公差的几何特征项目和符号

公差类型	几何特征	符号	有无基准	公差类型	几何特征	符号	有无基准
形状公差	直线度	——	无	方向公差	面轮廓度	⌒	有
	平面度	▱	无	位置公差	位置度	⊕	有
	圆度	○	无		同心度(用于中心点)	◎	有
	圆柱度	⌭	无		同轴度(用于轴线)	◎	有
	线轮廓度	⌒	无		对称度	═	有
	面轮廓度	⌒	无		线轮廓度	⌒	有
方向公差	平行度	//	有		面轮廓度	⌒	有
	垂直度	⊥	有	跳动公差	圆跳动	↗	有
	倾斜度	∠	有		全跳动	↗↗	有
	线轮廓度	⌒	有				

3.3.2 几何公差的标注

1) 几何公差标注代号

几何公差用规定代号标注,该代号包括几何公差特征符号(表 3-8)、几何公差框格、指引线、公差值和有关符号,对于方向公差、位置公差和跳动公差还有基准符号。

几何公差的框格和指引线均用细实线画出。框格分为两格或多格,一般应水平或竖直放置。当采用公差框格标注几何公差时,按自左至右的顺序标注以下内容:

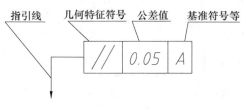

图 3-22 几何公差标注代号

公差框格的第一格填写几何特征符号,第二格填写几何公差值和相关附加符号,第三格和以后的框格可根据需要填写表示基准的字母及其他符号,如图 3-22 所示。

框格内的数字、字母和符号与图样中的尺寸数字高度相同。框格高度约为字体高度的两倍,长度可根据需要加长。

2) 被测要素的标注

几何要素指构成零件几何形体的点、线、面。

被测要素是通过指引线与公差框格相连来表达的,指引线可引自框格的任意一侧,终端带一箭头,指向被测要素,如图 3-23 所示。

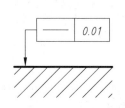
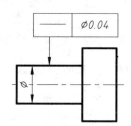

图 3-23 被测要素标注

(1) 当被测要素为轮廓线或轮廓面时,指引线的箭头应指向该要素的轮廓线或其延长线上,并明显地与尺寸线错开,如图 3-24(a)、(b)所示。为了简化图样画法,箭头也可指向引出线的水平线,而水平线引自被测要素,如图 3-24(c)所示。

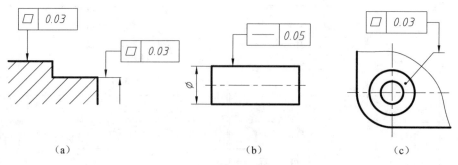

（a）   （b）   （c）

图 3-24 被测要素标注示例一

(2) 当被测要素为中心线、中心面或中心点时,指引线的箭头应位于相应尺寸线的延长线上,即箭头与尺寸线对齐,如图 3-25 所示。

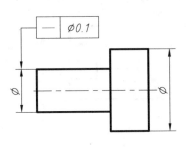

（a）被测要素为中心线

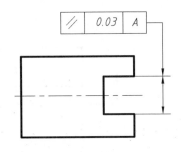

（b）被测要素为中心面

图 3-25　被测要素标注示例二

（3）当被测要素为单个轴线、单个中心面、公共轴线、公共中心面时，不宜将箭头直接指向它们，这样标注有时含义不清，如图 3-26 所示。

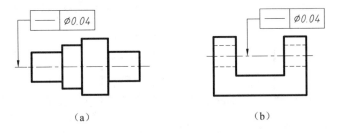

（a）　　　　　　　　　　　　　（b）

图 3-26　被测要素的错误标注

3）基准要素的标注

基准符号的画法如图 3-27 所示，将一个大写字母标注在基准方格内，并与一个涂黑或空白的三角形相连，以表示基准。同时在公差框格内注出基准的字母。基准方格高度与公差框格高度相同。涂黑和空白的三角形含义相同，空白三角形是在满足识图要求情况下的简化画法。

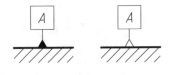

图 3-27　基准要素的画法

基准符号的放置规则与被测要素的标注规则类似，即：

（1）当基准要素为轮廓线或轮廓面时，基准符号中的三角形放置在要素的轮廓线或其延长线上，且与尺寸线明显错开，如图 3-28 所示。在某些情况下，为了节省视图，基准符号中的三角形也可以放置在由基准轮廓面引出线的水平线上，如图 3-29 所示。

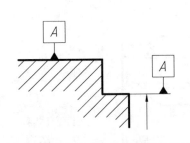

图 3-28　基准要素为轮廓线或轮廓面

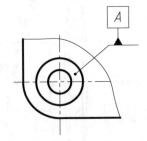

图 3-29　基准要素的简单标注法

（2）当基准为尺寸要素确定的轴线、中心平面或中心点时，基准符号中的三角形应放置在该尺寸线的延长线上，并与尺寸线对齐，如图 3-30 所示。

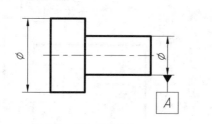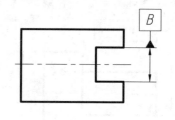

（a）基准要素为轴线　　　　　　　（b）基准要素为中心平面

图 3-30　基准要素为轴线或中心平面

（3）用单一要素做基准时，在几何公差框格中用一个大写字母表示，如图 3-31（a）所示。用两个要素建立公共基准时，在几何公差框格中用两个大写字母中间加连字符表示，如图 3-31（b）所示。

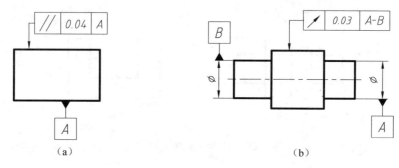

（a）　　　　　　　　　　　　　　　　（b）

图 3-31　基准在几何公差框格中的标注

4）几何公差标注实例

图 3-32 是气门阀杆的几何公差标注实例，图中所标几何公差的含义为：

$\boxed{\nearrow\ |\ 0.03\ |\ A}$：球面对 $\Phi20k6$ 圆柱轴线的圆跳动公差为 0.03。

$\boxed{\cancel{\bigcirc}\ |\ 0.05}$：$\Phi20k6$ 圆柱面的圆柱度公差为 0.05。

$\boxed{\odot\ |\ \Phi0.1\ |\ A}$：M8×1 螺孔轴线对于 $\Phi20k6$ 圆柱轴线的同轴度公差为 $\Phi0.1$。

$\boxed{\nearrow\ |\ 0.1\ |\ A}$：右端面对 $\Phi20k6$ 圆柱轴线的端面圆跳动公差为 0.1。

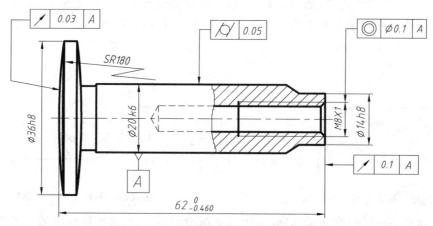

图 3-32　几何公差标注实例

第4章 零 件 图

4.1 零件图概述

任何机器(或部件)都是由若干零件按一定要求装配起来的。表达机器或部件的图样称为装配图,而表达单个零件的图样称为零件图。

零件图用来表达零件的结构形状、尺寸大小和与零件制造、检验有关的技术要求等,它是加工制造和检验零件的依据,是生产中重要的技术文件之一。如图4-1所示,一张完整的零件图包括以下四项内容。

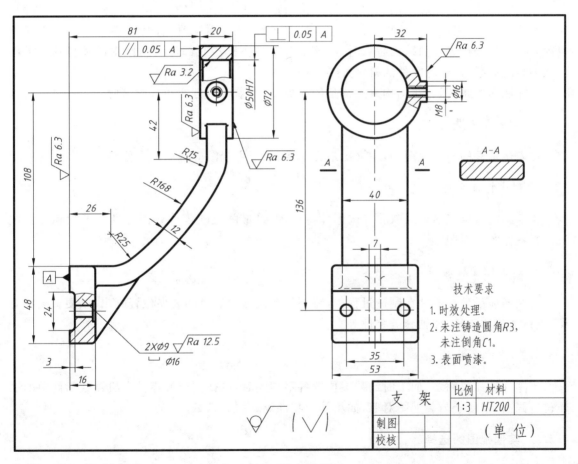

图4-1 支架零件图

1. 一组视图

使用视图、剖视图、断面图等表示方法将零件的结构形状准确、完整、清晰地表达出来。

2. 完整的尺寸

正确、完整、清晰、合理地标注出零件制造和检验时所需的全部尺寸。

3. 技术要求

用代号、数字或文字表示零件加工制造时所应达到的技术要求,主要包括表面结构要求、尺寸公差、几何公差、表面热处理以及零件加工中应注意的问题等。

4. 标题栏

填写零件的名称、材料、数量、比例、图号及相关设计人员的签名等。

4.2 零件的视图选择

零件图的视图要能够准确、完整、唯一、清晰地表达零件的结构形状,且易于看图和画图。要达到这个要求,关键在于分析零件的结构特点,恰当地选用视图、剖视图、断面图及其他各种表示方法。在分析零件的结构特点时,应该了解零件在机器或部件中的作用以及与其他零件之间的装配关系,并熟悉零件的机械加工过程。

选择视图的原则是:在结构表达清楚的前提下,力求看图方便和画图简便。

4.2.1 主视图的选择

在表达零件的一组视图中,主视图最为重要,选择主视图应遵循以下原则。

1. 形体特征原则

主视图应尽可能多地反映零件的形体特征,即以最能反映零件各部分结构形状和相互位置的视图作为主视图。

2. 加工位置原则

主视图应尽量按零件在制造过程中,特别是在机械加工时的装夹位置画出,以便于图物对照、进行加工和测量,如轴套类零件等。

3. 工作位置原则

当零件的加工面多、加工时的装夹位置各不相同时,主视图应按零件在机器或部件中的工作位置画出,以便于与装配图对照,如箱体类零件等。

4.2.2 其他视图的选择

主视图确定后,再按完整、清晰表达零件各部分结构形状和相互位置的要求,针对零件结构的具体情况,选择其他视图。在此,应考虑零件还有哪些结构形状未表达清楚或不够清楚,优先选用基本视图,并根据零件内部形状,采取适当的剖视图或断面图。对尚未表示清楚的局部形状,也可选择必要的局部视图、局部放大图或斜视图等,以使各个视图侧重表达零件某些方面的结构形状。对形状结构较为复杂的零件,可选择不同的表达方案进行比较,最后确定一个较好的表达方案。

要满足上述要求,必须对零件进行结构分析,以便根据零件的结构特点,选择适当的表达方案。如图 4-2 所示为一壳体零件,它的各部分结构分析如图 4-2(a)所示,根据结构特点及视图选择原则,最终选择的视图表达方案如图 4-2(b)所示。

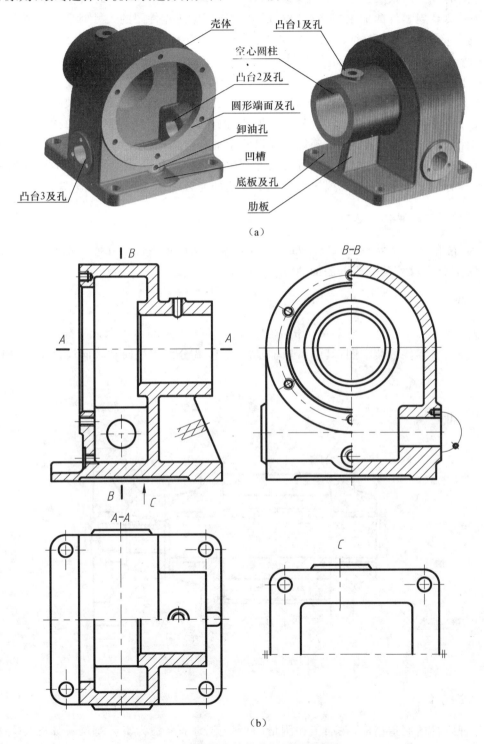

（a）

（b）

图 4-2　零件的结构分析及视图表达

4.3 零件的尺寸标注

零件图的视图用来表达零件的结构形状,而零件的大小则由图中的尺寸来确定。零件图的尺寸注法关系到零件的加工制造方法和质量,因此,标注零件图的尺寸时要力求做到:

(1) 完整。注全各部分结构的定形尺寸、定位尺寸以及必要的总体尺寸。

(2) 清晰。尺寸配置要便于看图。

(3) 合理。既保证设计要求,又符合加工、测量等工艺要求。

对于完整和清晰的要求,在组合体尺寸标注中已经讨论过,这里不再重复。所谓合理是指标注的尺寸既符合零件的设计要求,又便于加工、测量和检验。要做到合理的标注尺寸,首先要根据零件的设计和工艺要求,正确地选择尺寸基准和恰当地标注尺寸,还必须具备一定的零件设计和工艺知识,而这些知识将通过后续课程(如机械零件、机械制造工艺学等有关专业课程)的学习和参加生产实践来掌握。本节主要介绍如何合理标注尺寸的基本知识。

4.3.1 尺寸基准的种类和选择

度量尺寸的参考要素称为尺寸基准。尺寸基准用来确定零件上几何元素的位置。根据使用不同,基准分为设计基准和工艺基准。

1. 设计基准

由设计要求确定零件在机器或机构中的位置而使用的基准称为设计基准。图 4-3 为齿轮油泵主动轴系各零件的装配图,其中齿轮轴基准 A 和 B 分别为径向和轴向设计基准,如图 4-4 所示。

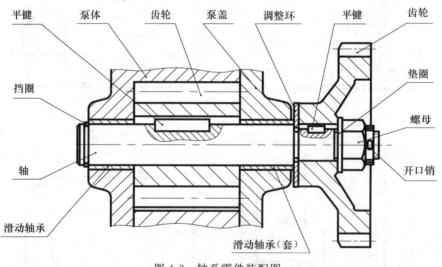

图 4-3 轴系零件装配图

2. 工艺基准

为保证零件的制造精度,在加工和测量时所选定的基准称为工艺基准。如图 4-4 中的轴线基准 A、端面基准 C 为工艺基准。其中基准 A 既是设计基准又是径向尺寸的工艺基准。

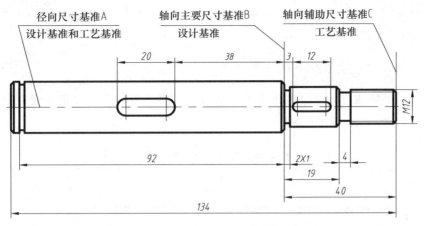

图 4-4　轴的尺寸基准确定

零件在长、宽、高三个方向上应各有一个主要尺寸基准,这些基准一般称为主要基准。图 4-5 中指出了支座零件三个方向的基准。一般将零件的主要回转面(孔与轴)的轴线、对称平面、重要端面、轴肩面以及零件的安装面和主要加工面选为基准,如图 4-4、图 4-5 所示。除主要基准外,为了测量方便,还有一些附加基准,称为辅助基准。主要基准和辅助基准之间应有一个联系尺寸。

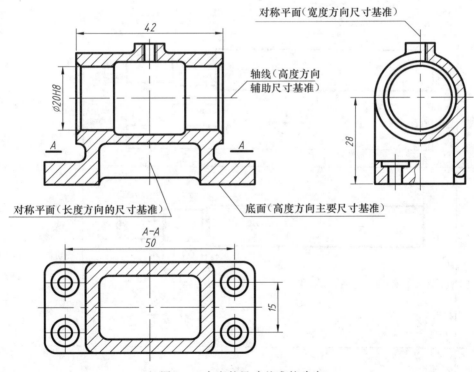

图 4-5　支座的尺寸基准的确定

4.3.2　合理标注尺寸应注意的问题

1. 重要尺寸要直接注出

所谓重要尺寸,是指零件上有配合要求或影响零件质量和保证机器(或部件)性能的尺寸,这些尺寸一般加工要求较高,直接标注出来便于其在加工时得到保证,如图 4-1 中的 Φ50H7、距离尺寸 81 和中心距 136。

2. 标注尺寸要尽量符合零件的加工顺序

表 4-1 表示齿轮油泵主动轴的加工顺序以及尺寸标注与加工顺序的关系,从中看出,合理的尺寸标注可以为加工过程带来便利。

表 4-1　齿轮油泵主动轴的加工顺序和尺寸标注

序号	加工顺序和尺寸标注	说明
1	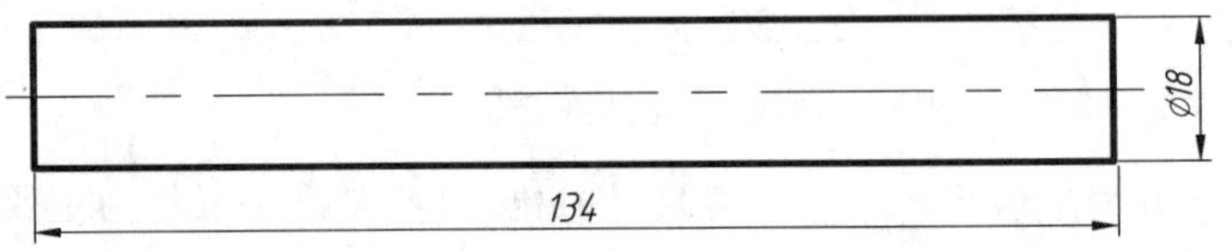	取 Φ18 圆钢下料,车两端面,打中心孔
2	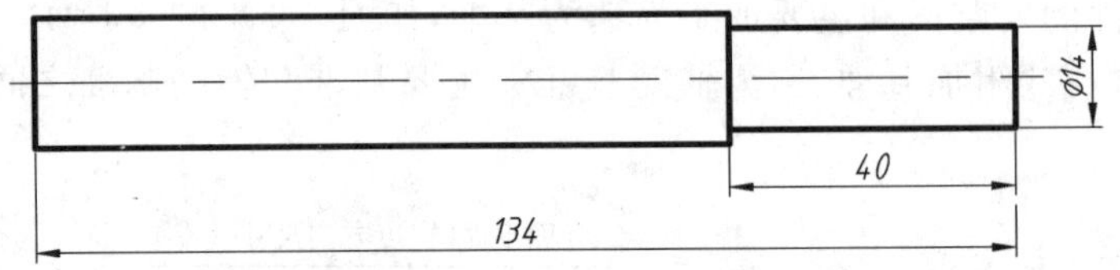	车 Φ14
3	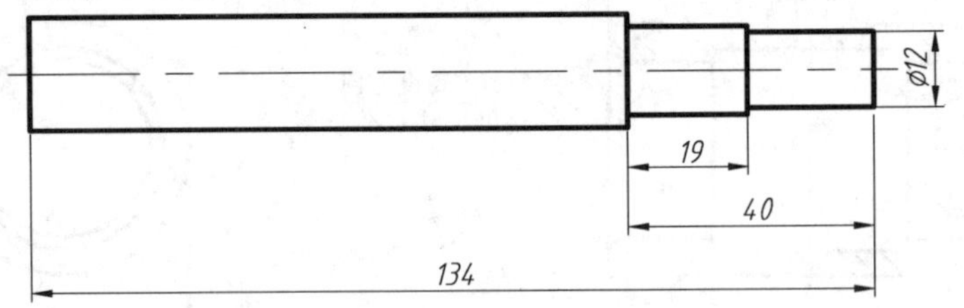	车 Φ12, 尺寸 19 为重要尺寸
4	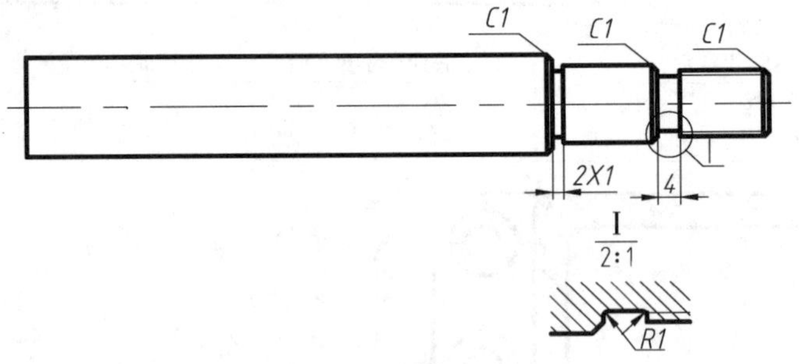	切槽,倒角,车螺纹
5	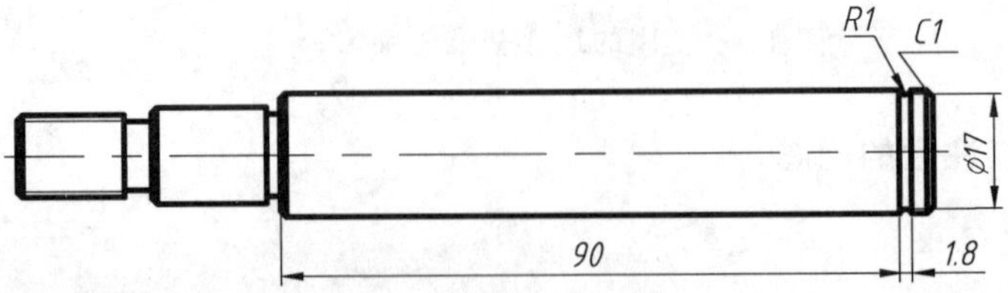	调头,切槽,倒角

序号	加工顺序和尺寸标注	说明
6	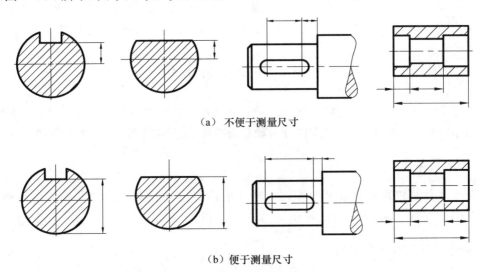	铣键槽
7		钻销孔

3. 尺寸标注要便于测量

如图 4-6(a)所示,图中尺寸不便于测量,而图 4-6(b)标注中的尺寸符合测量要求。

（a）不便于测量尺寸

（b）便于测量尺寸

图 4-6 尺寸标注要便于测量

4. 避免注成封闭尺寸链

封闭尺寸链是指首尾相接成封闭的一组尺寸,每个尺寸是尺寸链的一环。如图 4-7(a)所示,尺寸 a、b、c、d 就构成了一个封闭尺寸链。因为封闭尺寸链上各段尺寸精度会相互影响,加工时很难同时保证。因此,一般在尺寸链中选一个不重要(精度要求最低)的环不注尺寸,该环称为开环,如图 4-7(b)所示。这样,各段尺寸的加工误差最后都累积在开口环上。有时,为了作为设计和加工时的参考,把开环尺寸加上括号标注出来,称为"参考尺寸",如图 4-7(c)所示。

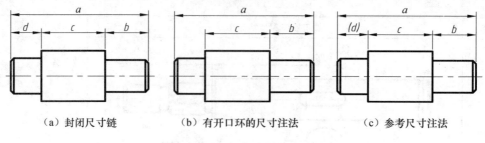

| （a）封闭尺寸链 | （b）有开口环的尺寸注法 | （c）参考尺寸注法 |

图 4-7 避免标注成封闭尺寸链

5. 标准结构的尺寸应按规定标注

对零件图上的标准结构（如键槽、圆角、倒角、退刀槽或越程槽等），其尺寸标注应按标准规定进行标注。

4.3.3 标注零件尺寸的方法与步骤

（1）分析零件的结构特点以及在机器中的装配定位关系以及加工过程等，选择尺寸基准。

（2）从设计基准出发，标注重要尺寸。

（3）考虑加工要求，标注其他尺寸。

（4）用形体分析法和结构分析法补全所有尺寸并进行检查。尺寸标注要清晰，标注方法应符合标准规定。注意主要尺寸的基准、数值、公差与相关零件是否协调一致。其次以零件的结构分析为线索，检查尺寸标注是否完整、有无矛盾、尺寸链是否封闭，是否便于加工、测量等。

4.4　典型零件分析

由于每个零件在机器或部件中的作用不同，其结构形状也多种多样。为了便于研究问题，根据零件的作用和结构特点，通常将零件分为轴套类零件、轮盘类零件、叉架类零件和箱体类零件。

4.4.1　轴套类零件

轴套类零件是机器中最常见的零件。轴在机器中主要起支撑传动零件和传递动力的作用。套一般装在轴上，起轴向定位等作用，如图 4-3 所示。

1. 轴套类零件的结构分析

轴套类零件一般由直径不等的同轴回转体所构成，通常带有圆角、倒角、退刀槽、键槽、中心孔和螺纹等结构，图 4-8 所示为齿轮油泵主动轴的结构分析。

2. 轴套类零件的视图选择

由于轴套类零件的主要加工工序是在车床或磨床上进行的，故主视图按加工位置选择，一般将轴线水平放置，并尽量将直径较小的一端放在右端，便于加工过程中图物对照。图 4-9 所示为主动轴的主视图，考虑到在主视图中要尽量多地反映零件的形状特征，因此将平键键槽向前，以表达它们的形状和位置。除主视图外，一般不必再画出其他基本视图。为了表示轴类零件上的其他结构，常采用移出断面图、局部放大图等表达方法，如图 4-9 所示。

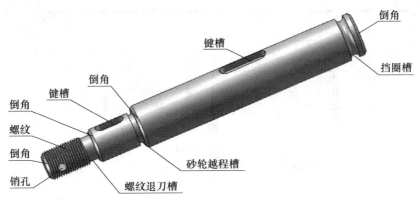

图 4-8　齿轮油泵主动轴结构分析

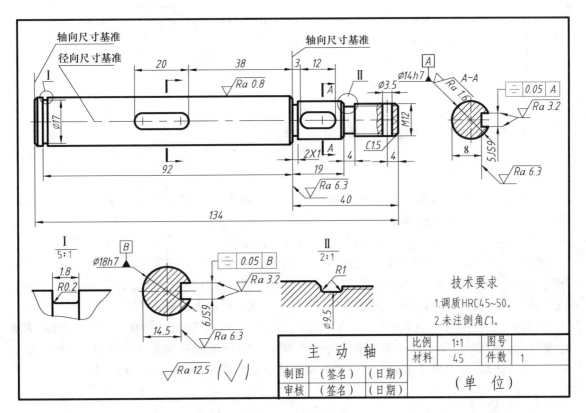

图 4-9　传动轴零件图

　　套类零件一般是空心的回转体,所以主视图一般采用轴线水平放置的剖视图,如图 4-10 所示。而对于其他的一些局部结构,其表达方法与轴类零件的表达方法基本相同。

　　3. 轴套类零件的尺寸标注

　　(1) 选择基准。由于轴类零件各段圆柱具有公共的轴线,因此轴线为径向尺寸的基准;长度方向通常以轴肩或重要端面为基准,如图 4-9 所示。

　　(2) 标注重要尺寸。在图 4-9 中,有配合要求的尺寸 Φ18h7、Φ14h7、6JS9、5JS9、基准定位尺寸 19 以及键槽、卡圈槽、退刀槽、销孔等的定形、定位尺寸应直接标出。

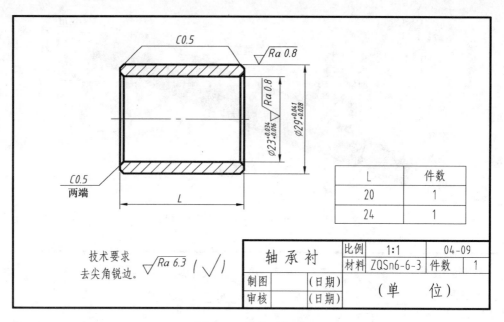

<table>
<tr><td>L</td><td>件数</td></tr>
<tr><td>20</td><td>1</td></tr>
<tr><td>24</td><td>1</td></tr>
</table>

技术要求
去尖角锐边。 $\sqrt{Ra\,6.3}$ $(\sqrt{\ })$

轴 承 衬	比例	1:1	04-09
	材料	ZQSn6-6-3	件数	1
制图	(日期)	（单 位）
审核	(日期)	

图 4-10　轴套零件图

（3）按照便于加工和测量等原则标注所有其他尺寸。

4. **轴套类零件的技术要求**

轴套类零件在制造和检验中应达到的工艺、精度等要求,通常用包括表面特性、尺寸公差、几何公差及材料的热处理等来说明。

轴类零件一般采用 40、45 号钢,并经调质或正火处理。

轴的毛坯一般为圆钢或锻件,主要经过车削加工而成,重要轴颈处需经磨削。加工精度一般为 IT6～IT10。与轴承或传动件相配合的轴颈、键槽的宽度等均需标注出公差,其中与轴承或传动件相配合的轴的精度一般为 IT6～IT7,键槽宽度的精度一般为 IT8～IT9。

轴的表面粗糙度 Ra 值一般为 0.8～12.5。其中,与轴承或传动件相配合的轴颈处的表面粗糙度 Ra 值可取 0.8～1.6,用于定位的轴肩端面及键槽的侧面其表面粗糙度 Ra 值一般为 3.2～6.3,倒角、退刀槽及不起定位作用的端面等表面粗糙度 Ra 值一般为 12.5。

4.4.2　轮盘类零件

轮盘类零件通常可分为盘盖类和轮类。

1. **轮盘类零件的结构分析**

盘盖类零件多为铸件,其基本形状是扁平的盘状,主要部分是回转体,如齿轮泵的泵盖、减速器的端盖等。图 4-11 为齿轮泵的泵盖,为了与泵体连接和定位,泵盖上设计有螺钉和销孔;为了支承主动轴,设计出凸台和轴孔;另外还有为满足其他要求的一些局部结构。轮类零件一般由轮毂、轮辐(或辐板)和轮缘三部分组成,如各种手轮、皮带轮、齿轮等。图 4-12 所示为一手轮,轮毂部分通常为带有键槽的空心回转体,也可以是方孔;轮缘部分通常为环状回转体;轮辐用于连接轮毂与轮缘,其断面形状一般为圆形、椭圆形等。

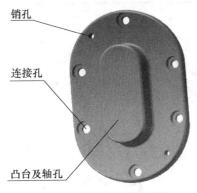

图 4-11　齿轮泵盖的立体图

销孔
连接孔
凸台及轴孔

图 4-12　手轮的立体图

手柄安装孔
轮缘
轴孔
轮辐
轮毂

2. 轮盘类零件的视图选择

轮盘类零件一般需要选用两个或两个以上基本视图,对于主体为回转体的轮盘类零件,应根据形体特征原则和加工位置原则,选用轴线水平放置的剖视图为主视图,以表达主要的孔及厚度方向的结构形状,再配以左视图或右视图来表达轮盘的端面结构形状。而零件的局部结构可采用局部视图或断面图来表示。

图 4-13 所示为泵盖的零件图,主视图采用旋转剖反映主要的孔及厚度方向的结构形状,右视图反映了泵盖的外形轮廓以及孔的相对位置。图 4-14 所示为手轮的零件图,其主视图反映了轮毂和轮缘的断面形状以及轮毂、轮缘与轮辐的相对位置和连接关系,左视图反映了轮辐的圆周分布状况;键槽与手柄孔也在这两个视图上得到了充分的表达;而 A-A 表达了轮辐的断面形状。

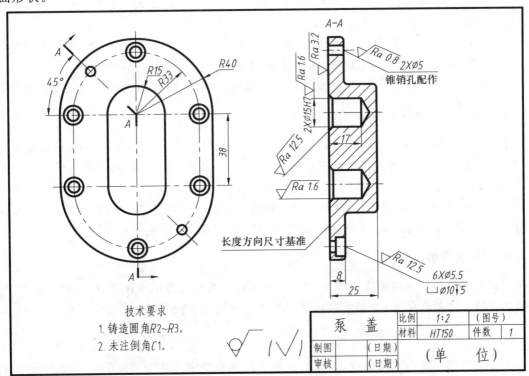

图 4-13　齿轮泵盖零件图

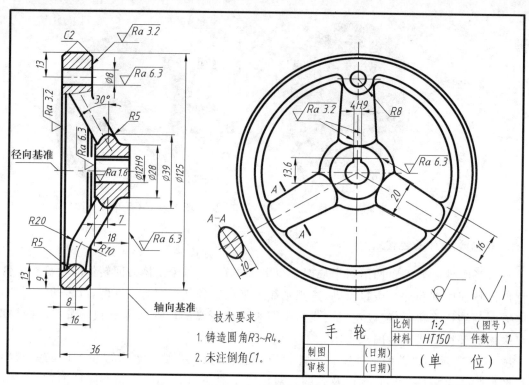

图 4-14　手轮零件图

3. 轮盘类零件的尺寸标注

（1）轮盘类零件一般以主孔轴线作为径向尺寸基准，长度方向的尺寸基准是经过切削加工的主要端面，如图 4-13、图 4-14 所示。

（2）零件图中的配合尺寸（如图 4-13 中的尺寸 2×Φ15 H7）和分布在圆周上孔的定位尺寸（如图 4-13 中 38、R33 尺寸）等都是轮盘类零件上的重要尺寸，应直接注出。

（3）对于铸件上的轮辐，其尺寸应从理论交点处标注，如图 4-14 中的尺寸 8、20 等。

4. 轮盘类零件的技术要求

轮类零件的加工着重于轮毂与轮缘部分。轮毂孔的精度一般为 IT8～IT9，表面粗糙度 Ra 值一般为 1.6～3.2，端面粗糙度 Ra 值一般为 6.3，如图 4-14 所示的手轮零件图。而轮缘外径与端面 Ra 值为 3.2，主要是为了外表美观。

轮盘类零件的加工着重于结合面、轴孔、销孔等，其表面粗糙度 Ra 值一般为 3.2 或 6.3，如图 4-13 所示。其他技术要求则按其具体结构特点而定。

4.4.3　叉架类零件

叉架类零件包括各种用途的拨叉、支架、连杆等。拨叉一般用来在机器的操纵机构中拨动传动件以确定其工作位置；支架主要起支撑和连接作用；而连杆则主要用于传递动力和运动。

1. 叉架类零件的结构分析

叉架类零件一般由支持部分、工作部分和连接部分组成。其中连接部分一般为板状、杆状或肋板，经常是弯曲或倾斜的，断面形状还可能是变化的。其他部分形状多为带孔柱体或柱、板状,并有油孔、螺孔、销孔或凸台等局部结构,如图 4-15、图 4-16 所示。

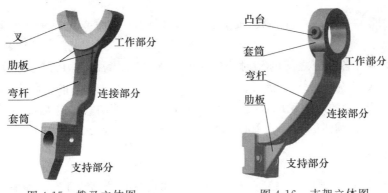

图 4-15 拨叉立体图　　　　图 4-16 支架立体图

2. 叉架类零件的视图选择

由于叉架类零件形状不规则,往往需要经过不同机床的切削加工,且加工位置也不同,因此,这类零件通常按其形体特征或工作位置选择主视图。对于那些工作位置倾斜或变化的零件,则应按将零件的主要结构放正来选择主视图。由于叉架类零件的形状不规则,为了表达各部分的相对位置,一般至少需要选用两个基本视图。对零件上仍未表达清楚的局部结构,还需要采用局部视图、局部剖视图、斜视图等进行表达。而对于连接部分,经常采用断面图来表达其断面形状,如图 4-1、图 4-17 所示。

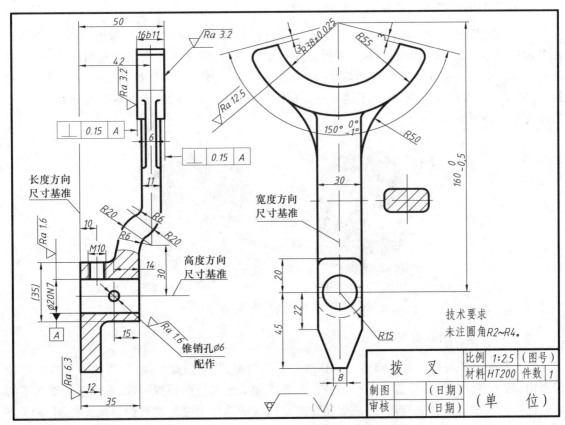

图 4-17 拨叉零件图

3. 叉架类零件的尺寸标注

（1）叉架类零件一般以主孔轴线、安装面、运动时的工作面或对称平面为基准，如图 4-17 所示。

（2）叉架类零件各部分之间的相对位置尺寸必须直接标注，其中支持部分和工作部分的相对位置尺寸是决定零件工作性能的重要尺寸，如图 4-17 所示拨叉的孔距 $160_{-0.5}^{0}$。

（3）对于连接部分的曲线轮廓，应标注全其形状尺寸。若曲线轮廓是由不同半径的圆弧连接而成的，则应标出各圆弧的半径。圆心位置的标注则要分清是已知弧、中间弧还是连接弧。

4. 叉架类零件的技术要求

叉架类零件一般为铸件。支持部分与工作部分的轴孔、端面或工作表面需要切削加工，并根据其功能选用相应的尺寸公差与表面粗糙度。支持部分与工作部分的相对位置尺寸也应给出尺寸公差。在图 4-17 中，支持部分为 $\Phi20N7$，$Ra1.6$；端面为 $Ra6.3$；工作部分分别为 $R38\pm0.025$，$Ra12.5$，以及 $16b11$，$Ra3.2$；支持部分与工作部分的相对位置尺寸为 $160_{-0.5}^{0}$。

4.4.4　箱体类零件

箱体类零件包括泵体、阀体、减速器箱体、液压缸体以及其他各种用途的箱体等。这类零件一般都是机器或部件的主体零件，其他零件都要安装在它的内部或外部，箱体类零件一般是铸件。

1. 箱体类零件的结构分析

箱体类零件起支承、包容其他零件的作用，所以多数是空腔的壳体，具有内腔和壁，此外还常有轴孔、凸台和肋板。为了使其他零件装在箱体上，并将箱体再安装到其他机座上，通常还具有安装底板、法兰、安装孔和螺孔等结构；为了使箱体内的运动部件得到润滑以及使箱体密封，箱壁部分常有供安装箱盖、轴承盖、油标和油塞等零件的凸台、凹坑和螺孔等结构，图 4-18 所示为齿轮油泵的泵体。

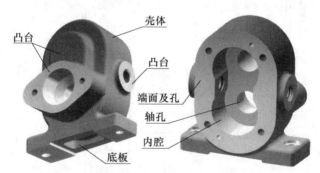

图 4-18　齿轮油泵箱体的立体图

2. 箱体类零件的视图选择

（1）主视图的选择。由于箱体类零件加工工序较多，装夹位置不固定，因此一般按工作位置画出，而不考虑其加工位置。这样可使它与装配图上该零件的位置一致，有利于看图和了解其装配情况。放置位置确定后，再根据箱体的结构特征选择主视图的投影方向。如图 4-19 所示，主视图采用过主要支承孔轴线的复合剖切平面进行剖切的方法来表达其内部结构。

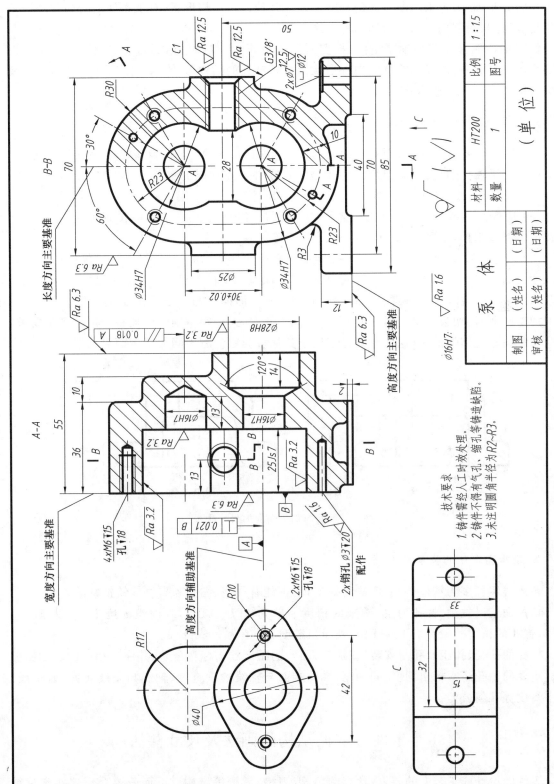

图4-19 齿轮泵体零件图

（2）其他视图的选择。由于箱体类零件比较复杂，一般需要两个或两个以上的基本视图。在主视图的基础上，再采用适当的剖视图来表达其他内部结构形状，对于零件上的局部结构则采用局部视图、局部剖视图和断面图等方法表达。

如图 4-18 所示的齿轮油泵箱体，根据其结构分析，主视图采用 A-A 复合剖视图，而左视图则采用半剖视图，以表达箱体的内外形状及主要轴孔的结构形状；对于未表达清楚的凸台及底板选用局部视图表达，如图 4-19 所示。

3. 箱体类零件的尺寸标注

（1）箱体类零件一般选择重要端面、底面、对称面或主孔轴线等作为基准，如图 4-19 所示。

（2）主要轴孔的相对位置尺寸，一般是决定零件工作性能的重要尺寸，必须直接标出，如图 4-19 所示箱体轴孔的中心距 30 ± 0.02。

（3）应标注出各形体间的相对位置尺寸，特别是各形体相对于主体的位置尺寸，这样有利于铸造时制作木模，如图 4-19 所示的 36、10、55 等。

（4）对于铸件或锻件，应将毛面尺寸和加工面尺寸分开标注，它们之间一般仅标注一个联系尺寸。图 4-20(a)中，毛面之间用一组尺寸互相联系，只有一个尺寸 A 是这组尺寸与加工面的联系尺寸，这种注法是正确的。图 4-20(b)中，加工面同时与三个不加工面有联系尺寸，在切削加工底面时，切去一层金属后，所有尺寸同时改变，这样很难同时保证每个尺寸满足要求，因此这种注法是错误的。（这一原则也适用于其他各类零件有不同加工表面时的情况。）

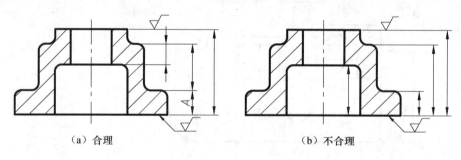

（a）合理　　　　　　　　　　　　　　（b）不合理

图 4-20　毛面与加工面间的尺寸联系

4. 箱体类零件的技术要求

箱体类零件多为铸件，一般需经时效处理，不能有气孔、缩孔和裂纹等铸造缺陷。

切削加工以铣削、镗孔为主，铣削的精度一般为 IT7～IT10，表面粗糙度 Ra 值为 1.6～12.5；镗孔的精度一般为 IT6～IT10，表面粗糙度 Ra 值为 0.8～6.3。

轴孔的孔径、孔距及孔与安装（或加工）面间的距离均需标注公差，并注出相应的表面粗糙度。重要的轴孔还需标出圆度、同轴度、轴孔端面与轴线的垂直度、轴线与安装底面（或轴线）的平行度等几何公差。

4.5　零件上常见结构的画法及尺寸注法

零件因设计或工艺上的要求，常有倒角、退刀槽、键槽等结构。下面简要介绍这些常见结构的作用、画法和尺寸标注。

1. 倒角

为了去除零件的毛刺、锐角和便于装配,在轴端或孔口一般加工有倒角。常见倒角为 $45°$,也有 $30°$ 和 $60°$ 等。标注方法如图 4-21 所示。当倒角为 $45°$,长度为 X 时,可简化标注成 CX,如图 4-21(a)所示。

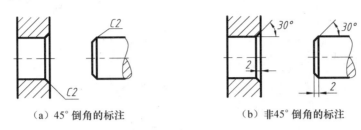

（a）45° 倒角的标注　　　　（b）非45° 倒角的标注

图 4-21　常见倒角及其尺寸注法

重要倒角的尺寸应根据轴径或孔径由 GB/T 6403.4—1986 查得。对于图样中相同的倒角尺寸可在技术要求中统一注明,如"全部倒角 $C2$"或"其余倒角 $C2$"。对于没有尺寸要求的倒角,可在图样上注明如"锐边倒钝"等。

2. 倒圆

为避免应力集中,往往将阶梯轴或孔的轴肩、孔肩处加工成圆角过渡的形式,称为倒圆。重要圆角的尺寸应根据轴径或孔径由 GB/T 6403.4—1986 查得。其标注形式如图 4-22 所示。对于零件图样中相同的尺寸,可在技术要求中统一注明,如"全部圆角 $R2$"或"其余圆角 $R2$"。

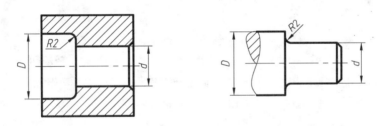

图 4-22　轴孔上的圆角及其尺寸标注

3. 退刀槽和砂轮越程槽

在切削加工中,特别是车削螺纹和磨削时,为了便于刀具退出或者为了保证装配时能与相邻零件靠紧,常在加工面的台肩处预先车削出退刀槽或砂轮越程槽,如图 4-23 所示。退刀槽的尺寸标注形式为"槽宽×直径"或"槽宽×槽深"。

砂轮越程槽的形式和尺寸可按 GB/T 6403.5—1986 来选用,其尺寸标注如图 4-23(c)所示。为了便于注写尺寸,常采用局部放大图画出。

4. 挡圈槽

当采用弹性挡圈对轴上或孔内零件进行定位时,就需要在轴上或孔内加工出挡圈槽,如图 4-8、图 4-9 所示。挡圈种类有多种,如图 4-24 所示。挡圈及其槽的尺寸按标准选用和标注(见有关国家标准)。

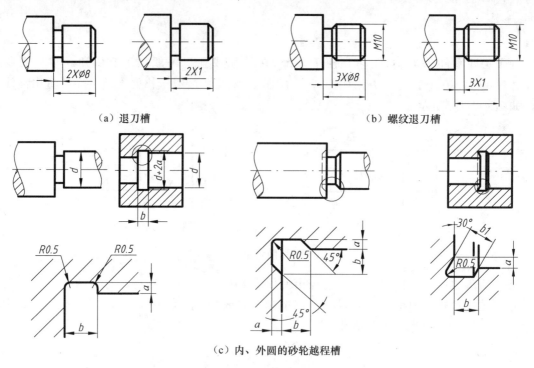

（a）退刀槽　　　　　　　　　　　（b）螺纹退刀槽

（c）内、外圆的砂轮越程槽

图 4-23　退刀槽和砂轮越程槽及其尺寸标注

（a）孔用弹性挡圈　　　（b）轴用弹性挡圈　　　（c）钢丝挡圈

图 4-24　弹性挡圈

5. 中心孔

在加工较长或精度较高的轴时，为了便于在车床、磨床上定位或便于维护修理，常在轴的两端预先加工出中心孔。中心孔的形式和尺寸为标准结构（详见有关国家标准）。中心孔有三种标准形式，如图 4-25 所示。

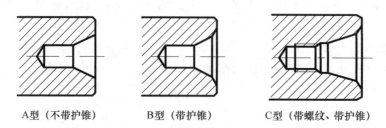

A 型（不带护锥）　　　　B 型（带护锥）　　　　C 型（带螺纹、带护锥）

图 4-25　中心孔的三种标准形式

对于标准中心孔，在图样上不必画出详细结构，只需注出其代号。例如，轴两端都要求做

出直径 d 为 6 的 C 型中心孔,可按图 4-26 所示样式标注。

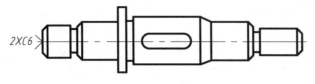

图 4-26　中心孔代号标注示例

6. 钻孔

零件上有各种不同形式的孔,多数是用钻头加工而成。图 4-27 所示是两种不同的钻头加工的孔及其尺寸注法,其中钻头角度规定画成 120°,不必标注。

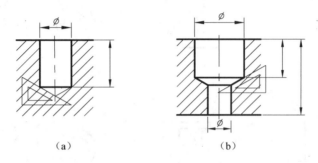

（a）　　　　　　　　　（b）

图 4-27　不通钻孔和台阶钻孔的尺寸注法

常见各种孔的尺寸注法如表 4-2 所示,推荐使用简化注法。

表 4-2　常见各种孔的画法和尺寸注法

类型	普通注法	简化注法		说明
不通光孔	4X∅6　EQS　10	4X∅6▼10 EQS	4X∅6▼10 EQS	表示直径为 Φ6、孔深为 10、均匀分布的四个孔
通的螺孔	3XM8	3XM8	3XM8	表示公称直径为 M8 的三个螺孔
不通螺孔	3XM8-7H 15 19	3XM8-7H▼15 孔▼19	3XM8-7H▼15 孔▼19	表示公称直径为 M8 的三个螺孔,螺孔深度为 15,钻孔深度为 19

类型	普通注法	简化注法		说明
锥形沉孔	90° Ø12 6XØ5.5	4XØ5.5 ∨Ø12X90°	4XØ5.5 ∨Ø12X90°	表示直径为 Φ5.5、沉孔直径为 Φ12、锥角为 90°的锥形沉孔
柱形沉孔	4XØ12 4 4XØ6.5	4XØ6.5 ⊔Ø12▼4	4XØ6.5 ⊔Ø12▼4	表示直径为 Φ6.5、沉孔直径为 Φ12、深为 4 的四个柱形孔
锪平孔	Ø20锪平 Ø9	4XØ9 ⊔Ø12	4XØ9 ⊔Ø12	表示直径为 Φ9、锪平直径为 Φ20 的四个孔。锪平深度不需标注，一般加工到不出现毛面为止

设计孔时，应尽量使孔的轴线垂直于零件表面。当零件表面是斜面或曲面时，则应把表面铣平或设计成凸台或凹坑，以便于钻孔加工，如图 4-28(b) 所示。在钻孔时，还应避免单边钻孔的情况，如图 4-29 所示。

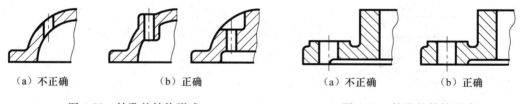

（a）不正确　　　　（b）正确　　　　　　　（a）不正确　　　　（b）正确

图 4-28　钻孔的结构形式　　　　　　　图 4-29　钻孔的结构形式

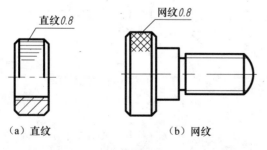

（a）直纹　　　　　（b）网纹

图 4-30　滚花的画法及其尺寸注法

7. 滚花

为了防止操作时零件表面打滑，常在手柄和圆头调整螺钉的头部加工出滚花，滚花有直纹与网纹两种形式，其画法与标注如图 4-30 所示。

8. 铸造结构

（1）铸件壁厚：铸件各部分壁厚应尽量均匀，以避免铸件在冷却过程中产生缩孔和裂纹。当壁厚不同时应使壁厚逐渐变化。铸件壁厚尺寸应在图中注出，如图 4-31 所示。

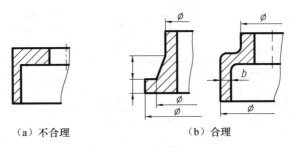

（a）不合理　　　　　　（b）合理

图 4-31　铸件壁厚

（2）铸造圆角：铸件上相邻两表面相交处应以圆角过渡，如图 4-32（a）所示。若为尖角，浇铸时铁水易将尖角处的型砂冲落，而冷却时则易在尖角处产生裂纹。铸造圆角半径一般为 3～5mm，可集中注在图样的技术要求中。当相交表面中有一个面加工后，圆角就被切去，此时两表面相交处应画成尖角，如图 4-32（b）所示。

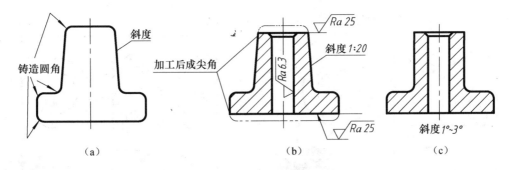

图 4-32　铸造圆角与拔模斜度

（3）拔摸斜度：为了便于起摸，在拔摸方向上应有 1°～3°的拔模斜度，如图 4-32（a）所示。由于拔模斜度较小，一般在图中可不画出，如图 4-32（c）所示。若斜度较大，则应画出，如图 4-32（b）所示。

（4）凹坑与凸台：为了保证零件表面良好接触和减少机械加工面积，可在铸件上设计出凸台或凹坑。在零件的底面通常采用图 4-33（a）所示的各种凸台或凹坑的结构，图 4-33（b）所示的结构是不合理的。图 4-34（a）所示的螺栓连接的支承面也是为了减少加工面，图 4-34（b）所示结构要求整个平面都要加工，没有必要，因此是不合理的。

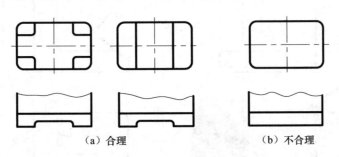

（a）合理　　　　　　　　（b）不合理

图 4-33　箱体底面结构形式

图 4-35（a）所示的轴孔结构，因整个孔都需加工，不仅费时且不易保证加工精度，所以不合理，而图 4-35（b）所示结构则更合理。

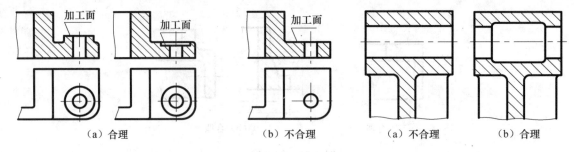

（a）合理　　　　　　（b）不合理　　　　　　　（a）不合理　　　　（b）合理

图 4-34　螺栓连接用的凸台和凹坑　　　　　　图 4-35　减少加工面的轴孔

（5）过渡线画法：由于铸件表面相交处有铸造圆角，因此交线不明显，为了区分不同表面，在原相交处仍画出交线，这种交线称为过渡线。过渡线的画法与原有交线的画法相同，只是过渡线两端与圆角的轮廓线不相交，如图 4-36 所示。当两曲面的轮廓线相切时，过渡线在切点附近应断开，如图 4-37 所示。

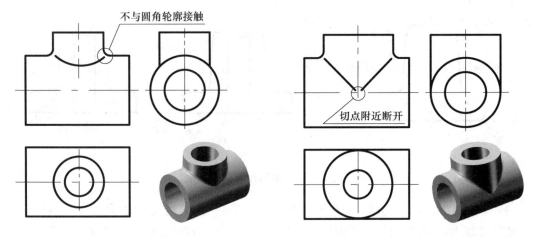

图 4-36　两圆柱相交的过渡线画法　　　　　图 4-37　两圆柱相切的过渡线画法

在很多铸件上通常设计有各种薄板，以加强零件的强度和刚度，这些薄板称为肋板。当零件上常见的肋板、连接板与平面或圆柱面相交且有圆角过渡时，过渡线的画法取决于肋板的断面形状及相交或相切的关系，具体画法如图 4-38、图 4-39 所示。

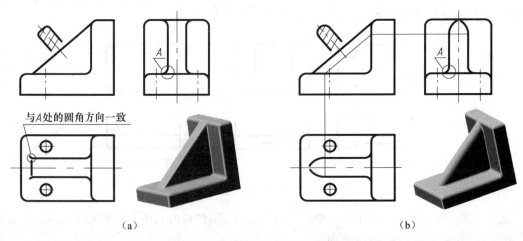

（a）　　　　　　　　　　　　（b）

图 4-38　肋板与平面相交的过渡线画法

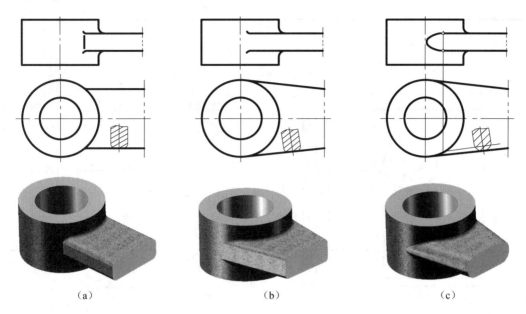

图 4-39　连接板与圆柱面相交或相切时过渡线的画法

4.6　读零件图

读零件图,就是通过分析各个视图,想象零件的结构形状,分析零件的全部尺寸及各项技术要求等,最终了解零件的结构形状和制造要求。

形体分析法是读零件图的基本方法,同时还要根据零件的作用及有关工艺知识,对零件进行结构分析,以加深对零件的理解。现以图 4-40 所示的减速器箱体为例,说明读零件图的方法和步骤。

1. 概括了解

从标题栏了解零件的名称、材料、比例等,并大致了解零件的作用。如从图 4-40 的标题栏可知,该零件名称为箱体,材料为铸铁,牌号 HT150,图样比例为 1:3。

2. 分析、确定零件的结构形状

(1)分析视图。根据视图的标注、投影关系与其反映形体特征的情况,找出主视图和其他基本视图、局部视图等,然后了解各视图间的相互关系及所表达的内容,对剖视图应找出剖切平面的位置和投影方向。

图 4-40 所示箱体零件图,采用了四个基本视图和两个局部视图,通过分析视图可知:

· 主视图 A-A 为全剖视图,在俯视图上可找到剖切平面 A-A 的位置,该视图表达箱体沿水平轴线剖切后的内部结构。

· 左视图 B-B 为全剖视图,在主视图上可找到剖切平面 B-B 的剖切位置,它表达了箱体沿铅垂轴线剖切后的内部结构。

· 俯视图是表达外形的基本视图。

上述三个视图按投影关系配置。

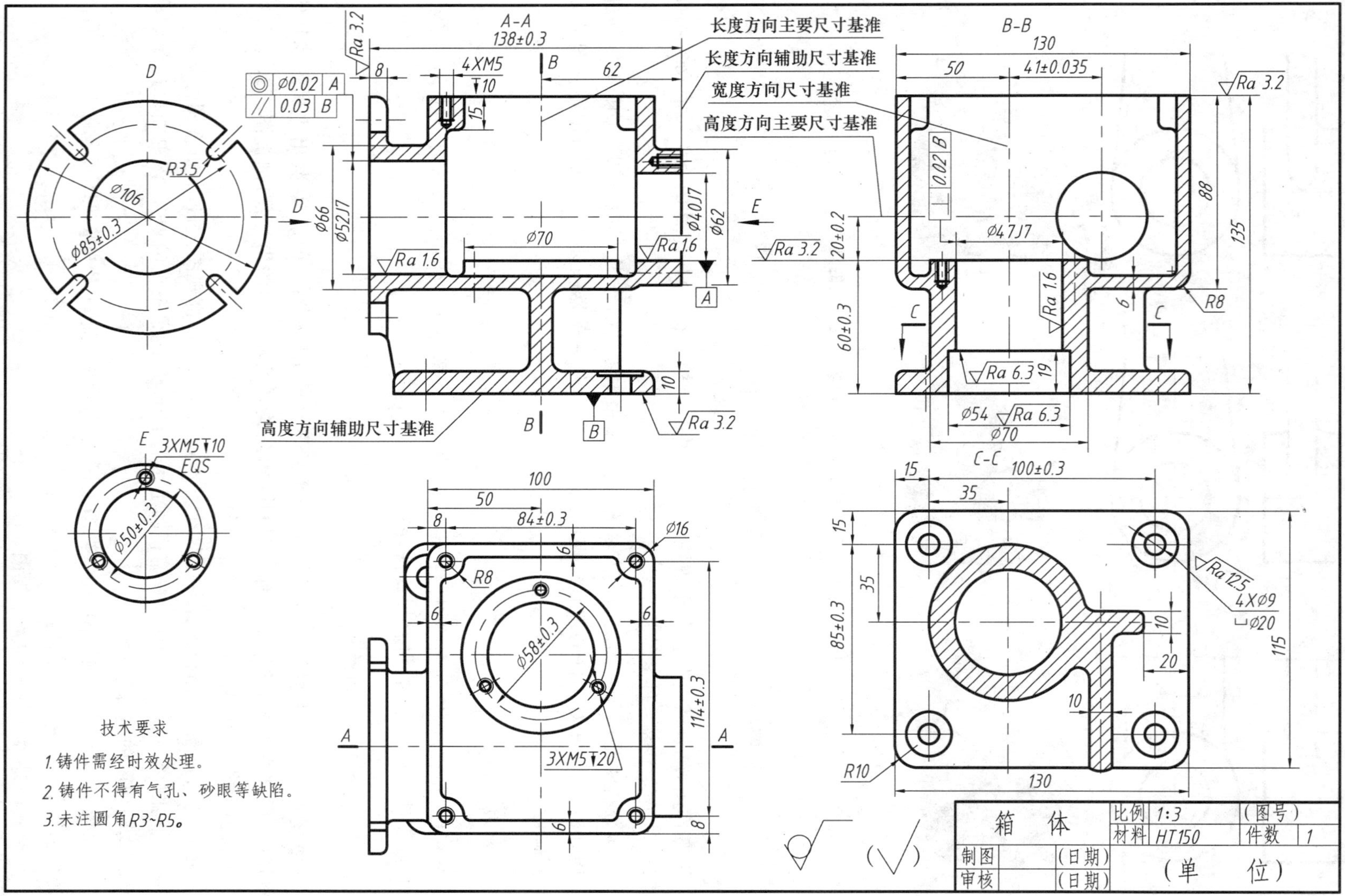

图4-40 减速器箱体零件图

技术要求
1. 铸件需经时效处理。
2. 铸件不得有气孔、砂眼等缺陷。
3. 未注圆角R3~R5。

长度方向主要尺寸基准
长度方向辅助尺寸基准
宽度方向主要尺寸基准
高度方向主要尺寸基准

高度方向辅助尺寸基准

(图号) (图号)
比例 1:3 件数 1
材料 HT150
(单 位)

箱 体

制图 (日期)
审核 (日期)

· 80 ·

C-C 剖视图,其剖切位置在 B-B 剖视图上可找到,它用来表达底板和肋板的结构形状。可以看出,D 向、E 向局部视图,分别表达了箱体两侧凸缘、凸台的形状。

(2) 分析结构形状。将反映零件特征的视图,分解为几个部分,找出每一部分在各视图中的投影图形,把这些图形联系起来,然后用形体分析法进行形体分析,想象出其结构形状,再根据各部分之间的相对位置关系,综合想象出零件的整体结构形状。

对于图 4-40 所示的箱体零件图,通过 B-B 左视图,可将该箱体机件大体分解为四个主要部分,找出各个部分在其他视图上的相应投影。可以看出:

第一部分指箱体上方的长方形腔体,且两侧分别带有圆柱形凸缘和凸台。

第二部分指铅垂方向,带阶梯孔的空心圆柱,是箱体上放置垂直方向轴的轴孔。

第三部分指长方形底板,为安装箱体之用。

第四部分指水平断面,如图 4-40 中 C-C 视图所示的丁字形肋板,用来加强上述三部分的相互连接。

此时,初步想象零件的形状,如图 4-41(a)所示。再通过主视图及 D 向、E 向局部视图看清箱体两侧的凸缘、凸台形状,进一步想象形状,如图 4-41(b)所示。最后分析清楚螺孔、通孔等其余局部结构,构思出机件的最终完整结构,如图 4-41(c)所示。

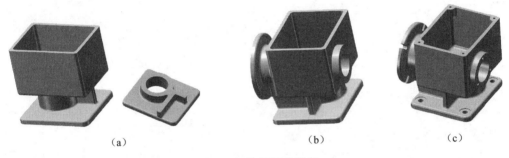

(a)   (b)   (c)

图 4-41　构思泵体形状

3. 尺寸分析

首先应分析长、宽、高三个方向的尺寸基准,然后运用形体结构分析,仔细分析各部分的定形尺寸和定位尺寸。图示减速器箱体,其各尺寸分析如下:

(1) 尺寸基准。分析箱体各方向所采用的基准及主要基准,如图 4-40 中所示。

(2) 主要尺寸。箱体轴承孔直径及有关轴向尺寸(如尺寸 $\Phi52J7$、$\Phi40J7$ 和尺寸 60 ± 0.3 等以及轴承孔中心距 41 ± 0.035)和轴线与安装面的距离或中心高(如尺寸 20 ± 0.2 等)均属箱体的重要的定位尺寸。

(3) 另外,还有一些尺寸,如腔体尺寸为 $100\times130\times88$,壁厚为 6,连接部分与腔体间的位置尺寸均为 50 等。

4. 了解技术要求

主要了解零件的尺寸公差、几何公差、表面粗糙度及热处理等。如图 4-40 所示零件图中标注有公差要求的尺寸有:轴承孔直径 $\Phi47J7$、$\Phi50J7$、$\Phi40J7$,轴向尺寸 60 ± 0.3 等。标出几何公差要求的有:轴承孔 $\Phi52J7$、$\Phi40J7$,轴线与基准平面 B(底面)的平行度公差为 0.03 等。

箱体零件图上还标出箱体各表面的表面粗糙度要求,例如轴孔内圆表面加工后要求较高,表面粗糙度值为 $Ra3.2$,而孔端面的表面粗糙度值为 $Ra6.3$ 等。箱体大多数表面为非加工面,因而在图样标题栏附近标注 $\sqrt{}$($\sqrt{}$),表明箱体的其余表面不需经过切削加工。

　　在箱体零件图的技术要求中,注明箱体需经时效处理以及对铸件的缺陷要求和圆角大小等。

　　通过上述箱体零件图的分析,说明了读零件图的一般方法和步骤。该读图的方法和步骤同样适合其他各类零件。

第5章 装 配 图

装配图是用来表示机器或部件的图样,它表达机器或部件的结构形状、零件之间的装配关系及机器或部件的工作原理,是设计零件和绘制零件图的主要依据,也是产品装配、调试安装、维修等环节中的主要技术文件。

5.1 装配图的内容

图 5-1 是部件蝴蝶阀的实体模型图。当推拉齿杆时,齿轮啮合带动齿轮旋转,齿轮的旋转带动阀杆和铆接在阀杆上的阀门转动,阀门的转动可以调节阀体孔径的流通面积,从而实现节流或增流。

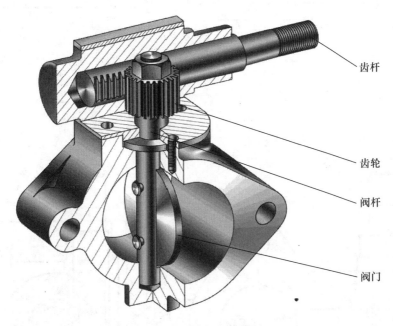

齿杆

齿轮

阀杆

阀门

图 5-1 蝴蝶阀实体模型

图 5-2 所示为蝴蝶阀装配图。从图中可见,一张完整的装配图应包括以下四项内容。

(1) 一组视图:表达机器或部件的工作原理、结构特征和零、部件之间的装配关系。

(2) 一组必要的尺寸:在装配、检验、安装和使用机器时所需要的一些重要尺寸。

(3) 技术要求:用文字、数字或符号说明机器或部件在装配、检验及使用维护等方面的要求。

(4) 零件序号、明细栏和标题栏:为了便于生产的组织和管理,对组成该机器的各零部件按既定格式编号,并在零件明细栏中列出其名称、数量、材料等内容。标题栏中应填写机器或部件的名称等内容。

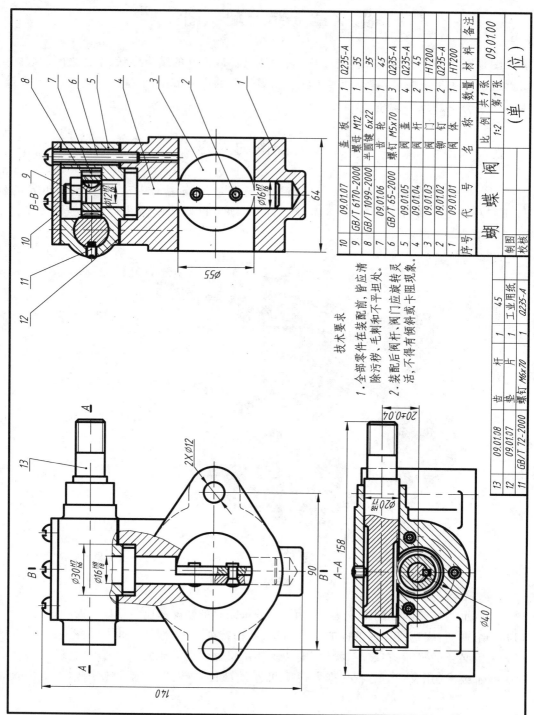

技术要求

1. 全部零件在装配前,皆应清除污秽、毛刺和不平坦处。
2. 装配后阀杆、阀门应旋转灵活,不得有倾斜或卡阻现象。

序号	代号	名 称	数量	材 料	备注
13	09.01.08	齿 杆	1	45	
12	09.01.07	垫 片	1	工业用纸	
11	GB/T 72-2000	螺钉 M6×70	1	Q235-A	
10	09.01.07	盖 板	1	Q235-A	
9	GB/T 6170-2000	螺母 M12	1	35	
8	GB/T 1099-2000	半圆键 6×22	1	35	
7	09.01.06	齿 轮	1	45	
6	GB/T 65-2000	螺钉 M5×70	3	Q235-A	
5	09.01.05	盖	4	Q235-A	
4	09.01.04	阀 杆	2	45	
3	09.01.03	阀 门	1	HT200	
2	09.01.02	铆 钉	2	Q235-A	
1	09.01.01	阀 体	1	HT200	
序号	代 号	名 称	数量	材 料	备注

蝴	蝶	阀			09.01.00
制图		比例	1:2	共 1 张	(单 位)
校核				第 1 张	

图 5-2 蝴蝶阀的装配图

· 84 ·

5.2 装配图的表示方法

装配图和零件图表达的侧重点不同,零件图主要表达零件的详细结构形状,而装配图则主要表达机器或部件的工作原理、各零件之间的装配关系等。因此,除了前面介绍的各种视图、剖视图和断面等各种表示方法之外,国家标准《机械制图》还规定了绘制装配图的规定画法和特殊画法。

5.2.1 装配图的规定画法

(1)两个零件的接触表面或配合表面只画一条轮廓线,不接触表面或非配合面应画两条轮廓线,如图 5-2 所示,在左视图中零件 10 盖板与零件 5 阀盖的接触面画一条线;而零件 6 螺钉与零件 5 阀盖的孔之间即使间隙很小,也应画成两条线。

(2)当两个或两个以上金属零件互相邻接时,剖面线的倾斜方向应相反,或方向相同但间隔不等,以示区别,如图 5-2 所示。

同一零件在各个视图中的剖面线方向和间隔必须相同,如图 5-2 中零件 1 阀体主视图和左视图中剖面线的画法。

对于断面厚度在 2mm 以下的图形,允许以涂黑来代替剖面符号,如图 5-2 中零件 12 垫片剖面线的画法。

(3)对于紧固件(如螺钉、螺栓、螺母、垫圈等)和实心件(如键、销、轴和球等),当剖切平面通过它们的基本轴线时,这些零件均按不剖绘制,如图 5-2 中零件 6 螺钉、零件 9 螺母和零件 4 阀杆都采用了这样的画法;当剖切平面垂直这些零件的轴线时,则应照常画剖面线。

5.2.2 装配图的特殊画法

1. 拆卸画法

为了清楚地表达机器或部件被某些零件遮住的内部结构或装配关系,可假想将这些零件拆卸后再绘制要表达的部分。这时在视图上方应加注"拆去零件 XX"。

2. 沿零件结合面的剖切画法

为了表示机器或部件内部结构,可假想沿着某些零件的结合面剖切,零件的结合面不画剖面线,其他被切到的零件一般都应画剖面线。图 5-3 所示滑动轴承装配图的俯视图即是沿轴承盖和轴承座结合面,用阶梯剖的方法剖切所画的半剖视图,被横剖切到的螺栓应画剖面符号。

3. 简化画法

(1)画装配图时,对于若干个相同并按照一定规律排列的零件组,可详细地画出其中的一组或几组,其余各组用点画线画出其装配位置即可。如图 5-4 中轴承端盖上螺钉的画法和图 5-5 中三组轴承座及固定螺钉等都是用该简化画法表示的。

(2)零件的工艺结构,如圆角、倒角、退刀槽等,在装配图中可以省略不画,如图 5-4 省去了轴上所有工艺结构。

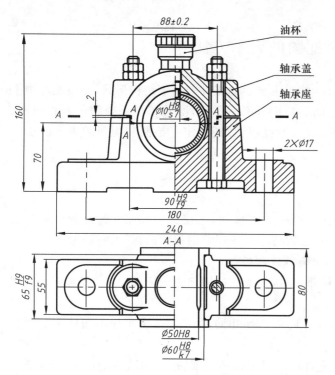

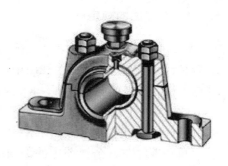

图 5-3　滑动轴承

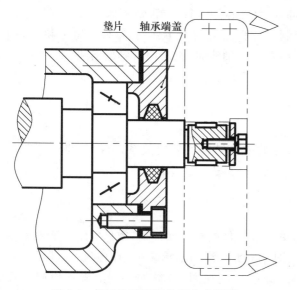

图 5-4　铣刀头装配图的部分主视图

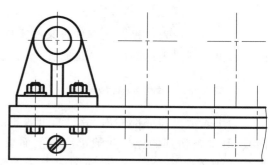

图 5-5　装配图中相同组件的简化画法

4. 夸大画法

在装配图中,当绘制直径很小的圆或厚度很薄的零件,以及斜度、锥度或间隙都很小的轮廓线时,可不按原绘图比例绘制,允许适当夸大画出。如图 5-4 中的垫片厚度就采用了夸大画法。

5. 假想画法

(1) 在装配图中,为了表示运动零部件的运动范围、极限位置或特定位置,可在一个极限位置(或特定位置)上画出该零部件轮廓形状,在其他特定位置上用双点画线画出其主要轮廓,如图5-6所示的传动机构手柄的两个极限位置的表示方法。

（2）为了表示与本部件有装配或传动关系,但结构上又不属于该部件的其他相邻零部件的位置时,可以用双点画线画出相邻零部件的主要轮廓,如图5-4中的铣刀盘等。

6. 单独表示某个零件

在装配图中,必要时可单独画出某一个或几个特殊的,或有重要功能的零件的视图,但必须对它们的投影方向、剖切位置、序号及其视图作相应的标记,可参见5.6节图5-31中的 C 向视图。

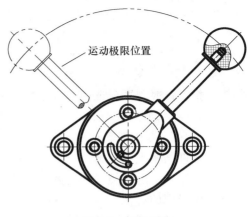

运动极限位置

图 5-6　假想画法

5.3　装配图中的尺寸标注和技术要求

5.3.1　装配图中的尺寸标注

装配图中的尺寸用于说明机器或部件的规格型号、配合性质、形状大小和安装要求等,通常只标注下列五类尺寸。

1. 规格尺寸（性能尺寸）

表示机器或部件规格和性能的尺寸,如图5-2中影响流量的阀体孔径尺寸 $\Phi 55$、图5-3中轴承孔径 $\Phi 50H8$、图5-31（参见5.6节）中齿轮油泵出油孔的孔径 G3/8 等。它既是构成产品系列的规格尺寸,也是用户了解和选用机器或部件的重要依据。

2. 装配尺寸

（1）配合尺寸:表示两个零件配合性质的尺寸,它是确定零件装配方法和制订装配工艺的依据。在装配图上,配合尺寸是将配合代号以分数的形式标注在配合部位处的,如图5-2中的阀盖与阀体的配合尺寸 $\Phi 30H7/h6$ 和阀盖孔与齿杆的配合尺寸 $\Phi 20H8/f7$。

（2）连接尺寸:指零件间比较重要的连接尺寸,如定位尺寸、非标准零件上的螺纹标记和代号等,如图5-3中的 88 ± 0.2。

3. 安装尺寸

（1）为用户提供连接用户端设备或装置的接口尺寸。如图5-31（参见5.6节）的 D-D 剖视图中齿轮油泵的进、出油孔与连接管道的接口尺寸 G3/8。

（2）机器或部件安装到基础或机器其他位置时所需的安装和定位尺寸,如图5-3中安装底板的 180、55、$2\times \Phi 17$,图5-31（参见5.6节）的 E 向视图中齿轮油泵安装底板的 85、33、70、$2\times \Phi 7$ 等尺寸。

4. 外形尺寸

表示机器或部件外形轮廓总长、总宽和总高的尺寸,如图5-3中的长、宽、高尺寸 240、80、

160 等。它既为机器或部件的包装、运输提供相关信息,也是用户安装机器、车间布置、厂房设计等的依据。

5. 其他重要尺寸

是指设计时需要保证而又未包括在上述四种尺寸之中的重要尺寸。这类尺寸是在设计中经过计算确定(如图 5-31(参见 5.6 节)中齿轮的中心距 30 ± 0.02)或根据结构设计及定位要求选定(如图 5-3 中滑动轴承座的中心高 70、轴承盖与轴承座间的装配间隙 2)的。这类尺寸是相关零件结构设计计算的依据。

装配图的上述各类尺寸主要是按照它们的功能和作用划分的,实际上有的尺寸往往同时具有几种不同的含义,如图 5-3 中的尺寸 $\Phi50H8$,既是滑动轴承的规格尺寸,也是一个配合尺寸,同时还是用户的接口尺寸。

5.3.2 装配图中的技术要求

装配图中的技术要求一般围绕以下几个方面来拟定。

1. 装配工艺技术要求

装配工艺技术要求是对装配过程中的装配方法、装配后零部件的相互接触状况、零件间的位置要求以及检查方法等的具体说明,如图 5-2 中的技术要求和图 5-31(参见 5.6 节)中技术要求的第 1、3 项。

2. 产品试验和检验要求

产品试验和检验要求规定了产品装配完成后所要进行的性能检验和测试的条件、方法以及主要的技术性能指标等,可参见 5.6 节图 5-31 中技术要求的第 2 项和 5.7 节图 5-32 中技术要求的第 3 项。

3. 产品使用和保养说明

产品使用和保养说明是对机器或部件在包装、运输、安装、保养以及使用过程中所提出的注意事项。技术要求项目一般以文字形式逐项注写在明细栏的上方或图纸下方某空白处。

5.4 装配图中零件序号的编排及明细栏、标题栏填写

为了方便阅读装配图,便于组织生产和图样管理,装配图中需要对所有零部件编排序号,并填写明细栏。

5.4.1 零件序号的编排

1. 零部件序号的三种编排形式

国家标准《机械制图》装配图零部件序号及其编排方法(GB/T 4458.2—2003)中规定了如图 5-7(a)所示的三种序号编排形式,其中第一种最为常用。它的要素有:指引线——细实线,指引线端部实心圆点(直径约为粗实线宽度 b),标注横线——细实线,序号——阿拉伯数字。其标注的方法是:在所要标注零件的可见轮廓(或剖面)内先画一个实心圆点,然后引出指引线,在指引线的端部画水平线,零件的序号注写在水平横线上。

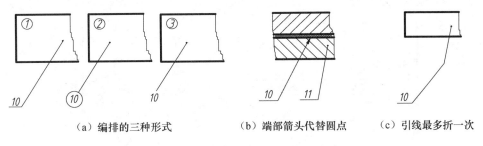

| （a）编排的三种形式 | （b）端部箭头代替圆点 | （c）引线最多折一次 |

图 5-7 零部件序号的编排形式及规定

若采用第二种形式,则用细实线圆(其圆心在指引线的延长线上)代替标注横线。第一、第二种形式中的序号数字的字体应比图面上的尺寸数字大一号或二号;当采用第三种形式时,序号数字写在指引线的端部,且字体应比尺寸数字大二至三号。

2. 编排零部件序号应遵循的规定

（1）同一装配图上序号编排形式应一致。

（2）完全相同的零部件只编一个序号,且只标注一次,并在明细栏的"数量"一栏中填写其总数量。

（3）若零件很薄或其剖面涂黑致使指引线端部不便画实心圆点时,可在指引线末端画箭头并指向该零件的轮廓,如图 5-7(b)所示。

（4）指引线之间不能相交,也不能在通过剖面区域时与剖面线平行,必要时允许将指引线画成折线,但只允许曲折一次,如图 5-7(c)所示。

（5）对于一组相关标准件(如螺纹紧固件等)或装配关系密切的一组零件,可以多个零件序号共用一个公共指引线,图 5-8(a)是使用第一种编排形式时一组零件共用一个指引线的示例,图 5-8(b)、(c)分别为第二种和第三种编排形式的示例。

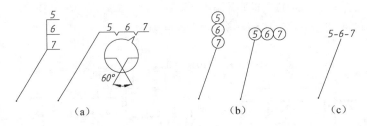

图 5-8 一组相关零件序号的编排形式

（6）零件的序号应以顺时针或逆时针方向按顺序连续编写,并在水平或垂直方向上对齐排列,如图 5-2 所示。

5.4.2 标题栏和明细栏

装配图中的明细栏用以表达组成该机器或部件的所有零部件的名称、数量、材料及标准件编号等有关信息。标题栏用来填写装配图的名称、比例及签名等。

明细栏格式和内容由《国家标准技术制图•明细栏》(GB/T 10609.2—1989)规定。制图作业中采用的简化标题栏和明细栏格式如图 5-9 所示。明细栏应接画在标题栏的上方,如果地方不够,可在标题栏的左方再并排画出一列或几列,但格式和大小必须一致,如图 5-2 所示。

4		密封垫片	1	毛毡	无图
3	GB/T68-2000	螺钉 M5×12	4		
2	10.06.02	齿轮轴	1	45	m=2,z=15
1	10.06.01	泵 体	1	HT200	
序号	代 号	名 称	件数	材 料	备 注

（图 名）	比例		（图号）
	件数		
制图	重量		共张 第张
审核			
批准		（单 位）	

图 5-9　装配图标题栏、明细栏格式参考

明细栏的内容一般在零件序号编写完成后再填写。序号填写应自下而上按顺序依次填入，如图 5-9 所示。这样当增加零件时可继续向上画格补写相关信息。代号栏中填写零件图纸编号或标准件的国家标准代号。备注栏中填写齿轮模数、齿数等参数或其他有关信息。

5.5　常见装配结构分析及画法

为了使机器或部件装配后达到设计性能要求，并且便于调整和装拆，在设计和绘制装配图时，必须考虑零件的装配结构及其合理性。

1. 接触面与配合面的结构

（1）两个零件接触时，在同一方向上只能有一对接触面，如图 5-10（a）所示。这样既保证了零件接触良好，又降低了加工要求；而图 5-10（b）所示的情况，由于在实际加工中无法保证两个零件的 L 段尺寸完全相等，从而导致接触面不确定。

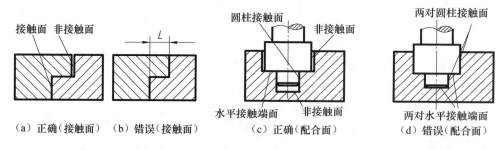

图 5-10　装配结构中接触面和配合面的画法

（2）对于轴孔配合，其径向只能有一个圆柱面接触，其轴向也只能有一个轴肩端面接触。图 5-10（c）为轴孔配合的正确画法，图 5-10（d）为错误画法。

（3）为了使轴孔在配合面和轴肩端面两个方向都能接触良好，轴和孔上设计的倒角、圆角和退刀槽等结构应查阅相关标准，合理匹配尺寸大小。如图 5-11（a）中孔的倒角和轴的圆角相配，应使 $c>r$，或采用图（b）的形式。若 $c<r$，则轴肩与端面不能接触，从而影响零件的轴向位置，如图 5-11（c）所示。

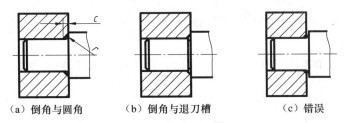

| （a）倒角与圆角 | （b）倒角与退刀槽 | （c）错误 |

图 5-11　转角处的合理装配结构

2. 用于零件拆卸的结构

（1）为了便于零件拆装，设计时必须留出工具的活动空间和装、拆螺栓、螺钉等零件的装拆空间，图 5-12 和图 5-13 分别给出了合理和不合理的结构。

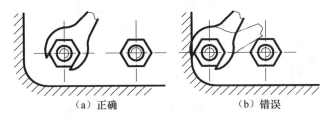

| （a）正确 | （b）错误 |

图 5-12　结构设计时要留出工具的活动空间

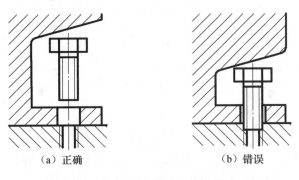

| （a）正确 | （b）错误 |

图 5-13　结构设计时预留足够的螺钉装拆空间

（2）图 5-14（a）所示的结构将螺栓头部封在箱体内，导致实际装配中螺栓无法安装或不便安装，可在箱体一侧开一手孔或改用双头螺柱连接，如图 5-14（b）、（c）所示。

| （a）不合理 | （b）在箱体壁上加手孔 | （c）改用双头螺柱 |

图 5-14　零件装配结构分析

（3）由于滚动轴承的内圈与轴、外圈与轴承座孔通常为过渡配合，拆卸轴承需要使用工具,所以这两种定位形式都要考虑留出拆卸时工具的施力点(图 5-15 中施力点在外圈,图 5-16 中施力点在内圈)。

（4）圆柱销和圆锥销的销孔应做成通孔以方便销孔加工和装拆,如图 5-17 所示。

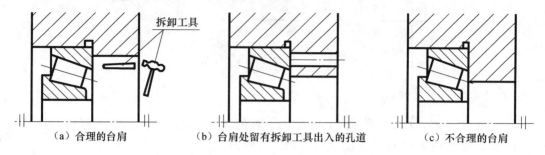

（a）合理的台肩　　　（b）台肩处留有拆卸工具出入的孔道　　　（c）不合理的台肩

图 5-15　滚动轴承外圈相对台肩的尺寸

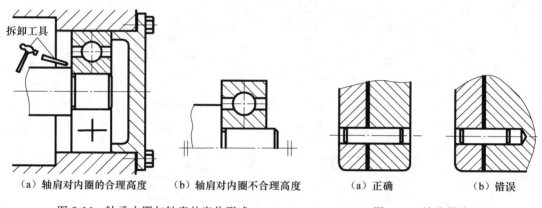

（a）轴肩对内圈的合理高度　　（b）轴肩对内圈不合理高度　　　（a）正确　　　（b）错误

图 5-16　轴承内圈与轴肩的定位形式　　　　　　图 5-17　销孔做成通孔

3. 轴上零件的固定结构

通常把机器的某个轴及轴上所安装的诸多零件统称为轴系。为了防止工作时轴上零件产生轴向窜动,轴系中每个零件都必须采用一定的结构来固定。

以下为轴上零件常见的固定结构。

（1）轴肩定位:这是轴上常见的定位形式,图 5-18 中皮带轮左端面就是靠轴肩定位的。

（2）螺母和轴端螺纹固定:如图 5-18 皮带轮的右端面就采用了该种定位形式。为了防止螺母松动,还可采用圆螺母及止动垫圈固定,如图 5-19 所示。圆螺母(图 5-20(a))及止动垫

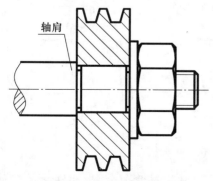

图 5-18　螺母固定形式

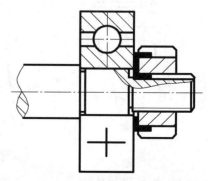

图 5-19　圆螺母及止动垫圈固定形式

圈(图 5-20(b))均为标准件,装配时止动垫圈内舌嵌入轴上的卡槽中(图 5-21),将圆螺母旋入轴端并压紧止动垫圈和轴承,再将止动垫圈的外舌折弯卡入圆螺母的槽中,以起到固定和防松作用。

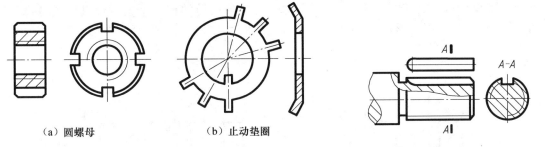

（a）圆螺母　　　　　　　　　（b）止动垫圈

图 5-20　标准件圆螺母和止动垫圈　　　　　图 5-21　配合止动垫圈使用的轴上结构

（3）轴用弹性挡圈固定:如图 5-22(a)所示,弹性挡圈(见图 5-22(b))为标准件,其规格尺寸和形式以及轴端环形槽的尺寸可从有关标准中查到,此方式适用于轴向力不大的情况。

（4）轴端挡圈和螺钉固定:如图 5-23(a)所示,轴端挡圈(如图 5-23(b)所示)为标准件。

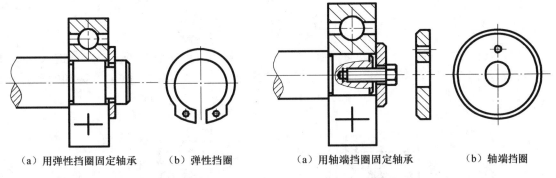

（a）用弹性挡圈固定轴承　　（b）弹性挡圈　　　　　（a）用轴端挡圈固定轴承　　（b）轴端挡圈

图 5-22　弹性挡圈固定形式　　　　　　　　　图 5-23　轴端挡圈固定形式

实现轴上零件之间正确的装配定位还需要尺寸作为保证。如图 5-24 所示,通常齿轮的宽度 $L1$ 应大于轴颈的长度尺寸 $L2$,以使轴套能够压住齿轮的端面;否则齿轮轴向位置则不能固定(如图 5-24(b)所示)。$L1$ 与 $L2$ 的长度差通常以 2～3mm 为宜。图 5-18～图 5-23 所示的固定结构中同样存在类似的尺寸关系。

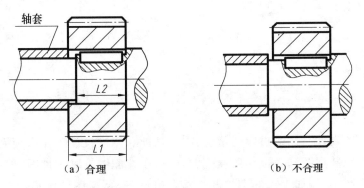

（a）合理　　　　　　　　　　（b）不合理

图 5-24　轴向正确定位的尺寸关系

4. 密封与防漏结构

（1）为了防止机器内部油液外泄或外部灰尘、杂质由轴孔间隙等处侵入机器内部,通常在这些部位要设计密封、防漏、防尘结构。图 5-25 为两种典型的密封结构。通过旋紧螺母压紧压盖,使密封填料受压变形以阻塞阀杆与阀体之间的间隙。一般图示状态必须是压紧时的密封状态。

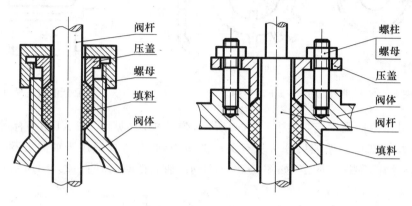

图 5-25　密封防漏结构

（2）滚动轴承的密封。对滚动轴承进行密封,主要是防止外部的灰尘和水分进入轴承,同时防止轴承的润滑剂渗漏。图 5-26(a)是用压盖的配合面密封,图 5-26(b)则采用毡圈及垫圈密封。

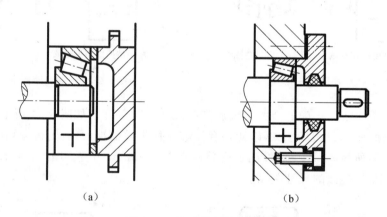

（a）　　　　　　　　　　　　　（b）

图 5-26　滚动轴承的密封

5.6　画装配图的方法及步骤

机器或部件的设计与制造过程通常为:根据功能和用途设计工作原理简图,再由简图进行设计计算并画出总装配图和各部件的装配图,然后由装配图拆画零件图,零件图经检查审核批准后即可投入生产加工,加工出的零件经检验合格后,按装配图装配成机器或部件。因此,作为机械工程技术人员必须学会正确地画装配图。本节将以图 5-27 和图 5-28（立体模型图）所示的齿轮油泵为例来说明画装配图的一般方法和步骤。

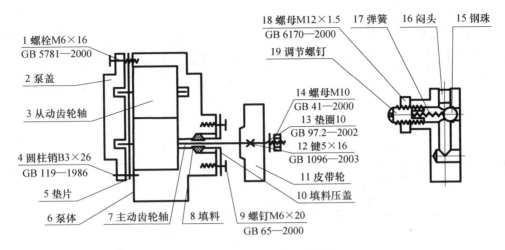

图 5-27　齿轮油泵装配示意图

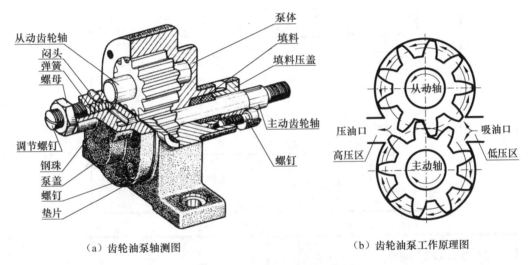

（a）齿轮油泵轴测图　　　　　　　　（b）齿轮油泵工作原理图

图 5-28　齿轮油泵工作原理简图

图 5-27 是齿轮油泵的装配示意图。装配示意图是用于表达机器或部件的工作原理、零件构成及装配位置的一种简图。装配示意图不反映零件之间的定位、接触和配合等关系,它仅用简单的线条和机构简图符号表达出零件的安装位置。

画装配图的基本步骤如下。

1. 了解机器或部件的基本组成

从图 5-27 所示的示意图可知该齿轮油泵共有零件 19 个,零件可分为三类:第一类为标准件,图中已给出了相应的规格尺寸和标准代号,通过查表可了解其结构形状;第二类为齿轮、弹簧等常用件;第三类为一般零件。为了便于画装配图,图 5-29 给出了后两类零件的零件图。

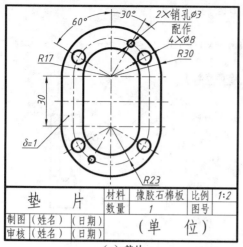

垫	片	材料	橡胶石棉板	比例	1:2
		数量	1	图号	
制图	(姓名)	(日期)		（单　位）	
审核	(姓名)	(日期)			

（a）垫片

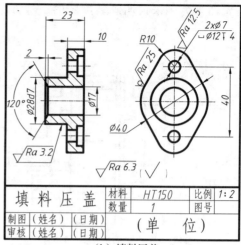

填料压盖		材料	HT150	比例	1:2
		数量	1	图号	
制图	(姓名)	(日期)		（单　位）	
审核	(姓名)	(日期)			

（b）填料压盖

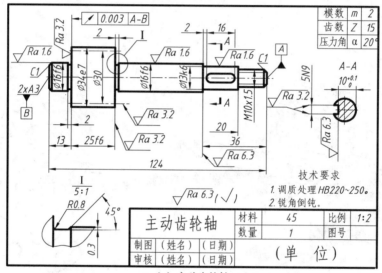

模数	m	2
齿数	Z	15
压力角	α	20°

技术要求
1. 调质处理 HB220~250。
2. 锐角倒钝。

主动齿轮轴		材料	45	比例	1:2
		数量	1	图号	
制图	(姓名)	(日期)		（单　位）	
审核	(姓名)	(日期)			

（c）主动齿轮轴

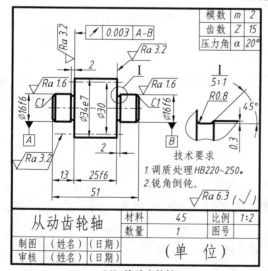

模数	m	2
齿数	Z	15
压力角	α	20°

技术要求
1. 调质处理 HB220~250。
2. 锐角倒钝。

从动齿轮轴		材料	45	比例	1:2
		数量	1	图号	
制图	(姓名)	(日期)		（单　位）	
审核	(姓名)	(日期)			

（d）从动齿轮轴

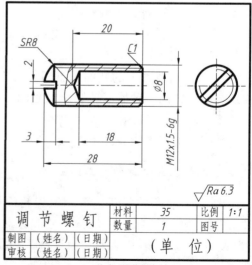

调节螺钉		材料	35	比例	1:1
		数量	1	图号	
制图	(姓名)	(日期)		（单　位）	
审核	(姓名)	(日期)			

（e）调节螺钉

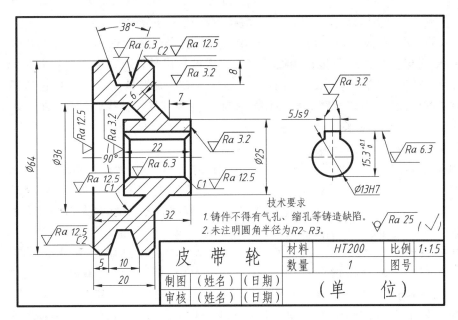

（f）皮带轮

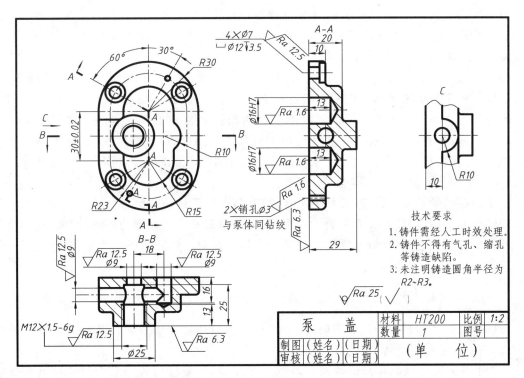

（g）泵盖

图 5-29 齿轮油泵零件图

2. 分析研究装配关系与工作原理

画装配图前，要分析机器或部件的工作原理及各主要零件之间的装配位置和连接关系，并在此基础上确定装配图的表达方案。一般应按以下顺序分析。

（1）运动分析：一般来说，齿轮、皮带轮及链轮等传动件是运动的输入或输出零件，找到输入零件后，就可以找到第一条传动轴线及该轴线上的输出件，依次类推，可以找出第二、第三条以至最后一条传动轴线及运动的输出零件。而每一条轴线都是由若干零件组成的轴系，并形成相应的装配轴线，在画装配图时必须使剖切面通过这些装配轴线，以便将轴上所有零件之间的装配关系反映清楚。如图 5-27 所示，皮带轮 11 是输入零件，主动齿轮轴 7 和从动齿轮轴 3 是两条装配主线。

（2）工作原理分析：齿轮油泵是机器润滑系统中用来提升油压的部件，其工作原理如图 5-28（b）所示。当运动由皮带轮 11 输入并带动主动齿轮轴 7 与从动齿轮轴 3 按图示方向旋转时，在密闭泵腔内吸油口一侧的轮齿逐渐分离，齿间容积逐渐增大，形成局部真空，油箱中的润滑油在大气压的作用下经吸油口不断地进入吸油腔。随着齿轮的转动，吸油腔的润滑油不断被带到泵腔另一侧的压油腔。由于在此处轮齿逐渐啮合使得压油腔容积减小，油被挤压使压油腔的油压增加。由于两个齿轮的齿顶与泵腔及齿轮侧面与泵盖间的间隙很小，且泵体与泵盖间夹有密封垫片 5，主动齿轮轴伸出泵体部位有填料 8 密封，因此，压油腔的油液不会沿这些地方反向流回吸油腔，只能经压油口通过管道输往机器的润滑部位。

当输出的油压超过设定压力时，部分油液通过与压油口区相连的管路，顶开单向压力阀的钢珠 15，回流到吸油口区以保证输出油压的稳定，如图 5-27 右侧示意图所示。图中调节螺钉 19 和弹簧 17 等用于调节输出油压的大小。

（3）装配关系分析：依据运动和工作原理分析的结果，并通过分析图 5-29 各零件图（其中泵体零件图见第 4 章图 4-19），进一步确定零件之间的位置关系，配合关系及其定位、调整、固紧的方式等。从图 5-27 可知，皮带轮 11 与主动齿轮轴 7 通过键 12 连接并由垫圈 13、螺母 14 进行轴向紧固；泵盖 2 通过螺栓 1 和圆柱销 4 与泵体 6 连接固定；填料压盖 10 由螺钉 9 固定在泵体上，并将填料 8 压实密封；主、从动齿轮轴与泵体的孔腔四周为间隙配合，以便能灵活转动；而垫片 5 则起调整和密封作用。

需要说明的是，了解机器或部件的工作原理，将有助于进一步深入分析其装配关系和相关零件的结构与功用，而装配关系分析的结果，又能加深对其工作原理的理解，因此，这两项分析是互相影响和互相联系的，有时需要穿插进行。无论是对画装配图还是读装配图，这样的分析都是不可缺少的。

3. 确定视图表达方案

在确定装配图的视图表达方案时，应着重表达机器或部件中各零件之间的装配关系和工作原理，一般应遵循以下原则。

（1）主视图应尽可能符合机器或部件的工作位置，一般应沿各条装配轴线剖开画成剖视图。对于互相平行但不在与投影面平行的同一面内的几条装配轴线，可采用展开画法画成剖视图。

（2）其他视图应以补充主视图表达上的不足，并考虑机器或部件外形表达的需要来选择。在表达清楚的前提下，视图的数量应尽量减少。

（3）装配图并不要求将每一个零件的结构形状都表达清楚，但是对表达工作原理或装配关系起重要作用的零件结构必要时可单独画出其视图。

（4）装配图的视图选择还要考虑机器或部件的安装尺寸和用户接口尺寸的表达需要，同时还应使每种零件都能在视图中看到，以便编排序号。

根据以上原则，图 5-31（参见 5.6 节）中齿轮油泵的主视图选择其工作位置，并采用了 A-A 复合剖以使剖切面通过两个齿轮轴线和螺钉、销孔以及安装底板的中心。左视图则采用半剖视图。考虑到螺钉 9 无法在主、左视图中看到，故增加填料压盖 10 和螺钉 9 的 C 向视图。局部剖视图 D-D 则对泵盖及调压装置的结构进行补充表达。最后考虑到齿轮油泵底板形状的表达和安装尺寸标注的需要，增加了 E 向局部视图。

4. 画装配图的步骤

视图方案选定后，即可根据部件的总体尺寸和绘图比例确定图幅，按以下步骤逐步画出装配图。

（1）布图：按视图的数量和大小合理布图，画出各视图的主要轮廓线和装配中心线，它们是画图的基准线，如图 5-30（a）中的主、从动轴的轴线及泵体左端面和安装板底面等。布图时应留出明细栏、零件序号、尺寸标注和技术要求所需的位置，并按照零件的数量画出明细栏。

（2）画图：通常以主视图为中心，同步画出每个零件在各视图中的投影。在画各零件时，应注意以下先后顺序：

① 画单个零件时先画出反映其形状特征的视图，再按投影关系画其他视图。如图 5-30（b）所示，画泵体和泵盖应先画反映其母面形状的左视图，再画主视图（图 5-30（c））和 D-D 剖视图。

② 画剖视图时，由于内部零件挡住了外部零件，故由内向外画可避免画多余的线条。即先画装配轴线上的轴、杆等实心零件，再分别沿轴向或径向依次画其余各零件。

③ 先画起定位作用的零件，再画其他零件，这样可减小作图误差。

④ 画某个零件时，先从有定位作用的结构画起，这样可保证零件间的位置关系准确。

据此，可按以下顺序逐步画出齿轮油泵的装配图：

① 先画装配轴线上的内部零件：主动齿轮轴 7—从动齿轮轴 3，并保证齿轮两端面对齐定位，如图 5-30（a）所示。

② 依次向外画其他各零件：泵体 6—泵盖 2—填料 8—填料压盖 10—皮带轮 11—键 10—垫圈 13—螺母 14，如图 5-30（b）、（c）所示。

③ 最后画其他视图和零件。如 D-D 剖视图，C 向局部视图和 E 向局部视图等，如图 5-30（d）所示。

（3）标注尺寸：按照油泵的工作原理及结构特点、配合关系及安装要求等标注相关尺寸。

（4）标注各视图的剖切位置和视图名称等。

（5）编写零件序号及填写明细栏和技术要求等。

（6）检查和加深图线：对于手工制图，先用 2H 铅笔按以上顺序画出底稿，检查无误后再用 B 或 2B 铅笔加深可见轮廓线。

（7）填写标题栏。

最后完成的齿轮油泵装配图如图 5-31 所示。

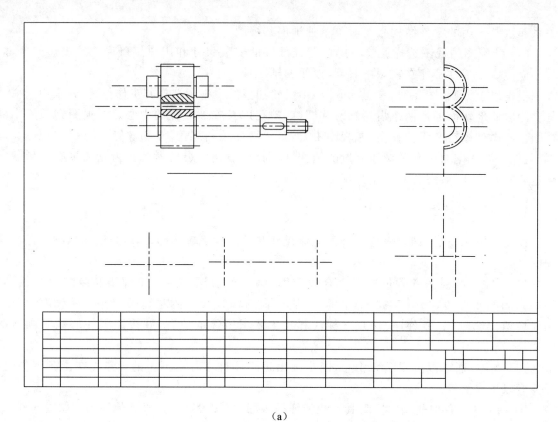

(a)

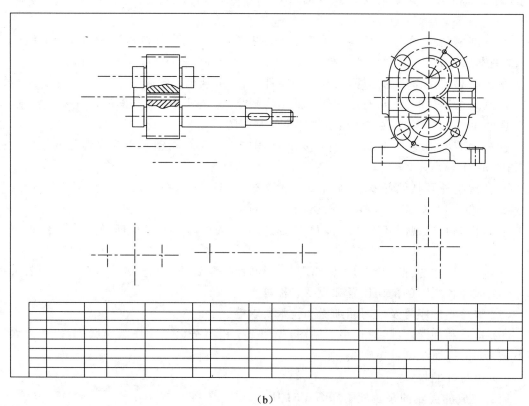

(b)

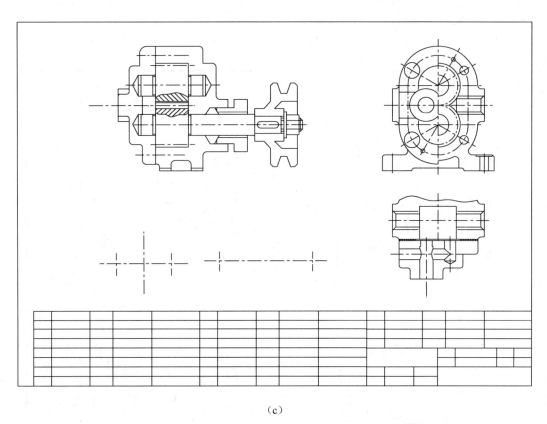

(c)

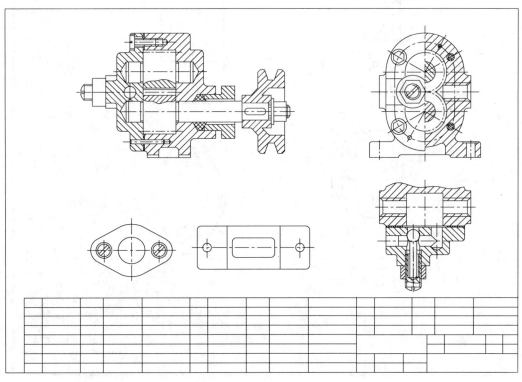

(d)

图 5-30　齿轮油泵装配图的画图步骤

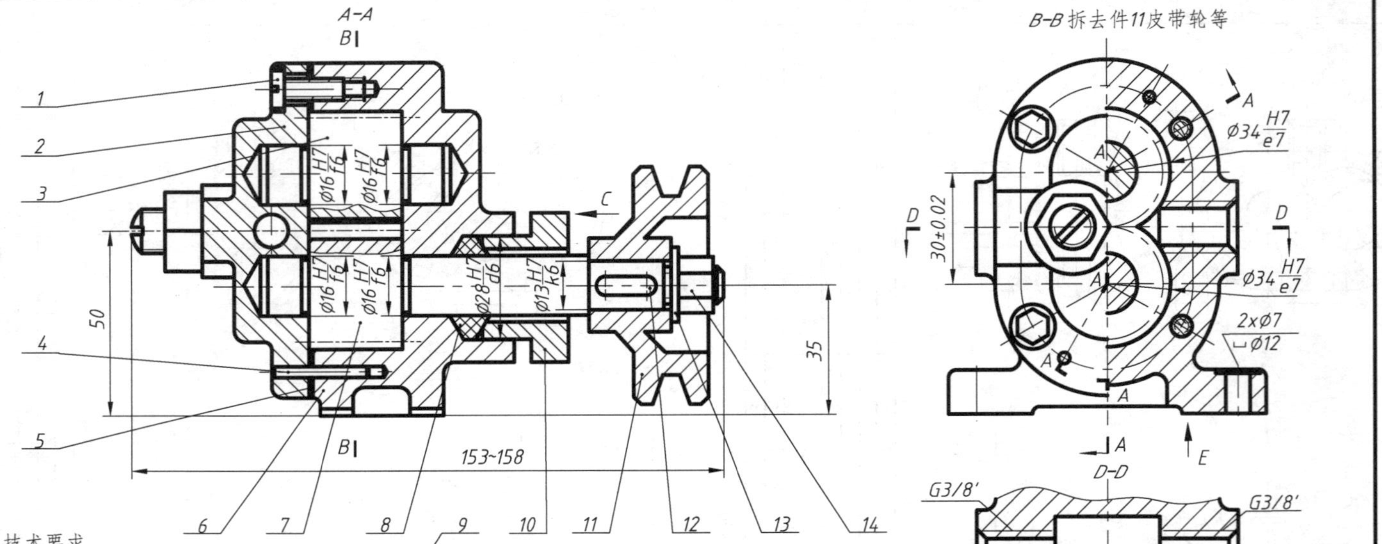

图5-31 齿轮油泵装配图

技术要求

1. 齿轮安装后用手转动传动齿轮时应灵活旋转。
2. 油泵安装完毕需进行油压试验,所有密封装置处不得漏油。
3. 泵盖和泵体齿轮端面与泵盖调整间隙可用衬垫调整,齿轮端面与泵盖之间的间隙,保证最小间隙在0.02~0.06mm范围内。

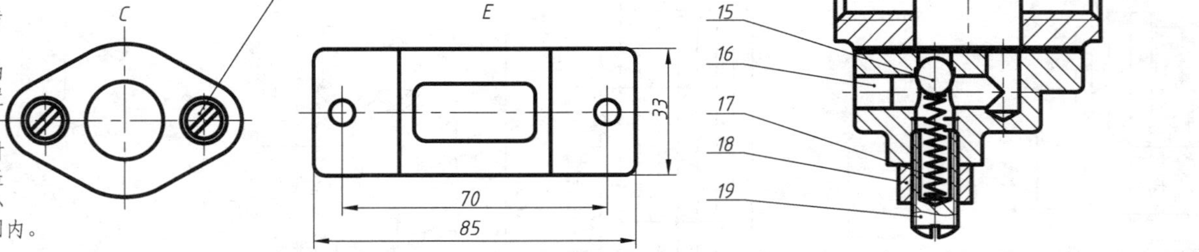

序号	名称	件数	材料	备注
3	从动齿轮轴	1	45	m=2, z=15
2	泵盖	1	HT200	
1	螺塞M6×16	4	Q235	GB5781-2000

齿轮油泵

比例	1:1	共11张 第1张	图号 09.02.00
制图	(姓名)	(日期)	（单位）
审核	(姓名)	(日期)	

序号	名称	件数	材料	备注
11	皮带轮	1	HT200	
10	填料压盖	1	HT150	
9	螺钉M6×20	2	Q235	GB65-2000
8	填料	1	棉麻绳	
7	主动齿轮轴	1	45	m=2, z=15
6	泵体	1	HT200	
5	垫片	1	橡胶石棉板	
4	圆柱销B3×26	2	Q235	GB119-86

序号	名称	件数	材料	备注
19	调节螺钉	1	35	
18	螺母M12×1.5	1	Q235	GB6170-2000
17	弹簧	1	弹簧钢丝	
16	闷头	1	Q235	
15	钢球10DN	1	GGr6	GB308-2000
14	螺母M10	1	Q235	GB41-2000
13	垫圈10	1	Q235	GB97.2-2002
12	键5×16	1	45	GB1096-2003

5.7　读装配图的方法及步骤

读装配图就是通过分析装配图中的视图、尺寸等，了解机器或部件的运动关系、工作原理、各零件之间的装配位置关系、机器或部件的整体结构形状、各主要零件的结构和尺寸关系等，以获得零件结构设计、加工制造及装配过程中所需要的信息。

图 5-32 所示为卧式柱塞泵装配图，现以该部件装配图为例说明读装配图的一般方法和步骤。

1. 概括了解

（1）阅读有关设计资料：可通过阅读与部件相关的技术资料、说明书等，对该部件做初步了解。

（2）阅读标题栏：从标题栏及技术要求说明中，了解机器或部件的名称、用途等。从图 5-32 装配图的名称"柱塞泵"可知该部件和齿轮油泵功能类似，它是机器润滑系统中的一个油压增压装置。

（3）阅读明细栏：根据零件序号和明细栏，了解该部件所包含零件的种类、数量及有关信息，再查找每个零件在图中的位置、名称、材料、规格等，并大致推断每个零件的功用。

2. 深入分析

深入分析装配图可从以下几方面进行。

1）分析视图，初步识别零件

图 5-32 所示卧式柱塞泵采用了三个基本视图，主视图是沿柱塞 4 和单向阀体 15 的装配轴线剖切的局部剖视图；俯视图则沿凸轮 8 和柱塞装配轴线做了局部剖切，未剖切部分反映了单向阀的安装位置，并在该处采用拆卸画法，拆去了单向阀等。左视图则主要表达外形。为了表达底板安装孔和泵套上的螺钉，图中左、俯视图两处采用了小范围的局部剖视图。

表达方案分析完成后，应该根据各视图之间的投影关系，分析每个视图所表达的零件之间的装配关系及零件的大致结构形状。可按以下方法细致阅读装配图。

（1）从主视图入手，对照每个零件的投影关系找到该零件在各个视图中的位置。

（2）由零件剖面线的间隔和方向分清零件在各视图中的轮廓，想象零件的结构形状。

（3）通常利用一般零件结构的对称性、相邻零件外形与尺寸的一致性，想象被遮挡或被剖切零件的形状。

（4）分析装配图的尺寸，尤其是对零件之间的配合尺寸、相互位置尺寸和其他重要尺寸以及相关零件的尺寸基准进行透彻地分析，这些尺寸对分析零件之间的连接、定位、配合特性、运动传递以及零件的功能作用和拆画零件图都非常重要。

2）分析装配关系与工作原理

在大致了解装配体和各零件的结构形状之后，即可运用运动分析法分析部件的装配关系和工作原理。图 5-32 的运动分析如下：

图中轴 5 末端有键槽，而且是唯一从泵体内部伸出泵体外的传动零件，因此它一定为动力输入轴。假想将外部动力输入给轴 5，通过键 9 带动凸轮 8 转动，凸轮表面各点距其回转中心的轴径差使凸轮推动柱塞 4 在泵套 2 内做直线运动。由于柱塞左侧弹簧 3 的作用，在间隙配合 $\Phi18H7/h6$ 的保证下，即可实现柱塞 4 的直线往复运动。螺塞 14 用于调整弹簧 3 的弹力大小。泵体 1 左端上、下侧各装了一个单向阀，两个单向阀内弹簧 19、钢球 16 等零件的安装方向一致，以保证液体流路只能从下向上依次开通。从明细表可知油杯 21 是标准件，油杯正对

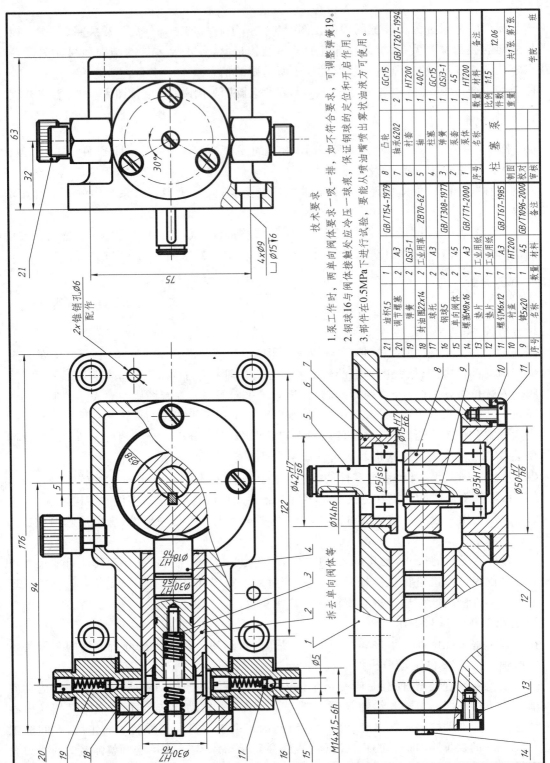

技术要求

1. 泵工作时，两单向阀体要求一吸一排，如不符合要求，可调整弹簧19。
2. 钢球16与阀体接触处应冷压一球痕，保证钢球的定位和开启作用。
3. 部件在0.5MPa下进行试验，要能从喷嘴喷出雾状油液方可使用。

8	凸轮	1	GCr15	GB/T1267-1994
7	轴承6202	1		
6	衬套	1	HT200	
5	轴	1	40Cr	
4	柱塞	1	GCr15	
3	弹簧套	1	QSi3-1	
2	泵套	1	45	
1	泵体	1	HT200	
序号	名称	数量	材料	备注

柱塞			泵	比例	1:1.5	
制图				重量		
校核				件数		共1张 第1张
审核					12.06	学院 班

21	油杯15	1			
20	调节螺塞	1	A3	GB/T154-1979	
19	弹簧	2	QSi3-1		
18	封油圈22×14	2	工业用革	ZB70-62	
17	球托	2	A3		
16	钢球5	2	45	GB/T308-1977	
15	单向阀体	2	45		
14	螺塞M8×16	1	A3	GB/T71-2000	
13	垫片	1	工业用纸		
12	垫片	1	工业用纸		
11	螺钉M6×12	7	A3	GB/T67-1985	
10	衬套	1	HT200		
9	键5×20	1	45	GB/T1096-2000	
序号	名称	数量	材料	备注	

图5-32 卧式柱塞泵装配图

2×锥销孔 $\emptyset6$ 配作

拆去单向阀体等

$\emptyset15K6$

$\emptyset42 \frac{H7}{js6}$

$\emptyset5 js6$

$\emptyset14h6$

$\emptyset35H7$

$\emptyset50 \frac{H7}{h6}$

$\emptyset18 \frac{H7}{h6}$

$\emptyset30 \frac{H7}{js6}$

$\emptyset30 \frac{H7}{h6}$

M14×1.5-6h

$\emptyset5$

$\emptyset38$

凸轮与柱塞的接触点,用以润滑凸轮与柱塞摩擦面。从俯视图可知,泵套 2 和衬盖 10 与泵体 1 之间用螺钉 11 紧固。

轴 5 带动凸轮 8 转动且当柱塞 4 在凸轮和弹簧 3 作用下向右移动时,泵套左侧内腔体积增大形成负压,液体在大气压的作用下推开下侧单向阀的钢球 16 进入内腔,而上侧单向阀关闭。当柱塞 4 在凸轮 8 的作用下向左移动时,左侧内腔体积缩小,压力增大,液体在压力作用下推开上侧单向阀的钢球 16,使上侧单向阀打开,而下侧单向阀关闭,液体从上面管路流出。柱塞 4 如此往复运动,液体就不断地被抽送出去,实现了泵油的功能。

3) 分析零件的功能和结构

在了解机器或部件的工作原理与装配关系的基础上,还需进一步深入细致地分析零件的功能和结构,将前面读图过程中对零件的模糊认识彻底分析清楚。由于标准件形状和结构都比较简单,所以主要是分析常用件和一般零件。分析时应遵循先主要零件、后次要零件,先分析主要结构、再分析细小结构的步骤进行。

如柱塞泵的泵体是主要零件之一,分析它的三视图并运用零件结构对称等特点想出泵体前端盖处的结构。从主、左视图还可知,泵体底板上有安装用的四个螺栓孔、两个定位销孔和安装轴承衬套的 Φ42H7 大孔。其余零件也用同样方法逐个分析清楚。

4) 分析装拆顺序

假想沿装配轴线将所有零件按顺序一件一件拆下,以进一步加深了解零件之间的装配关系及装配顺序,并检查零件之间是否有干涉现象。实践证明这是进一步深入分析装配图的一个行之有效的方法。

如柱塞泵凸轮轴这条装配轴线上各零件的装配顺序应为:凸轮轴+键+凸轮+两端轴承+衬套+垫片+衬盖,然后一起由前向后装入泵体,最后装上四个螺钉。而拆卸过程正好与之相反,图 5-33 所示为该柱塞泵的装配分解图。

图 5-33　柱塞泵零件间装配关系的分解图

3. 综合归纳,看懂全图

为了对部件有一个全面、整体的认识,还应根据上述的分析,再结合图中的技术要求和其余尺寸等,对全图综合归纳,进一步理清该部件的装拆顺序、结构形状、装配关系和工作原理等,最终想象出整个部件的立体形状。

以上是读装配图的一般步骤,虽然机器或部件的结构特征和复杂程度不同,但读图的基本方法都是如此。必须指出,上述读装配图的方法和步骤仅是一个概括性说明,实际读装配图时,分析零件形状、工作原理、拆装顺序有时是交替进行的。只有通过不断实践,积累经验,才能掌握读图规律,提高读图的速度和能力,为下一步拆画零件图打下基础。

5.8 由装配图拆画零件图

由装配图拆画零件图(简称拆图)就是在看懂装配图的基础上,将要拆画的零件从装配图中分离出来,并对其结构形状、尺寸大小、公差配合和其他技术要求项目等作进一步补充完善,最后按要求画出零件图交生产部门加工制造的过程。因此,由装配图拆画零件图是机械产品设计过程中的重要环节。第4章已介绍了零件图的作用、要求和画法等,本节将介绍拆画零件图的具体步骤和应注意的问题。由装配图拆画零件图的方法和步骤如下。

1. 零件分类,明确拆画对象

拆画零件图前首先要认真分析和阅读装配图,了解对象的结构特征并把所有零件分为以下三类。

(1) 标准件:此类零件只需确定其规格型号、标准代号、数量等,并填写标准件采购清单,不需拆画零件图。

(2) 常用件:如齿轮、弹簧等,先由装配图确认其设计参数,如齿轮的齿数、模数等,然后计算其主要结构尺寸,最后设计其他结构并画零件图。

(3) 一般件:即标准件和常用件之外的所有零件。

以下介绍的拆图步骤针对后两类零件。

2. 分离零件

例如要将图 5-32 所示柱塞泵中的泵体 1 从装配图中拆画零件图,其步骤如下:

(1) 先根据零件的序号和指引线所指部位确定出该零件在装配图中的位置。

(2) 根据视图的投影关系及剖面线的方向和间隔,找到该零件在其他视图上的投影及轮廓形状,从而建立该零件各视图间的投影关系,如图 5-34 中的粗实线轮廓即为泵体 1 的三面投影。

(3) 假想将该零件从装配图各视图中分离出来,并从这些不完整的视图中初步确定它的大致结构形状。图 5-35 所示即为分离出来的泵体 1 不完整的三视图。

(4) 根据零件在装配图中的作用和功能、相邻零件的装配顺序和结构形状的一致性,以及零件结构的对称性等特征进一步分析该零件各处详细结构,补齐所缺轮廓线以确定零件的形状。

3. 拟定视图表达方案

一般来讲,装配图的视图表达方案并不一定适合每个零件的形状表达。因此,要根据第4章所介绍的零件视图的表达方法,对分离出的零件重新选择视图表达方案,图 5-35 所示的泵体应根据箱体类零件的视图选择原则确定其表达方案,可参见本节图 5-40。

又如,若要拆画图 5-32 中泵套 2 的零件图,显然,该零件的视图表达应该符合轴套类零件视图选择原则,即主视图应轴线水平放置,其他视图根据结构表达需要选择。其调整后的表达方案可参见本节图 5-39。

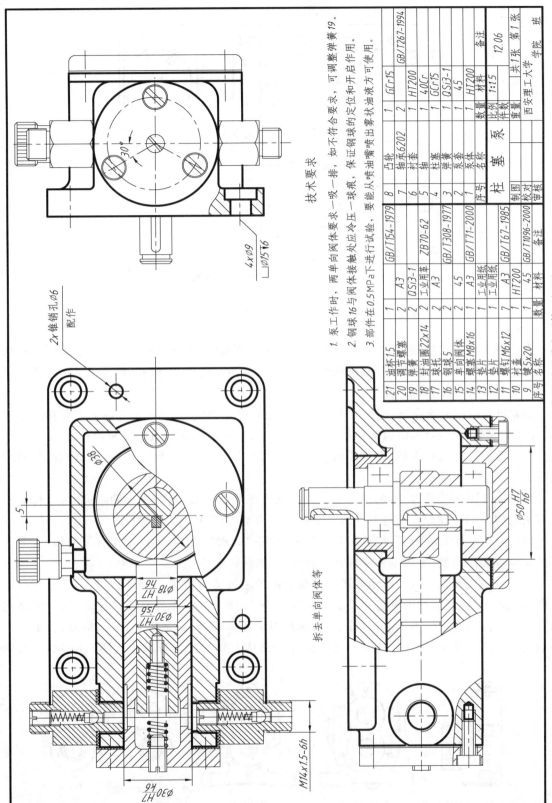

技术要求

1. 泵工作时，两单向阀体要求一吸一排，如不符合要求，可调整弹簧19。

2. 钢球16与阀体接触处应冷压一球痕，保证钢球的定位和开启作用。

3. 部件在0.5MPa下进行试验，要能从喷油嘴喷出雾状油液方可使用。

序号	名称	数量	材料	备注
8	凸轮	1	GCr15	
7	轴承6202	2		GB/T267-1994
6	衬套	1	HT200	
5	油塞	1	40Cr	
4	柱塞	1	GCr15	
3	弹簧套	2	QSi3-1	
2	泵套	1	45	
1	泵体	1	HT200	
序号	名称	数量	材料	备注

序号	名称	数量	材料	备注
21	油杯15	1		GB/T154-1979
20	调节螺塞	2	A3	
19	调节弹簧	2	QSi3-1	
18	封油圈22x14	2	工业用革	
17	球托	2	A3	ZB70-62
16	钢球5	2		GB/T308-1977
15	单向阀体	1	45	
14	塞门M8x16	1		GB/T771-2000
13	垫片	1	工业用纸	
12	垫片	1	工业用纸	
11	螺钉M6x12	7	A3	GB/T67-1985
10	衬盖	1	HT200	
9	键5x20	1	45	GB/T1096-2000
序号	名称	数量	材料	备注

制图		比例 1:15	共1张 第1张
校对		重量 件数	西安理工大学学院 班
审核			12.06

柱塞泵

图5-34 按投影关系分离泵体三视图

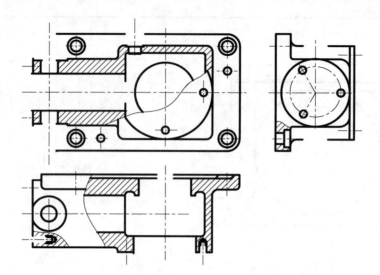

图 5-35 从装配图中直接分离出的泵体不完整三视图

4. 补充完善零件的形状结构

在绘制零件图的过程中,需对在装配图中表达不清楚的、简化或省略的以及装配时经过加工变形的零件结构形状进行完善、补充或恢复,使其满足零件生产和制造的要求。可参考以下几个方面对零件结构形状补充完善。

(1) 与功能有关的构型:即为实现零件的功能而应有的构型,如柱塞泵体的主要功能是包容、支撑和安装其他零件,所以其构型应具有空腔、安装底板以及相应的安装轴孔。

(2) 与工艺有关的构型:即为了符合加工工艺而需要的结构,如倒角、退刀槽和砂轮越程槽等。

(3) 与设计有关的构型:包括①与零件的强度或刚度有关的构型,如肋板;②与零件的重量有关的构型,如凹坑等;③与零件的寿命有关的构型,如圆角、壁厚等。

(4) 与装配有关的构型:包括①与零件配合有关的构型;②与零件连接有关的构型;③与零件定位有关的构型;④与零件装拆有关的构型,如拆卸孔等。

例如,若只有图 5-36(a)所示的齿轮油泵泵体的主视图为依据,需要完善其端面外形时可有图 5-36(b)、(c)所示的两种选择。若采用图 5-36(b)外形,零件的壁较厚且重量大,但结构简单,方便铸造;若采用图 5-36(c)外形,虽材料用量减少,零件重量减轻,但结构复杂,不利于铸造成型。所以通常采用图 5-36(b)形状居多。泵体右端的凸台形状也有图 5-36(d)、(e)两

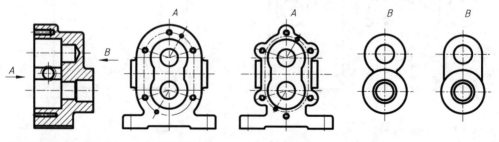

(a) 掌握的泵体轮廓信息　　(b) 外缘构型一　　(c) 外缘构型二　　(d) 凸台构型一　　(e) 凸台构型二

图 5-36 零件构型的比较

种选择,但从零件的强度和刚度考虑,图 5-36(e)结构优于图 5-36(d)。因此,当零件某处结构的形状在拆画零件图时需要补充完善时,应多考虑几个方案,择优选用。

补充完善零件的结构形状时应注意以下原则:

(1) 装配图中未完全确定的零件结构形状和尺寸,在拆画零件图时,都要按结构设计要求完全确定下来。

(2) 装配图中零件所有被省略的工艺结构(如倒角、圆角、退刀槽和砂轮越程槽等)要按相关标准查表并在零件图中补画出来。

(3) 当零件在装配时采用了弯曲、卷边或其他加工方法使得该零件的原始形状发生改变时,拆图时应将其原始形状复原,画出其装配变形前的形状,如图 5-37 和图 5-38 所示。

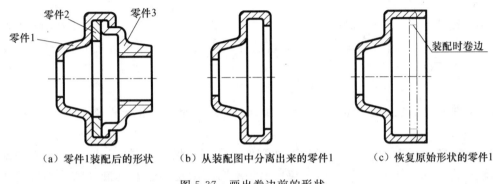

（a）零件1装配后的形状　　　（b）从装配图中分离出来的零件1　　　（c）恢复原始形状的零件1

图 5-37　画出卷边前的形状

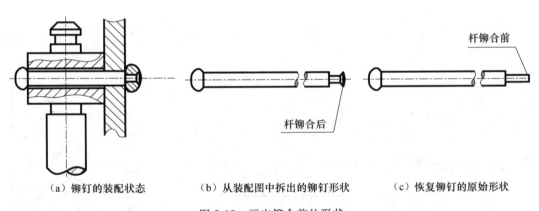

（a）铆钉的装配状态　　　（b）从装配图中拆出的铆钉形状　　　（c）恢复铆钉的原始形状

图 5-38　画出铆合前的形状

根据以上分析,零件 1 泵体的结构形状应作以下补充完善:为满足衬盖 10 与泵体接触面处的密封和定位要求,在 $\Phi50H7$ 孔外端设计有与衬盖直径相同的圆形凸台,该孔内侧设计有圆环形凸台并与箱壁之间加上四个肋条,以增加强度,同时保证四个螺纹孔有足够的深度,如 B-B 剖视图所示。泵体左端面与泵套的接触面处的构型与 $\Phi50H7$ 孔外端相同。将泵体安装底板中间部分凹下去以减少加工面,有螺栓孔和销孔的四周一圈作为加工和定位面,如图 5-40 中 A 向视图所示。

接着完善泵体的工艺结构:

(1) 由泵体各部分的功用区分零件的加工表面和铸造表面,并补画铸造圆角,可参见本节图 5-40 的 A 向视图和 B-B 剖视图。

(2) 补画加工工艺结构:如有配合要求的孔端口处补画倒角,泵套配合孔 $\Phi30H7$ 左端口,

衬盖配合孔 Φ50H7 上端口,衬套配合孔 Φ42H7 上端口处都要加上倒角。

5. 标注尺寸

装配图中虽然只标注了前述的五种尺寸,但各零件结构形状及大小都是经过设计人员的慎重考虑和计算后确定,并按照装配图的画图比例准确画出的。因此拆图时各零件的尺寸应按以下原则处理。

1) 抄

凡在装配图中标注出的尺寸,在拆图时应照抄上去。配合代号应按轴、孔的公差代号拆开,分别标在各自零件图上或查表标注出上、下偏差。

2) 算

由装配图给出的参数计算确定尺寸。如齿轮泵泵体两个圆形空腔的大小和中心距都是根据主从动齿轮的模数、齿数计算出齿顶圆直径、分度圆直径和中心距等尺寸,按照计算结果及公差要求标在零件图上的。

3) 查

(1) 零件上的某些工艺结构尺寸,如倒角、圆角、退刀槽和砂轮越程槽等,应查阅相关标准手册确定后标出。

(2) 与标准件相连接或配合的尺寸,如零件上的螺孔尺寸、键槽尺寸、与轴承外圈配合的孔及与轴承内圈配合的轴径尺寸等,都应根据装配图中给定的这些标准件的公称尺寸或标准代号,查阅相关手册确定。注意,有时还需符合相应的配合要求。

4) 量

其余尺寸均从装配图中按比例直接量取,圆整后标注在零件图上,应做到尺寸标注完整、清晰、尽量合理。

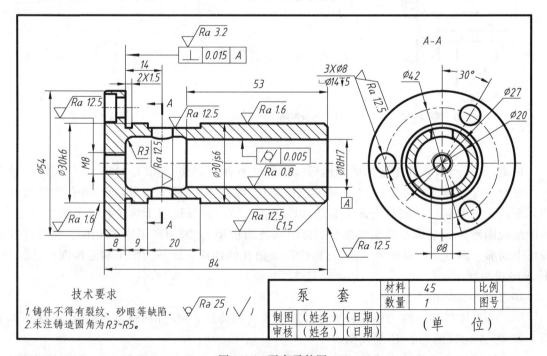

图 5-39　泵套零件图

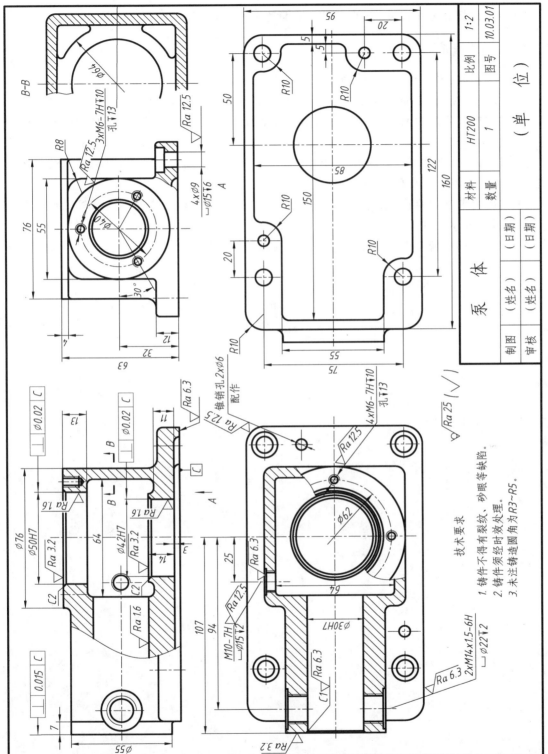

图5-40 柱塞泵泵体零件图

注意,有装配关系的相邻零件,其相关尺寸应尽量一致,相邻零件的外形尺寸也应保持一致。如泵套 2 与泵体 1 左端圆形凸台的直径尺寸从装配图中量取后,标在各自零件图中应一致。该凸台上的螺孔分布尺寸 30°直接抄在各自零件图上也应一致。

6. 拟定技术要求

（1）零件表面结构参数 Ra 值的确定。零件图上各表面结构参数 Ra 值的大小是根据其功用而确定的。Ra 值的选择和标注见第 3 章"零件的技术要求"和第 4 章"零件图"的有关内容。

（2）零件形位公差的确定。对零件的功能和装配精度有重要影响的结构形状和位置,要规定相应的形位公差项目。例如,泵体两个主要孔 $\Phi50H7$ 和 $\Phi42H7$ 的轴线与安装底板应有垂直度公差要求,泵套法兰定位端面与 $\Phi18H7$ 孔轴线应标注垂直度公差,泵套柱塞孔也要标注圆柱度公差。如图 5-39 和图 5-40 所示。

（3）其他技术要求的确定。根据零件的加工方法、检验试验和热处理要求等确定相关的技术要求,并用文字形式注写在零件图上。

图 5-39、图 5-40 就是由柱塞泵装配图中拆画出的泵体和泵套的零件图。

第6章 表面展开图和焊接图

在机械和建筑等行业,广泛应用到表面展开图和焊接图,本章将简要介绍这两种工程图样的特点和画法。

6.1 表面展开图

6.1.1 概述

在工业制造领域中,常见到用金属薄板制作的产品或设备,如图 6-1(a)所示的分离器。制作这些产品时,先要按设计图及尺寸画出各组成部分的表面展开图,然后根据展开图放样、下料,并经折弯、成型等工序,最后沿焊缝处焊接(或铆接)而成。

(1) 表面展开与展开图:将立体表面按其实际形状和大小依次摊平画出其平面图形,这一过程称为立体表面展开,所画平面图形称为表面展开图,如图 6-1(b)所示。

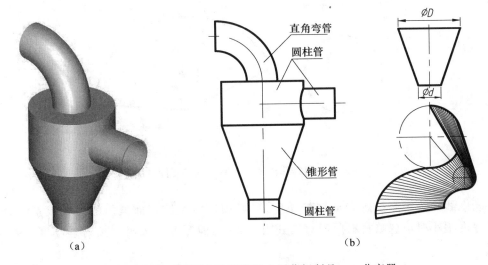

(a)   (b)

图 6-1 用表面展开方法制作的金属薄板制品——分离器

(2) 可展表面与不可展表面:平面立体所有表面都由平面组成,故它们是可展表面;曲面立体表面分为可展和不可展表面,锥面和柱面是常见的可展表面,而球面、圆环面等曲面为不可展表面。

(3) 立体表面展开的方法:可分为图解法和计算法两种。所有平面和曲面立体表面都可以用图解法展开,而正圆柱、正圆锥等特殊表面还可用计算法来展开。如在图 6-2 中,若已知圆柱底圆直径 d 及高度 h,就可计算出圆柱面展开长度为 πd;而由圆锥素线长 l 及底圆直径 d,也能计算得出其展开后扇形的圆心角 $\theta=180°\times\dfrac{d}{l}$ 从而将其表面展开。

(4) 表面展开图的画法:表面展开图的外轮廓线是材料剪裁的边界线,要用粗实线绘制;平面立体各棱线在展开图中用细实线画出,它是折弯和成型的作业线;而曲面立体表面展开图

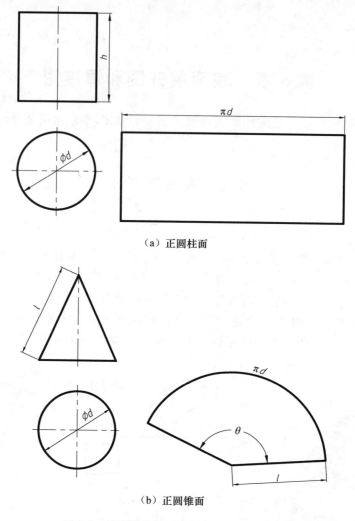

（a）正圆柱面

（b）正圆锥面

图 6-2　用计算法展开正圆柱面和正圆锥面

只画外轮廓线。为了减少焊缝或铆接长度，展开图应由立体表面最短的棱线或素线处展开。当板材厚度很小时可忽略材料厚度对展开图的影响，但厚度较大时应按材料厚度中间值来展开表面。

6.1.2　锥面的表面展开

1. 棱锥的表面展开

棱锥有正棱锥和斜棱锥之分，但表面展开方法一样，即求出每个三角形棱面的实形。对于截切棱锥可先按完整棱锥展开，再在展开图各棱线上确定对应截点的位置，连接各点即可得到它的展开图。

图 6-3 所示为展开截切三棱锥表面的作图方法。

（1）在投影图中，将截切三棱锥棱线延伸得锥顶 $S(s \mathrel{\backslash} s')$。由于棱线 SA 是正平线，故 V 面投影 $s'a'$ 是实长，另两个棱线 SB、SC 的实长可用旋转法求得，如图 6-3（a）中的 $s'b_1'$、$s'c_1'$ 就是棱线 SB、SC 的实长。

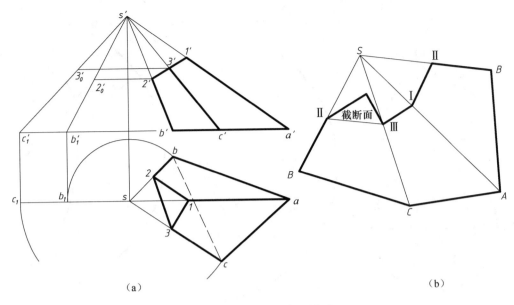

图 6-3　截切棱锥表面展开

（2）由最短棱线 SB 处（焊缝最短）展开各表面。由于每条棱线和底面各边实长（为水平线）都已知，因此，可依次将三个侧面展成三个相连的三角形，如图 6-3（b）所示。

（3）求棱线上截点的位置。在图 6-3（a）所示的主视图中，SA 棱线上的截点就是 $1'$，过截点的投影 $2'$、$3'$ 分别向 $s' b_1'$、$s' c_1'$ 作水平线分别求得 $2_0'$ 和 $3_0'$，它们就是 SB、SC 棱线实长上截点的位置（此方法即直线上点的定比作图法），由 $1'$、$2_0'$ 和 $3_0'$ 在展开图相应棱线上分别截取 Ⅰ、Ⅱ、Ⅲ 各点并用粗实线相连即得图 6-3（b）所示的展开图。由于三棱锥底面和截切断面各边实长都已知，故它们的展开图（即实形）很容易求得，如图 6-3（b）所示。

2．正圆锥表面展开

图 6-4（a）所示的截切正圆锥表面可按以下方法展开：

（1）用计算法求出正圆锥表面展开扇形的 θ 角并将其展开成图 6-4（b）所示扇形。

（2）在图 6-4（a）中将圆锥底圆周 12 等分（适当增加等分数展开更精确）并画出过这些等分点的素线，如 $s1$、$s2$、$s3$、…、$s12$ 和 $s'1'$、$s'2'$、$s'3'$、…、$s'12'$；在图 6-4（b）中将扇形圆弧段作相同等分，并画出对应素线 $S1_0$、$S2_0$、$S3_0$、…、$S12_0$、$S1_0$。

（3）在图 6-4（a）所示主视图中，求各素线与截断面 $p'p'$ 的交点（即截点）在素线实长上的位置。如过素线 $s'3'$ 与截断面 $p'p'$ 的交点 b' 作水平线与反映实长的素线 $s'1'$ 相交，其交点 b_0' 就是展开图上 $S3_0$ 素线上截点 B_0 的位置，按此方法在展开图上可求得每条素线上截点的位置，依次光滑连接这些点所成曲线就是截交线的展开形状，如图 6-4（c）所示。

3．斜椭圆锥面的展开

图 6-5（a）所示为斜椭圆锥面。展开其表面时，先将底圆周作若干等分，并以每等分的弦长代替弧长，从而将斜椭圆锥面转换成对应的内接斜多棱锥面，再按棱锥面的展开方法将其近似展开，其作图过程如下。

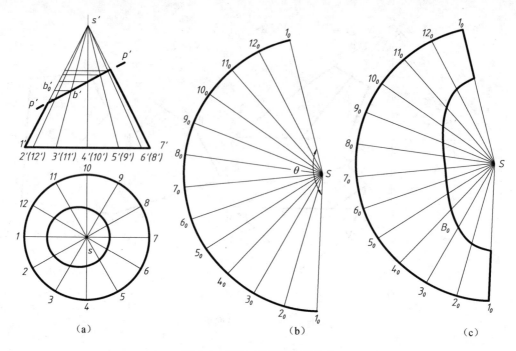

图 6-4　截切正圆锥表面展开

（1）在水平投影中将底圆 12 等分，并作过各等分点表面素线的两面投影，如图中的 $s1$、$s2$、$s3$、…、$s12$ 和 $s'1'$、$s'2'$、$s'3'$、…、$s'12'$。

（2）在 V 面投影中用旋转法求各素线的实长，如 $s'2_1'$、$s'3_1'$、$s'4_1'$、$s'5_1'$、$s'6_1'$，由对称性知素线 $s'12_1'$、$s'11_1'$、$s'10_1'$、$s'9_1'$、$s'8_1'$ 分别等于 $s'2_1'$、$s'3_1'$、$s'4_1'$、$s'5_1'$、$s'6_1'$，而 $S1$、$S7$ 为正平线，其正面投影 $s'1'$ 和 $s'7'$ 为实长，如图 6-5（a）所示。

（3）由 $s1$ 素线处展开斜椭圆锥面（焊缝最短）：取 $\overline{12}$ 弦长代替 $\overparen{12}$ 弧长，与过 1、2 等分点的两条素线 $S1_0$ 和 $S2_0$ 构成一个平面三角形 $S1_02_0$，该三角形即可近似代替锥面 S_{12} 的表面展开图，按相同方法依次展开 $S2_03_0$、$S3_04_0$、…、$S6_07_0$，并利用表面对称性求得另一半展开图，最后将 1_0、2_0、…、12_0、1_0 各点用曲线光滑连接即得完整斜椭圆锥面的展开图，如图 6-5（b）所示。

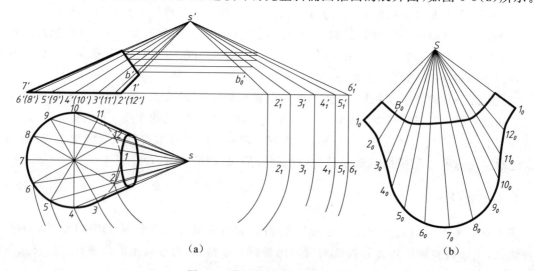

图 6-5　截切斜椭圆锥表面展开

（4）求各素线与截断面交点（即截点）的位置：按图 6-4（a）中步骤（3）的方法，可求得素线 $S1_0 \sim S12_0$ 上各截点的位置，如素线 $S2_0$ 上截点 B_0 的位置就是用上述方法求得的。

（5）依次光滑连接各截点得该截切斜椭圆锥面的展开图，如图 6-5（b）所示。

6.1.3 柱面的表面展开

1. 正棱柱表面展开

正棱柱棱线垂直底面。如图 6-6（a）所示的截切三棱柱，由于各棱线实长、截点位置以及各底边长度在投影图中都已知，从视图中直接量取长度即可画出其表面展开图，图 6-6（b）所示为该截切三棱柱的表面展开图。

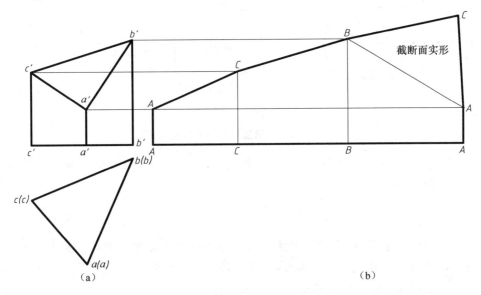

图 6-6　截切正三棱柱表面展开

2. 斜棱柱表面展开

棱线不垂直底面的棱柱为斜棱柱。斜棱柱的表面展开方法有正截面法和三角形法。

1）正截面法

正截面是指垂直棱线所得的截断面。求出斜棱柱正截面的实形并将各边长展开成一条直线，再在该直线上依次确定各棱线和棱线上、下端点的位置，从而展开棱柱各表面的方法叫正截面法。

图 6-7（a）是一个棱线为正平线的斜截六棱柱投影图，其正面投影反映各棱线实长，底面为水平面，但它不是正截面。用正截面法展开该斜棱柱的步骤如下：

（1）在图 6-7（a）所示的正面投影中，作正垂面 $p'p'$ 垂直棱线，$p'p'$ 与各棱线的交点分别记为 $1'$、$2'$、$3'$、$4'$、$5'$、$6'$，用换面法求得该正截面实形为 $1_0 2_0 3_0 4_0 5_0 6_0 1_0$。

（2）将正截面各边展开成直线 $1_0 1_0$，并按其各边长在该直线上截得点 1_0、2_0、3_0、4_0、5_0、6_0、1_0。过这些点作垂线就是对应棱线在展开图上的位置，如图 6-7（b）所示。

（3）在图 6-7（a）所示的正面投影中，量取各棱线与正截面 $p'p'$ 交点两端的长度，并将其分别截取到展开图对应棱线上，如 $1'a' = 1_0 A_0$、$1'b' = 1_0 B_0$、$2'c' = 2_0 C_0$、$2'd' = 2_0 D_0$、$\cdots$、$4'm' =$

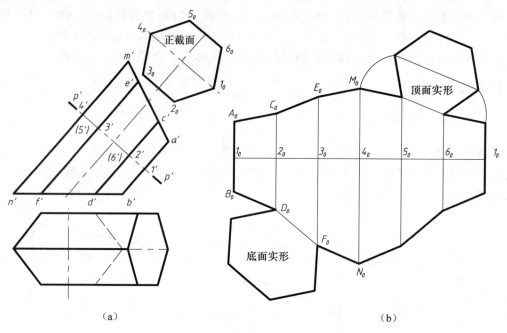

（a）   （b）

图 6-7　正截面法展开斜六棱柱表面

4_0M_0、$4'n' = 4_0N_0$，分别连接 A_0、C_0、E_0、M_0 和 B_0、D_0、F_0、N_0 即得前半个棱柱表面的展开图，根据对称性可得全部表面的展开图，如图 6-7（b）所示。

（4）由于上、下底面各边实长在展开图已知，故它们的实形如图 6-7（b）所示。

2）三角形法

斜棱柱各侧面都是平行四边形，即使知道各边实长也不能唯一确定其形状。若借助一条对角线将平行四边形转换成两个三角形，则可利用该三角形唯一确定其形状。利用表面对角线将斜棱柱各表面展开的方法就叫做三角形法。

图 6-8（a）所示为一斜三棱柱，其上、下底面是水平面，水平投影为实形，三条棱线长度相等，用三角形法展开该表面的方法如下。

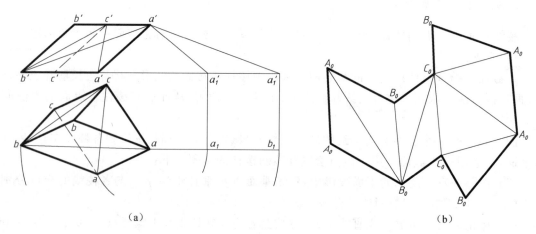

（a）   （b）

图 6-8　三角形法展开斜三棱柱表面

（1）在投影图中分别作斜三棱柱各表面对角线 AB、BC 和 CA 的两面投影 ab、bc、ca 和 $a'b'$、$b'c'$、$c'a'$，如图 6-8（a）所示。

（2）利用旋转法求棱线 AA 和对角线 AB、BC 和 CA 的实长，图 6-8(a)中所示仅为求棱线 AA 和对角线 AB 实长的作图，相同方法可求得其余两条对角线实长。

（3）由棱线实长 $a'a_1'$、各对角线实长以及各底边实长即可唯一作出三个平行四边形棱面的展开图，如图 6-8(b)所示。注意在展开图中棱线 A_0A_0、B_0B_0、C_0C_0 应互相平行。

3. 正圆柱表面展开

下面以图 6-9(a)所示两个圆柱相贯为例，说明其展开方法：

（1）按完整圆柱 ΦD 和 Φd 用计算法将两个圆柱面展开，如图 6-9(b)所示。

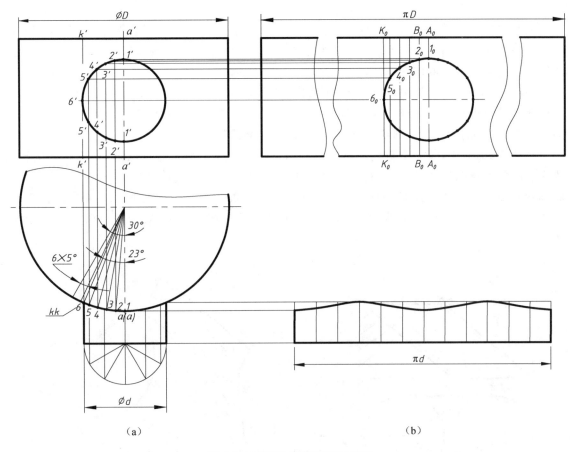

图 6-9　正圆柱相贯的表面展开

（2）求贯孔的展开图：从图 6-9(a)投影图可知，贯孔分布在大圆柱面上以素线 aa 为中心左、右约 30°的圆柱表面。由于贯孔形状左右、上下都对称，所以这里仅给出大圆柱面 aa 素线左半贯孔的展开作图过程。

（3）为使作图精确，在俯视图中将素线 aa 左 30°圆周 6 等分，并将 0°、5°、10°、15°、20°各等分点依次标记为 1、2、3、4、5；通过该精细等分可知，位于贯孔最左端的 6 点在 aa 素线左 23°的 kk 素线上。由水平投影 1、2、3、4、5、6 分别求它们的正面投影，与小圆柱的该面投影（圆）交得 $1'$、$2'$、$3'$、$4'$、$5'$、$6'$，如图 6-9(a)所示。

（4）在大圆柱面展开图中，以素线 A_0A_0 为中心，向左分别求得圆柱面上 5°、10°、15°、20°、23°对应素线的位置，如 A_0A_0 对应 0°线，B_0B_0 对应 5°素线，…，K_0K_0 对应 23°素线；再将主

视图上对应素线与 Φd 圆柱投影圆的交点 $1'$、$2'$、$3'$、$4'$、$5'$、$6'$ 依次投射到该组素线上得点 1_0、2_0、3_0、4_0、5_0、6_0，由对称性可求得下半部分各点及右半部分的对称点，光滑连接这些点成封闭曲线就是相贯孔的展开图，如图 6-9(b) 上图所示。

(5) 在图 6-9(a) 所示的俯视图中，画 Φd 小圆柱面底圆（图中仅画出半圆），并将圆周 12 等分，过各等分点作素线，则这些素线均为正垂线，故水平投影长就是素线实长。在小圆柱面展开图中，也将 πd 边长 12 等分，过每个等分点画素线，再截取水平投影中对应素线长度，并将各端点连成光滑曲线即得小圆柱面展开图，如图 6-9(b) 下图所示。

4. 斜椭圆柱表面展开

展开斜椭圆柱表面的基本方法是，适当等分上、下底圆周并以弦长代弧长，将斜椭圆柱面转化成与之对应的斜多棱柱面，用展开斜棱柱面的方法将其展开。图 6-10 说明了利用三角形法展开斜椭圆柱表面的作图方法。

在图 6-10(a) 中，先将斜椭圆柱上、下底圆 12 等分，取相邻两个等分点的弦长代替弧长，与过这两个等分点的两条素线构成一个平行四边形（见图 6-10(a) 中的 1221），用该平行四边形的展开图代替对应的 1/12 斜椭圆柱表面，从而将斜椭圆柱面近似展开。

在图 6-10(a) 中，每一个替代平行四边形的弦长和素线长都相等且已知，利用直线旋转法依次求出各平行四边形对角线的实长，如图中的 $1'2'_1$、$2'3'_1$、$3'4'_1$、$4'5'_1$、$5'6'_1$、$6'7'_1$，由此可求得斜椭圆柱前半表面的展开图，如图 6-10(b) 中的 $1_0 1_0$、$2_0 2_0$、$3_0 3_0$、$4_0 4_0$、$5_0 5_0$、$6_0 6_0$、$7_0 7_0$，过 1_0、2_0、3_0、4_0、5_0、6_0、7_0 连光滑曲线，并由表面对称性求得另一半展开图，其展开结果如图 6-10(b) 所示。

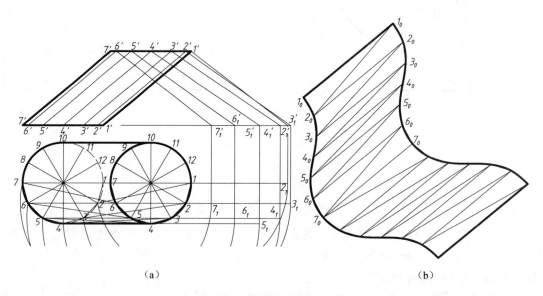

(a) (b)

图 6-10 斜椭圆柱表面展开

6.1.4 不可展表面的近似展开

球面和圆环等曲面是理论上的不可展表面，但由于实际需要，常采用近似方法将这些表面展开以获得相应的工业制品。

1. 球面近似展开

球面的近似展开方法如下：

(1) 在图 6-11(a)中,将球面的正面投影圆周 24 等分(图中只等分了 1/4 圆周),并连接相邻等分点得各段弦长 $n'1'$、$1'2'$、$2'3'$、$3'4'$、$4'5'$、$5'6'$。

(2) 在图 6-11(b)中,作直线 $N_0 S_0$,由 N_0 自上而下截取 $N_0 1_0 = n'1'$(弦长),$1_0 2_0 = 1'2'$、$2_0 3_0 = 2'3'$、$3_0 4_0 = 3'4'$、$4_0 5_0 = 4'5'$、$5_0 6_0 = 5'6'$,线段 $N_0 6_0$ 即是正面投影中 1/4 圆周 $n'6'$ 以弦长代替弧长后的展开图。

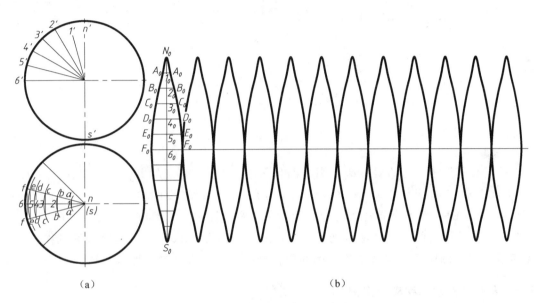

图 6-11　球面的近似展开方法

(3) 在图 6-11(a)中,将水平投影圆周 12 等分,取以 $n6$ 为对称中心的一个等份 nff;求 V 面投影 $1'$、$2'$、$3'$、$4'$、$5'$、$6'$在 $n6$ 上的投影得 1、2、3、4、5、6 各点,过这些点作球面的水平纬圆并交 nf 于 aa、bb、cc、dd、ee、ff。

(4) 在图 6-11(b)中,过 1_0、2_0、3_0、4_0、5_0、6_0 作水平线并分别截取 $1_0 A_0 = 1a$(弦长)、$2_0 B_0 = 2b$、$3_0 C_0 = 3c$、$4_0 D_0 = 4d$、$5_0 E_0 = 5e$、$6_0 F_0 = 6f$,过 N_0、A_0、B_0、C_0、D_0、E_0、F_0 各点作光滑曲线并由对称性求得该 1/12 球面的展开图如图 6-11(b)所示。

(5) 复制该 1/12 球面展开图为 12 份即得到完整球面近似展开图,如图 6-11(b)所示。

2. 圆环面近似展开

图 6-12 给出了把 1/4 圆环面近似展开的方法。

(1) 首先将图 6-12(a)所示的 1/4 圆环面圆管中心圆周 12 等分,进而将 1/4 圆环面分割为七个圆环段,其中第 Ⅰ 段和第 Ⅶ 段各取一个等分段,其余 Ⅱ～Ⅵ 段均取两个等分段,并在中心圆周上得各段分点 a、b、c、d、e、f、g、h,如图 6-12(a)所示。

(2) 分别以圆管中心圆周上各等分点之间的弦长代替弧长,将该 1/4 圆周展开成直线 $a_0 h_0$(b_0、c_0、d_0、e_0、f_0、g_0 分别为各段分点在该直线上的位置),如图 6-12(b)左图所示。

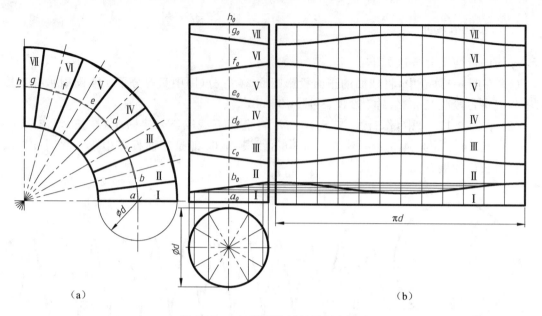

图 6-12　1/4 环面的近似展开方法

（3）以直径等于圆管直径 Φd 的圆柱面代替 Ⅰ～Ⅶ 各圆环段，并分别将 Ⅱ、Ⅳ、Ⅵ 段绕其轴线 $b_0 c_0$、$d_0 e_0$、$f_0 g_0$ 翻转 $180°$，将各段轴线重合在 $a_0 h_0$ 直线上即拼成图 6-12（b）左图所示的正圆柱面，该正圆柱面 Ⅰ～Ⅶ 各段可近似代替 1/4 圆环面 Ⅰ～Ⅶ 对应各段并将其展开。

（4）以正圆柱面的展开方法分别展开 Ⅰ、Ⅱ、Ⅲ、Ⅳ、Ⅴ、Ⅵ、Ⅶ 各圆柱段表面如图 6-12（b）右图所示。按照图中 Ⅰ～Ⅶ 各段展开图的位置排列裁料可以最大限度地节约材料。

6.1.5　表面展开的工程应用实例

展开图在工业制造领域应用非常广泛，如图 6-13（a）所示的渐变段，就是用于管道圆形截面与矩形截面过渡的一个变形接头，建筑工程上也常用这样的形体作为漏斗口。

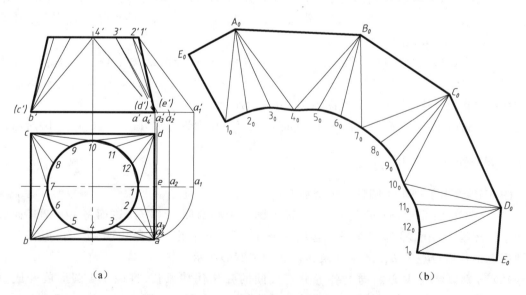

图 6-13　变形接头的表面展开

从图 6-13(a)知，该变形接头是一个组合面，它由两对全等的等腰三角形和四个 1/4 斜椭圆锥面组成，四个 1/4 斜椭圆锥底圆共用同一圆周且各占 1/4 圆弧，而四个锥顶分别位于另一侧矩形的四个顶点上。展开该组合面的过程如下：

(1) 首先将渐变段上端圆周作 12 等分并标出各等分点位置以及下端矩形各顶点，如图中 1、2、…、12 及 1′、2′、…、12′ 和 a、b、c、d 及 a′、b′、c′、d′。

(2) 由等腰三角形 $AD\,\mathrm{I}$ 中线 $\mathrm{I}E$ 处(焊缝最短)依次展开四个等腰三角形和四个 1/4 斜椭圆锥面。其中等腰三角形 $AD\,\mathrm{I}$ 中线 $\mathrm{I}E$ 的正面投影 $1'e'$ 为其实长，底面矩形各边实长在水平投影中反映，等腰三角形各边长和各 1/4 斜椭圆锥面素线实长都通过旋转法求得。图中只求出了 $\mathrm{I}A$、$\mathrm{II}A$、$\mathrm{III}A$、$\mathrm{IV}A$ 的实长 $1'a_1'$、$2'a_2'$、$3'a_3'$、$4'a_4'$。

(3) 在展开各部分的表面时，要充分利用表面对称等特性以简化作图。该渐变段的展开图如图 6-13(b)所示。

6.2 焊 接 图

焊接是利用电流或火焰产生的热量将被连接件局部加热至熔化而实现连接的。有的焊接过程还要加压或用熔化的金属材料填充以保证连接可靠。焊接具有施工简单、连接可靠、节省材料、便于现场操作等优点，是工业制造及建筑工程中广泛使用的一种不可拆连接。

表达焊接件焊接关系与要求的图样称为焊接图。它除了表达被焊接件的结构形状和尺寸大小外，还要表达焊接要求(如接头与焊缝形式、焊缝尺寸等)。国家标准 GB/T 12212—1990 和 GB/T 324—2008《焊缝符号表示法》中规定了焊缝的种类、符号、画法、尺寸标注以及焊缝标注方法等，本节将简要介绍这些内容。

6.2.1 焊接的连接形式及焊缝的规定画法

1. 焊接的接头形式

常见焊接结构的接头形式有对接、搭接、T 形接和角接等，如图 6-14 所示。

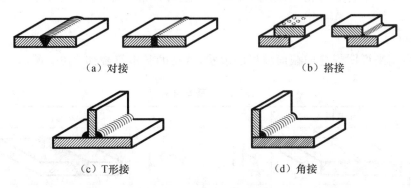

（a）对接　　　　　　　　　　　　（b）搭接

（c）T 形接　　　　　　　　　　　（d）角接

图 6-14　焊接接头形式

2. 焊缝的规定画法

焊件经焊接后形成的熔结处称为焊缝。绘制焊接图时，要对焊缝进行图示和标注。

(1) 在垂直焊缝的剖视图或断面图中，应画出焊缝的形式并涂黑，如图 6-15 所示。

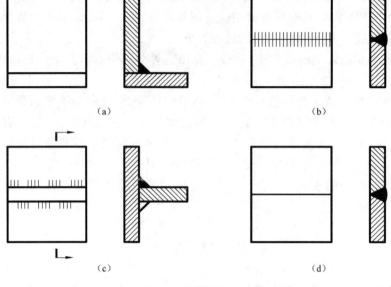

（a）
（b）
（c）
（d）

图 6-15　焊缝的规定画法

（2）在视图中,可用一系列栅线（栅线为细实线,允许徒手绘制）表示可见焊缝,如图 6-15（b）、（c）所示;也可以用加粗线（$2d\sim3d$）表示可见焊缝,如图 6-15（d）所示。但在同一图样中只允许采用一种画法。

（3）一般只用粗实线表示可见焊缝。

6.2.2　焊缝的标注方法

焊接图上应采用规定的焊缝符号来表示坡口形状、尺寸大小及焊接工艺方法等。

1. 焊缝符号

焊缝符号由基本符号与指引线组成,必要时还可以加上辅助符号、补充符号和焊缝尺寸符号。

1）基本符号

基本符号用来说明焊缝横截面坡口的形状,常见的基本符号如表 6-1 所示。

表 6-1　基本符号

焊缝名称	示意图	符号	焊缝名称	示意图	符号
I 形焊缝		‖	V 形焊缝		∨
单边 V 形焊缝		⊻	带钝边 V 形焊缝		Y
带钝边单边 V 形焊缝		Υ	带钝边 U 形焊缝		Ц

焊缝名称	示意图	符号	焊缝名称	示意图	符号
带钝边J形焊缝		 ⨆	角焊缝	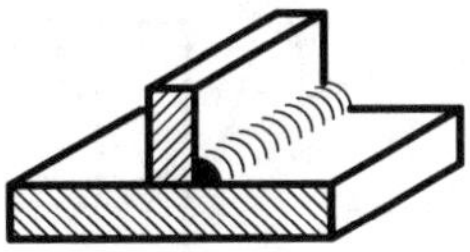	◺
点焊缝		◯	槽焊缝	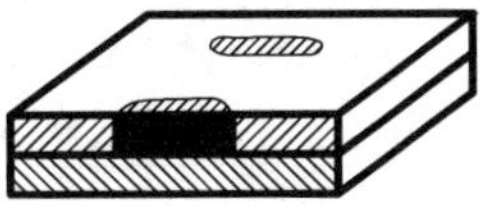	⊓

2）辅助符号

辅助符号是表示焊缝表面形状特征的符号，如表 6-2 所示。当对焊缝表面形状特征没有特别要求时，可以不用辅助符号。

表 6-2　辅助符号

名称	示意图	符号	说明
平面符号	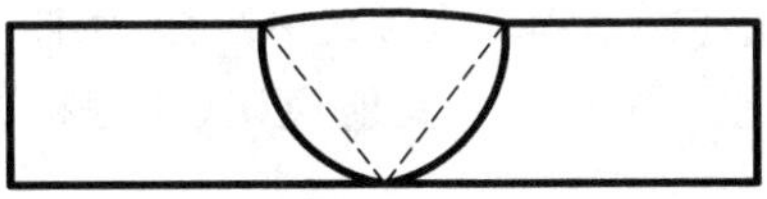	—	焊缝表面齐平
凹面符号	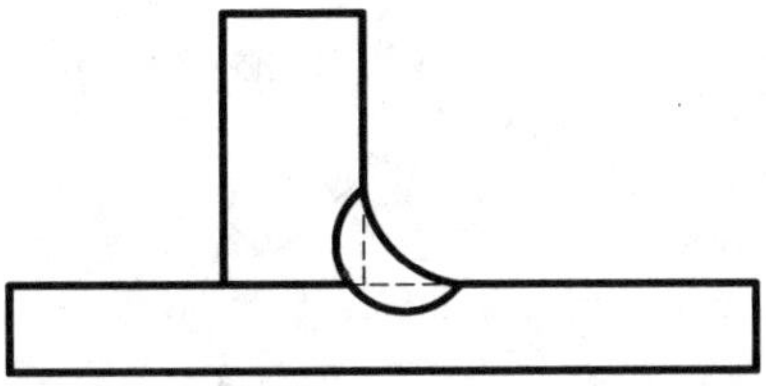	⌣	焊缝表面凹陷
凸面符号	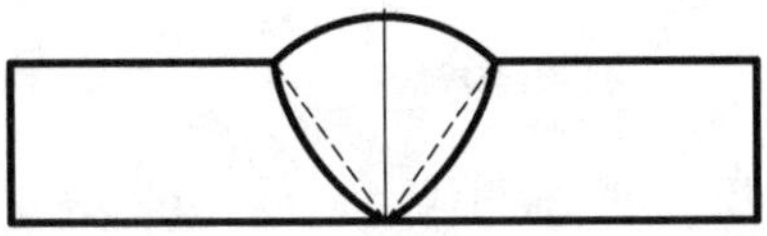	⌢	焊缝表面凸起

3）补充符号

补充符号是为了补充说明焊缝的某些特征而采用的符号，如表 6-3 所示。

表 6-3　补充符号

名称	示意图	符号	说明
带垫板符号		▭	表示焊缝底部有垫板
三面焊缝符号	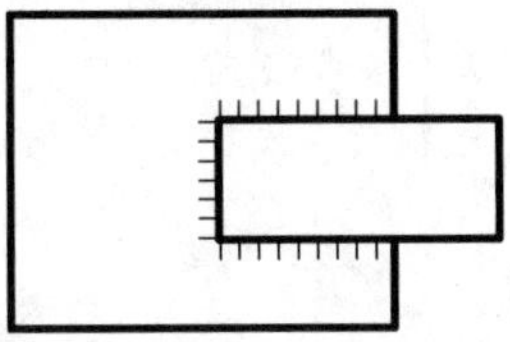	⊔	表示三面带有焊缝（要求符号开口方向与焊缝方向一致）

名称	示意图	符号	说明
周围焊缝符号		○	表示环绕工作周围焊缝
现场符号			表示在现场或工地上进行焊接
尾部符号		<	可以参照 GB/T 5185—1985 标注焊接工艺方法等内容

2. 焊缝符号在图样上的标注方法

1）基本要求

完整的焊缝表示方法除了上述基本符号、辅助符号和补充符号以外，还包括指引线、尺寸符号及数据。

指引线采用细实线绘制，它由箭头线和两条基准线（其中一条为细实线，另一条为虚线）组成，需要时可在横线末端加一 90°分叉的尾部符号作为其他说明（如焊接方法等）之用，如图 6-16 所示。

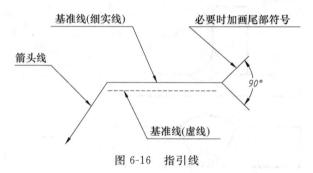

图 6-16　指引线

2）箭头线的指向

当箭头线直接指向焊缝时，可以指向焊缝的正面或反面，但当标注单边 V 形焊缝、带钝边的单边 V 形焊缝、带钝边 J 形焊缝时，箭头线应指向有坡口一侧的工件，如图 6-17（a）所示。必要时允许箭头线弯折一次，如图 6-17（b）所示。

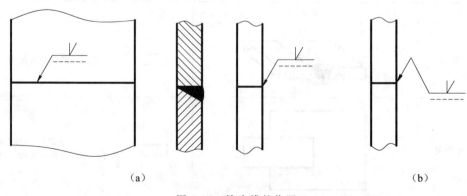

（a）　　　　　　　　　　　　　　　　（b）

图 6-17　箭头线的位置

3）基准线的位置

基准线中的虚线可以画在基准线实线的上侧或下侧,基准线一般应平行图纸标题栏的长边。

4）基本符号相对基准线的位置

为了在图样上确切表示焊缝的位置,特对基本符号相对基准线的位置规定如下:

（1）当箭头线直接指向焊缝时,基本符号应标注在实线侧,如图 6-18(a)所示。

（2）当箭头线指向焊缝的另一侧时,基本符号应标注在基准线的虚线侧,如图 6-18(b)所示。

（3）标注对称焊缝及双面焊缝时,可不加虚线,如图 6-18(c)所示。

（4）在不致引起误解的情况下,当箭头线指向焊缝,而另一侧又无焊缝要求时,允许省略基准线的虚线,如图 6-18(d)所示。

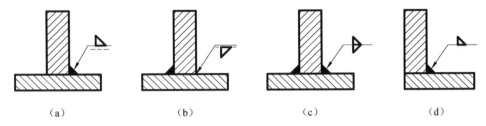

（a）　　　　　　　　（b）　　　　　　　　（c）　　　　　　　　（d）

图 6-18　基本符号相对基准线的位置

3. 焊缝尺寸符号及其位置

基本符号必要时可附带有尺寸符号及数据,这些尺寸符号如表 6-4 所示。

表 6-4　焊缝尺寸符号及意义

符号	名称	示意图	符号	名称	示意图
δ	工作厚度		α	坡口角度	
b	根部间隙		β	坡口面角度	
P	钝边		K	焊角尺寸	
H	坡口深度				
c	焊缝宽度		l	焊缝长度	
S	焊缝有效厚度		n	焊缝段数	
h	余高		e	焊缝间隙	
R	根部半径		N	相同焊缝数量	
d	熔核直径				

焊缝尺寸符号及数据的标注原则如下(图 6-19):

(1) 焊缝横截面上的尺寸标在基本符号的左侧,如图中的 P、H、K、h、S 等。

(2) 焊缝长度方向尺寸标在基本符号的右侧,如图中的 $n \times l(e)$ 等。

(3) 坡口角度、坡口面角度、根部间隙等尺寸标在基本符号的上侧或下侧,如图 6-19 中的 α、β、b 等。

(4) 相同焊缝数量符号标在尾部,如图 6-19 中的 N。

(5) 当需要标注的尺寸数据较多且不易分辨时,可在数据前增加相应的尺寸符号。

当箭头线方向变化时,上述原则不变。

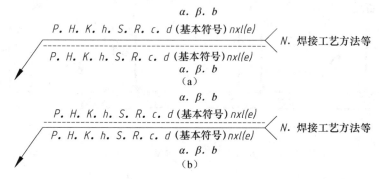

图 6-19　焊缝尺寸的标注原则

在使用尺寸符号时还应注意以下两点:(1) 在基本符号的右侧无任何标注且又无其他说明时,表示焊缝在工件的整个长度上是连续的。(2) 在基本符号的左侧无任何标注且又无其他说明时,表示对焊缝要完全焊透。

4. 焊缝标注示例

焊缝标注示例与说明如表 6-5 所示。

表 6-5　焊缝标注示例

焊缝形式	标注示例	说明
		111 表示手工电弧焊,V 形坡口,坡口角度为 α,根部间隙为 b,有 n 段焊缝,焊缝长度为 l
		表示在现场焊接,双面角焊缝,焊角尺寸为 K
		表示 n 段断续双面角焊缝,焊缝长度为 l,焊缝间距为 e,焊角尺寸为 K

焊缝形式	标注示例	说明
		表示双面焊缝，上面为带钝边的单边 V 形焊缝，根部间隙为 b，坡口角为 α；下面为角焊缝，焊角高度为 K
		表示搭接角焊缝，焊角高度为 K，沿工件周围施焊，现场焊接

6.2.3 焊接件图例

图 6-20 所示为轴承挂架的焊接图，它由壁板、横板、肋板和圆筒四部分焊接而成。该焊接图实际上也是一个表示几个零件焊接关系及焊缝要求的装配图，因此，要遵照装配图的画法规定，且要对每一个零件编写序号和填写明细栏。

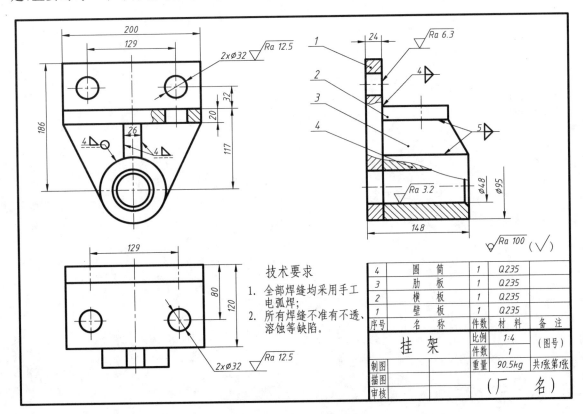

图 6-20　轴承挂架焊接图

图 6-20 中的主视图中共标注了两处焊缝符号，其中焊缝符号 表示壁板与圆筒之间采用角焊缝沿圆筒周围施焊，焊角高度为 4mm；焊缝符号 表示壁板与肋板之间采用

角焊接,焊角高度为 4mm。

　　左视图中也标注了两处焊缝符号,其中焊缝符号 ⟍₄▷ 表示壁板与横板之间采用双面角焊接,焊角高度为 4mm;焊缝符号 ⟩₅▷ 表示肋板与横板、肋板与圆筒之间均采用双面角焊接,焊角高度均为 5mm。

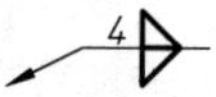

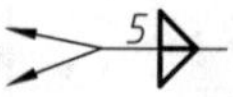

　　按照技术要求第一条的规定,图样中的焊接方法均采用手工电弧焊接。

下　篇

SolidWorks
三维机械设计基础

引　言

1. 机械产品的计算机三维辅助设计

自计算机辅助设计(CAD)技术诞生以来,工程图形的绘制已由原来的手工制图逐渐被计算机绘图所替代。随着 CAD 技术的进一步发展,产品设计已由二维平面图形设计逐步过渡到三维实体设计。在现代化工业生产中,产品设计过程是首先通过计算机建立产品的三维实体模型,再将三维模型实体进行虚拟装配、干涉检验、运动分析及受力分析等。这样不仅可以缩短产品开发周期、降低生产成本,而且还能从理论和结构上彻底消除产品在制造前可能出现的各种问题,提高产品质量,因此产品的三维设计已逐步成为主流的设计手段。

2. SolidWorks 软件简介

目前,市场上有许多优秀的三维 CAD 软件,如 Pro/E、UG、SolidWorks、CATIA 等,其中 SolidWorks 以其良好的用户界面、简便的操作方法、丰富的实体造型功能以及卓越的工程图设计功能,成为机械设计行业的首选软件。本篇主要介绍基于 SolidWorks 2008 的基础知识及在机械设计中的基本应用。

第 7 章　SolidWorks 的操作基础

7.1　程序启动及文件管理

7.1.1　系统的启动

　　SolidWorks 是世界上第一种基于 Windows 界面开发的 CAD 软件,和其他 Windows 应用程序的使用方式一样,要进入 SolidWorks 界面,首先要新建零件文档。双击系统桌面上的快捷方式图标 ,启动后单击工具栏上的"新建"按钮 ,或单击菜单"文件"→"新建"命令出现图 7-1 所示"新建文件"对话框。按需要单击"零件"、"装配体"或"工程图"图标,即可进入所需界面,图 7-2 所示为 SolidWorks 零件模型界面。

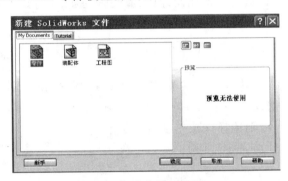

图 7-1　新建文件对话框

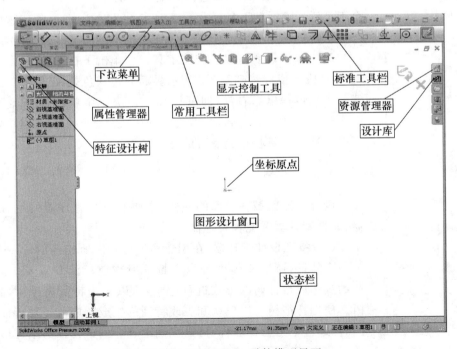

图 7-2　SolidWorks 零件模型界面

7.1.2 保存文件

系统启动时,会自动生成一默认名如"零件1"或"装配体1"等的文件名,待存盘时,用户再自定义文件主名,系统默认的文件类型为:

- 零件模型:.sldprt;
- 装配体:.sldasm;
- 工程图:.slddrw。

除此之外,系统提供了多种其他 CAD 软件的文件格式,用户若想在其他文件中打开 SolidWorks 中设计的图形,只要选择相应的文件类型存盘即可。

7.2 SolidWorks 的零件模型工作界面

SolidWorks 的工作界面如图 7-2 所示。该界面除设计窗口外,主要包含了下拉菜单行、常用工具栏、特征设计树、属性管理器、设计库及图形的显示控制工具等内容。

1. 下拉菜单

通过下拉菜单,用户可以得到 SolidWorks 提供的所有命令。单击任意一个菜单名,即可打开一个下拉菜单。若某菜单项后有 ▶ 符号,则选择该菜单项将显示下一级子菜单。

2. 工具栏

工具栏可以使用户快速得到最常用的命令,SolidWorks 共有 30 多个工具栏。除标准工具栏及图 7-6(参见 7.3.2 节)所示的视图工具栏一般默认打开外,其余工具栏是系统根据不同的文件类型自动组织的。

用户根据需要可以自定义工具栏。单击下拉菜单"视图"→"工具栏(T)"或将鼠标移到图 7-2 所示界面周边灰色处(已打开的工具栏位置除外),单击鼠标右键,即可打开一个快捷菜单,如图 7-3 所示。单击自己所选的工具栏名称,即可打开或关闭该工具栏。按住鼠标左键可以将这些工具栏拖到屏幕的任何位置。

3. 设计控制区域

设计控制区域在界面的左侧,主要有三个管理器:特征设计管理器、属性管理器和配置管理器。

(1) 特征设计管理器:在创建实体过程中所构建的每一个形体称为一个特征,所以实体由若干个特征所构成。SolidWorks 对所有特征的操作以设计树的形式进行记录,所以称为特征设计树,简称特征树。使用特征树可以确认和更改特征的生成顺序及每一特征的属性。同时,通过单击特征名称,可以准确地查看到该特征的结构形状;双击特征名称,还可看到确定该特征的相关尺寸,如图 7-4 所示。

图 7-3　工具栏快捷菜单

（a）特征设计树　　　　　　　（b）单击效果　　　　　　　（c）双击效果

图 7-4　特征设计树及应用

设计树中的每一特征可以通过鼠标左键拖动，适当调整前后顺序，设计中经常会用到。

（2）属性管理器：建立每个特征时都会有一些具体的属性参数，这些参数通常在图形设计窗口或属性管理器中设置，其结果保存在属性管理器中。图 7-5 所示为"拉伸 4"特征在生成或编辑时的属性显示，用户通过编辑其中的参数便可得到所需的特征。

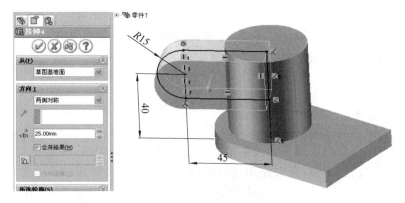

图 7-5　属性管理器及应用

（3）配置管理器：配置管理器是对零件进行系列化设计的工具，可将模型的某部分结构参数修改，并将此文件添加到配置文件里。这样由部分结构参数变化所产生的一系列零件都会显示在配置管理器中，便于查看和修改，常用于各种标准件及常用件的系列化设计，如螺纹的公称直径、齿轮的模数等。

操作过程中，三个管理器在该区域自动切换出现，其中属性管理器优先。建立装配体过程中，经常需要特征树与属性管理器同时打开，此时，只要单击特征树图标，特征树便会在图形设计窗口左侧区域打开或关闭。

4. 设计库

完整的 SolidWorks 软件提供了非常完备的标准件与常用件库，用户可通过相关参数的输入，方便地得到相关零件。

5. 坐标原点

坐标原点是图形设计窗口中系统提供的三个基准面的交点。在实体设计时,应尽量使实体的各基准面通过该点,以方便作图。

7.3　模型的显示与鼠标的快捷操作

7.3.1　SolidWorks 中各鼠标按键的作用及快捷操作

使用 SolidWorks 一定要配用三键鼠标。各键作用及使用方法如下。

左键——单击:用于选择命令及目标,结合 Ctrl 键,可实现多重选择;

　　　　双击:绘制草图时,快速双击,相当于命令结束,执行回车;

　　　　拖拽:绘制草图时,可拖拽目标改变其位置及形状,配合目标选择实现窗选目标,同时具有 Windows 界面中的其他拖拽功能。

中键——前后滚动:将目标实体以光标当前所在点为中心实时动态放大或缩小;

　　　　按住拖拽:使目标以光标当前所在点为中心全方位任意旋转;

　　　　Ctrl+按住拖拽:实现目标的任意位置平移。

右键——与 Windows 界面中的用法和功能完全一致。任意情况下,单击右键即可得到与之相关的快捷菜单。

由以上可以看出,鼠标各键分工明确,即多功能的左键、便捷的右键及专门用于图形显示控制的中键。实际应用中,用户必须熟练掌握。

7.3.2　显示控制

1. 应用鼠标中键

实际应用中,用于显示控制最为便捷的方法就是使用鼠标中键,不必单击命令,直接就可实现实体的缩放、移动和旋转,所以使用鼠标中键是显示控制的首选。具体操作方法在此不再冗述。

2. 使用"视图"便捷工具栏

不管是实体零件、装配体还是工程图,都离不开显示控制,所以显示控制工具位于图形设计窗口的右上部,是 SolidWorks 界面的默认工具栏。使用中,只要将鼠标指针指向某一命令,便会立即出现该命令的用途提示,如图 7-6 所示。应当指出的是,使用该工具栏进行显示控制,一概使用鼠标左键。

图 7-6　显示控制便捷工具栏及操作

各命令的作用及用法简要如下:

(1) 单击 🔍,图形以最大尺寸全部显示在图形设计窗口。

(2) 单击 🔍,然后拖拽一矩形窗口,窗口内图形以最大尺寸显示在图形设计窗口。

(3) 单击 🐾,返回前一步显示,可连续单击,直至返回初始显示状态。

(4) 单击 🗊,模型以剖切的方式显示。建立内部形状复杂的模型时,经常使用剖切的显示方式。使用剖切方式时,属性提示区会出现图 7-7 所示的"剖面视图"对话框,进行剖切平面属性提示,用户可通过选择不同基准面以及平移或旋转基准面,将形体从任意所需位置进行剖切。

(5) 单击 ,弹出图 7-8 所示"显示模式"工具栏,通过选择可使模型以不同模式显示。

(6) 单击 ,弹出图 7-9 所示"自定义视图工具栏"。可以看出,自定义视图不仅能从指定的视角观察模型,同时还可以多视口进行观察,如图 7-10 所示。单击所选图标即可实现视图的随机切换。

- 带边线着色模式显示
- 不带边线着色模式显示
- 隐藏虚线边线显示
- 实线及虚线边线显示
- 所有边线实线显示

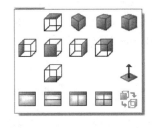

图 7-7 "剖面视图"对话框   图 7-8 "显示模式"工具栏   图 7-9 "自定义视图"工具栏

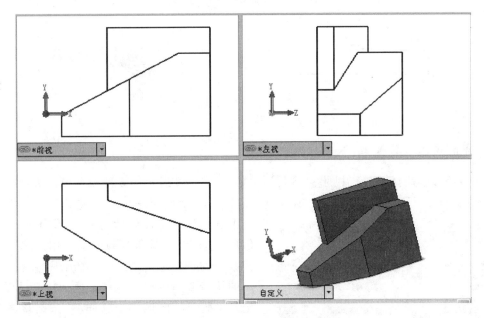

图 7-10 多视口同时观察模型

第 8 章 草图的绘制

8.1 草图的作用及草图模式

8.1.1 草图的作用

SolidWorks 的三维特征都是从 2D 草图开始的，只要绘制好平面草图，就可以非常方便地使用拉伸、旋转等方式生成三维特征，如图 8-1、图 8-2 所示。所以，要设计三维实体，首先要掌握平面草图的绘制。

图 8-1 平面草图及拉伸特征

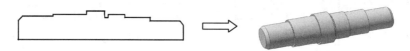

图 8-2 平面草图及旋转特征

8.1.2 草图模式的进入

启动系统时，选择图 7-1 中的 ![icon]"零件"模式进入图 7-2 所示的零件模型设计界面。由于二维草图是绘制在平面（基准面）上的，所以绘图之前首先要确定一个绘图的基准面。在界面左侧系统默认的特征设计树上，提供了三个基准面供用户选择，如图 8-3（a）所示。用户可按需要选择其中的一个单击，并在随之出现的图 8-3（b）所示的快捷菜单中单击 ![icon]（正视于），基准面即被确定并平放于绘图区内。这样，一张新草图就打开了。若将常用工具栏切换为"草图"标签，如图 8-4 所示，常用工具栏则显示为"草图"绘制工具栏，此时直接选择命令便可进行草图绘制。

（a）基准面的选择

（b）快捷菜单的选择

图 8-3 草图基准面的确定

图 8-4 "草图"绘制工具栏

8.2　草图的绘制

8.2.1　草图绘制工具的应用

三维设计的一大亮点就是参数化尺寸驱动，即由尺寸控制形体的大小，只要改变尺寸，就可改变形体的形状。草图绘制的特点是先使用草图命令画图，再标注尺寸，通过修改尺寸数值决定(约束)其最终形状。"草图绘制"工具栏如图 8-4 所示，按功能可分为绘图命令及编辑命令。

1. 草图绘制命令及其使用方法

与其他命令一样，光标移向某一命令，便会立即显示该命令的用途及使用方法，所以在此只作简述。

(1) 绘制直线工具 ＼：包含直线与中心线。

＼ 直线：单击两点，绘制一条直线，可连续单击多个点画折线。双击则结束命令。

⫾ 中心线：单击两点，绘制中心线。

(2) 绘制矩形工具 ▭▾：单击后，在属性区显示如图 8-5 所示的矩形类型，各类型的具体操作如下。

▭：通过定义对角点 1、2 绘制标准矩形草图。

▣：通过定义矩形中心点 1 与一角点 2 绘制矩形。

◈：通过定义矩形上的任意三个角点 1、2、3 绘制矩形。

◈：通过定义矩形的中心点 1、长度及宽度方向上的两点 2、3 绘制矩形。其中，点 2 为长度或宽度的中点。

▱：通过定义图中所示的 1、2、3 点绘制标准平行四边形。

(3) 绘制正多边形工具 ⬡：单击后，在属性区显示多边形的有关参数定义，包括边数、内切圆或外接圆类型选择，如图 8-6 所示。然后单击一点作为正多边形的中心点，再单击一点作为正多边形的一个顶点，即可绘制出所需多边形。

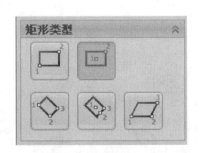

图 8-5　矩形类型选择

图 8-6　正多边形参数定义

(4) 绘制圆工具 ◉▾：单击后，在属性区显示画圆的类型，各类型的具体操作如下。

◎：单击点 1 作为圆心，拖动到点 2 确定圆的半径画圆。

图 8-7　圆弧类型选择

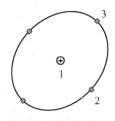：单击圆周上的三个点 1、2、3 画圆。

（5）绘制圆弧工具 ：单击后，在属性区显示的圆弧类型选择工具栏如图 8-7 所示。各类型的具体操作如下。

：单击点 1 作为圆心，拖动确定圆弧半径及起点 2，再沿圆弧单击一点 3 作为圆弧终点绘制圆弧。

：用于绘制切线弧。单击一草图实体（直线或圆弧）的端点 1，拖动来确定切线弧的半径及长度至点 2 绘制圆弧。

：单击点 1 及点 2 作为圆弧的起点和终点，然后拖动圆弧至点 3，以确定圆弧的半径及方向。

（6）绘制圆角工具 ：用于圆弧连接。单击两草图实体，自动生成与之相切的圆弧。

（7）绘制样条曲线工具 ：用于绘制样条曲线。连续单击多个点，即可自动拟合成光滑曲线。

（8）绘制椭圆工具 ：如图 8-8 所示，单击点 1 确定椭圆圆心的位置，单击点 2、3 定义椭圆长轴或短轴，即可画出椭圆。

（9）创建文字工具 ：在产品的 Logo、铭牌设计中，经常需要在机身上雕刻文字，如图 8-9 所示。草图状态下，单击命令，属性栏显示图 8-10 所示"草图文字"对话框，在实体上单击草图平面内任一轮廓线或绘制一参考几何线（点画线）用来确定曲线（C），在文字（T）栏内输入文字，在参数控制区域设定字体放置的方式等参数，即可完成文字草图，如图 8-11 所示。

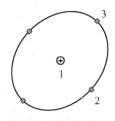

图 8-8　椭圆的绘制

图 8-9　文字工具的应用

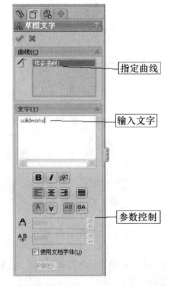

图 8-10　"草图文字"属性定义对话框

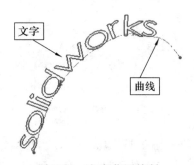

图 8-11　文字草图绘制

2. 快速捕捉功能在绘制草图过程中的应用

绘图过程中，利用对象捕捉功能可以快速、准确地获得图形上的特殊点，如圆心、端点、交点和切点等，为作图带来方便。SolidWorks 的"快速捕捉"工具栏如图 8-12 所示。

图 8-12　"快速捕捉"工具栏

在系统的默认设置中，除"栅格捕捉"外，其余所有功能均处于激活状态，并可随时追踪捕捉。在使用过程中，只要光标靠近目标，就可得到相关特殊点（以高亮符号显示）及追踪轨迹。如图 8-13（a）所示，待出现所需的目标捕捉符号后单击，特殊点即被捕捉。被捕捉的特殊点旁边会一直显示其特性符号作为提示，如图 8-13（b）所示。"快速捕捉"工具栏一般不在界面中出现。为了便于读者识别这些符号，图 8-12 中列出了各功能符号的含义以供读者参考。

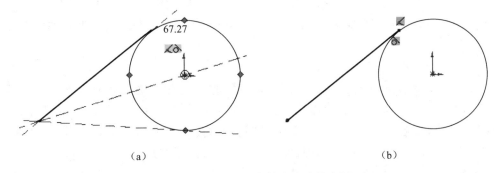

（a）　　　　　　　　　　　　　　　　　　　（b）

图 8-13　目标捕捉与轨迹追踪的应用

应当注意，已经使用目标捕捉的点，不能通过尺寸约束改变位置，除非解除捕捉约束。所以，在没必要目标捕捉的时候，要尽量远离捕捉点。

若要解除草图中已得到的捕捉目标，可以通过点选草图实体，在其出现的属性栏中，直接选择图中显示的约束符号，再单击鼠标右键快捷键选择删除即可。

3. 草图编辑

草图编辑的作用是进一步修改草图的几何形状。

1）使用选择命令编辑草图

使用选择命令编辑草图是草图编辑的重要手段。

（1）目标的选择。在草图绘制过程中，可通过单击鼠标右键直接进行选择。被选中的目标以另外的颜色显示（系统默认的为绿色）。

① 点选。将光标移至目标处单击，目标即被选中。按住 Ctrl 键，可连续选择多个目标。

② 窗选。在图形设计窗口中单击一点，再拖拽窗口。若从左向右拖拽为窗选，即完全处在窗口内的目标被选中；若从右向左拖拽为交叉窗选，即窗口内的目标以及与窗口相交的目标都被选中。

（2）目标的删除。使用上述方法选中目标后，右击，在弹出的快捷工具栏中单击 ✕ 删除 即可删除目标。

（3）改变目标的位置及形状。

① 单一直线。选择一条直线，拖动以实现移动；选择一端点拖拽，直线拉伸或绕一端点转动。

② 单一圆或圆弧。选择圆心拖拽，圆或圆弧移动；选择圆周拖拽，则改变圆或圆弧的半径。

③ 图形连接的目标。拖拽某一目标，与之相连的目标随之变动，如图 8-14 所示；拖拽某一交点，则相交的两个目标同时由该点拉伸而改变形状，如图 8-15 所示。使用窗选法拖拽图形中一组目标，完全处在窗口内的目标平移，与窗口相交的目标拉伸；选择全部草图拖拽，则全图移动（图形约束例外）。

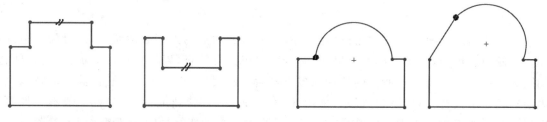

图 8-14　拖拽直线时图形的变化　　　　　　图 8-15　拖拽交点时图形变化

由以上可以看出，使用目标选择命令可以实现目标的删除、移动、旋转及拉伸等操作，操作简单，灵活多变。

2）使用基本编辑命令编辑草图

（1）草图的剪切及删除命令 ✄。✄用于目标的剪切及删除，是 SolidWorks 中最为重要的基本编辑命令。在"草图"工具栏单击 ✄ 图标，出现图 8-16 所示的属性选项，一般选择其中的 剪裁到最近端(T) 选项，然后点选所要剪切或删除的目标即可。对于图 8-17(a)所示图形，单击命令及选项后，只要点选图中各"＊"处，即可得到图 8-17(b)所示图形。

图 8-16　剪切选项操作

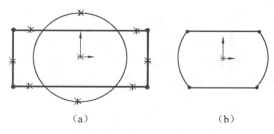

（a）　　　　　　　　　（b）

图 8-17　剪切及删除应用

（2）草图的移动、复制、旋转及缩放命令 ⚏。单击 ⚏ 后，可出现以下命令供选择。

⚏ 移动实体：选择所需移动的草图，然后单击该命令，再选择草图中一指定点作为基准点进行拖动，即可实现草图的移动。

⚏ 复制实体：选择所需复制的草图，然后单击该命令，再选择草图中一指定点作为基准点进行拖动，即可在任一指定位置复制草图。

⚏ 旋转实体：选择所需旋转的草图，然后单击该命令，再选择草图中一指定点作为基准点进行拖动，即可使草图绕基准点进行旋转。

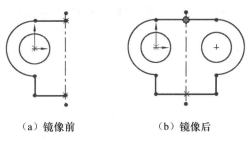

(a) 镜像前　　　　　　　(b) 镜像后

图 8-18　镜像复制

缩放实体比例：选择所需旋转的草图，然后单击该命令，再选择草图中一指定点作基准点，在属性栏设置缩放比例，即可实现草图的缩放。

（3）其他基本编辑命令的应用。

转换实体引用：单击模型上一表面，将该面上所选边线转换为草图实体。

等距实体：通过以指定距离等距面、边线、曲线或草图实体来添加草图实体。

镜向实体：用来对指定的草图实体作对称复制，即镜像复制。如图 8-18 所示，通过使用镜像工具指定图 8-18(a)草图及镜像线（图中点画线）后，即可得到图 8-18(b)所示草图。

线性草图阵列：选择草图实体，然后单击命令，在属性提示栏分别定义沿 X 轴及 Y 轴相邻草图实体间的距离及数量，得到所需的矩形阵列草图，如图 8-19 所示。

圆周草图阵列：选择草图实体，然后单击命令，再指定一点作为阵列的中心点（系统默认的中心点为坐标原点），最后在属性提示栏（或快捷菜单提示中）分别定义阵列的数量及分布的圆心角角度（默认为 360°），即可得到圆形阵列，如图 8-20 所示。

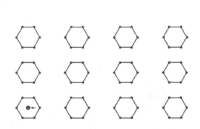

图 8-19　矩形阵列草图

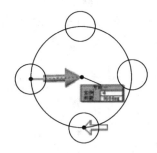

图 8-20　圆形阵列草图

构造几何线：为构造几何体（中心线）与正常几何体（实线）之间的转换命令。草图绘制过程中，经常需要实线与中心线之间的转换，如图 8-21 所示。选择草图实体，在图 8-22 所示的鼠标快捷菜单中，单击命令或在属性提示栏指定 ☑作为构造线(C) 即可实现线型的互换。

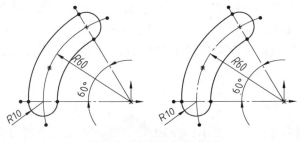

图 8-21　构造几何线应用

构造几何线

图 8-22　构造几何线命令的选择

4. 添加几何关系在草图绘制过程中的应用

对已经绘制的草图实体，经常需要对其中的一些要素的位置（或相对位置）进行约束控制，如单一直线的水平或垂直、直线与直线的平行或垂直、圆心的固定及直线与圆(圆弧)的相切等。SolidWorks 是通过"添加几何关系"来实现这些控制的。

(1) 基本方法。直接选择草图实体(一个或多个),在属性提示栏便会出现所选草图的所有约束条件选项,用户按照所需直接选择即可完成几何位置的控制。如图 8-23 所示图形,选择图 8-23(a)中所示的两条直线,在属性提示栏便出现图 8-24 所示的所有"添加几何关系"选项,若选择 共线(L)、 相等(Q) 选项并确认,即得到图 8-23(b)所示图形。

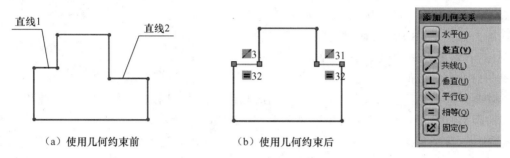

（a）使用几何约束前	（b）使用几何约束后

图 8-23　添加几何约束的基本方法　　　　　图 8-24　"添加几何关系"的选择

(2) 常用几何约束实例。图 8-25(a)所示图形为直线与圆弧、圆弧与圆弧处于相交的几何位置。选择图形后,属性提示栏出现图 8-26 所示的属性选项,选择 相切(A) 后,图形即变为图 8-25(b)所示相切的几何关系位置。

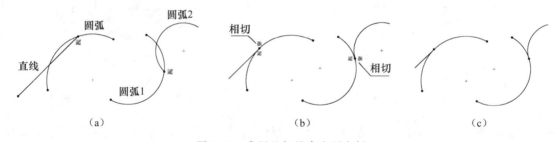

（a）　　　　　　　　　　　　（b）　　　　　　　　　　　　（c）

图 8-25　常用几何约束应用实例

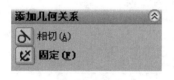

图 8-26　"几何关系"属性

(3) 添加几何关系与前述使用目标捕捉所实现的几何位置的约束关系及显示一致,解除方法亦与目标捕捉的解除方法完全一致。解除几何约束后图形形状及位置不变,如图 8-25(c)所示。

添加几何关系可以实现使用目标捕捉不能完成的几何关系约束控制。

5. 草图尺寸标注

在使用绘图命令绘制草图时,一般先不考虑尺寸大小,视图形特点在命令结束或图形完成后随机标注尺寸。尺寸标注使用"草图"工具栏的"智能尺寸"命令 ,尺寸标注过程中,随着尺寸的确定图形跟着变化。

(1) 尺寸标注基本方法。首先选择尺寸标注要素,然后拖拽选择标注形式、尺寸线及尺寸数字位置,确定位置后单击,此时弹出一属性框,其中显示数据为系统自动测量的尺寸数据,如

图 8-27(a)所示,用户在此输入自己所需的尺寸数值,单击 ✔ 或按 Enter 键回车即可。图 8-27 所示为一条斜线,选择不同的拖拽方向可以标注出图 8-27(b)、(c)、(d)三种形式的尺寸。对于已经标注过的尺寸,双击选择,即可进行同样操作,修改尺寸。

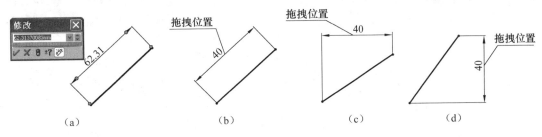

图 8-27　尺寸标注基本方法

(2) 选择不同的目标标注不同的尺寸。如果只选择一个目标,系统默认标注该目标的定形尺寸;如果连续选择两个目标,则标注两目标之间的定位尺寸。选择不同目标对应的尺寸标注如下:

- 选择单独一条直线:标注直线各方向长度尺寸,如图 8-27 所示。
- 选择单独一个圆或圆弧:标注圆或圆弧的直径或半径尺寸。
- 选择两个点(端点、中点、圆心、象限点等):标注两点各方向的距离。
- 选择两条平行直线:标注平行线之间的距离。
- 选择两条相交直线:标注相交直线各方位的夹角。
- 选择两个圆或圆弧:标注圆或圆弧圆心之间的距离。
- 选择直线和直线外一点:标注点到直线的距离。
- 选择圆或圆弧及一点:标注点到圆或圆弧圆心之间的距离。
- 选择圆或圆弧及一直线:标注直线到圆或圆弧圆心之间的距离。

按以上方式选择尺寸要素,即可得到所需的尺寸标注。

(3) 尺寸标注中应注意的问题。如图 8-28 所示,在选择两个圆来标注两圆心之间的距离时,其中一个圆位置不动,而另一个圆平移位置。实际应用中经常希望某些要素在尺寸标注时位置不变,对于这样的要素,用户需事先使用目标捕捉或下面讲述的几何约束将其定位,如图 8-28 所示。已经处于完全约束状态的目标要素,不能再标注,即使标注也不起作用,系统将其作为过定义尺寸以不同的颜色显示,如图 8-29 所示。

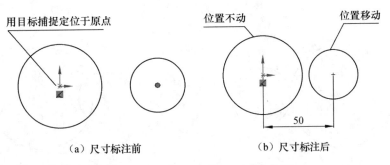

图 8-28　尺寸标注过程的图形变化图

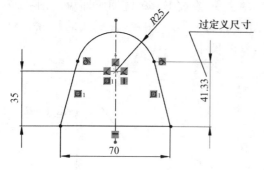

图 8-29 过定义尺寸

8.2.2 草图绘制过程中应注意的问题及实例

（1）在三维设计中，用于生成实体的草图轮廓必须是首末相接、完全封闭的线框图形（直线、曲线均可）。两线正确的连接处应为一小圆点，如为双点或重叠点，图形一定有误。图 8-30 中的任何一种错误都是决不允许出现的。

（2）一个封闭线框内可以有多个线框或圆，如图 8-31（a）所示，但只能嵌套一次，如图 8-31（b）所示为错误图形。

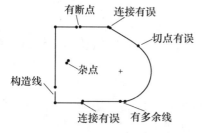

图 8-30 草图中常见错误

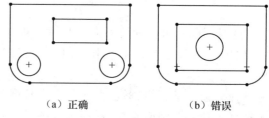

（a）正确 　　　　（b）错误

图 8-31 草图中线框嵌套时的常见错误

（3）图形中有几何位置关系要求约束的地方（如水平、垂直和相切等），尽量在使用绘图命令时使用目标捕捉来控制，以简化作图过程。

（4）由于尺寸标注会驱动图形变化，所以使用几何约束、绘图命令、编辑命令及进行尺寸标注的先后次序应灵活运用，以简化作图过程。图 8-32、图 8-33 所示为两个较典型草图的作

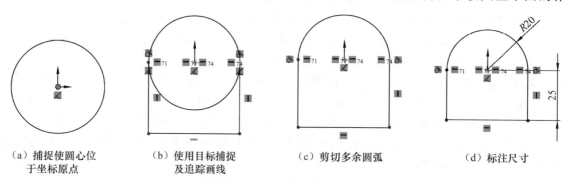

（a）捕捉使圆心位　　（b）使用目标捕捉　　（c）剪切多余圆弧　　（d）标注尺寸
　于坐标原点　　　　及追踪画线

图 8-32 草图作图示例（一）

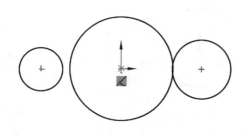

（a）目标捕捉画圆，使三圆心共线

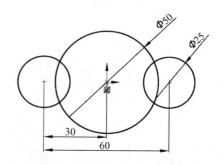

（b）几何约束使两边小圆等径，然后标注尺寸

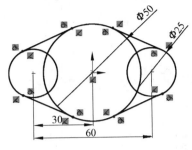
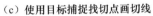

（c）使用目标捕捉找切点画切线

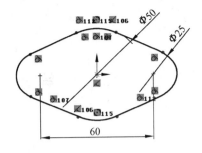

（d）剪切多余圆弧，删除多余尺寸

图 8-33　草图作图示例(二)

图方法及步骤,读者自行体会其不同的作图顺序。

（5）为了方便后续模型设计,应尽量将坐标原点作为图形的基准点,如图 8-33 所示。

第 9 章　实体特征设计

9.1　实体特征的创建

9.1.1　实体特征的形成

当平面绕一直线做回转运动时,其轨迹构成回转体,如图 9-1(a)所示。当平面沿其法线方向做平移运动时,其轨迹形成拉伸体,如图 9-1(b)所示。当平面沿一曲线做平移运动时,其轨迹形成弯曲的拉伸体,如图 9-1(c)所示。上述立体称为基本特征。

（a）回转体的形成　　　　　（b）拉伸体的形成　　　　　（c）弯曲拉伸体的形成

图 9-1　基本特征的形成

图 9-2　形体的构成

SolidWorks 的形体构思方法类似于组合体的形体分析法,即任何复杂的实体特征都是由简单的基本特征以叠加或切除的形式组合而成(见图 9-2),因此,只要按照相对位置逐一构建各基本特征,就可实现复杂实体的特征设计。

9.1.2　实体特征工具及应用

"实体特征"工具栏如图 9-3 所示。按其功能可分为基本特征工具(如拉伸特征、旋转特征等)、工程特征工具(如倒角、圆角、肋板等)、复制特征工具(如镜像、阵列等)及基准创建工具。

图 9-3　"实体特征"工具栏

1. 基本特征工具及应用

进入零件设计环境后,首先要建立基体特征(实体特征),即基体特征是零件的第一个特征,是后续操作的基础。一个零件只能有一个基体特征。如果将 SolidWorks 的设计过程比喻成雕塑过程,基体特征就是最初的原材料,然后根据设计需要进行叠加或切除操作。基体特征主要有拉伸特征◪、旋转特征◈、扫描特征◪及放样特征◭。

(1)◪"拉伸凸台/基体"。即拉伸特征,其功能为基于草图平面将草图轮廓沿其法线方向拉伸形成实体特征。完成草图后,单击该命令,以默认方式(上次设置的参数)生成的实体以半透明状态出现在图形设计窗口,如图9-4(a)所示,同时图形中央位置出现拉伸方向控制棒,通过拖拽可改变特征的拉伸方向及拉伸长度。与此同时,设计控制区域的"拉伸"属性管理器对话框亦打开,如图9-5所示,通过设置其中的参数确定实体的特征。其中实体拉伸长度是从基准面向给定方向拉伸的总长。如果选择拉伸位置"两侧对称"选项,给定的拉伸长度为两侧总长度。如果要以不等的长度向两侧拉伸,需选择"方向2"选项。"方向2"与"方向1"属性完全一致。完成所有属性设置后,单击✔结束命令,最后生成的实体如图9-4(b)所示。

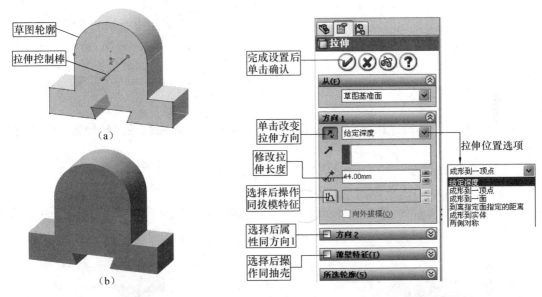

图9-4 "拉伸"特征的生成　　　　　图9-5 "拉伸"特征的属性设置

(2)◈"旋转凸台/基体"。即旋转特征,是将草图轮廓绕着一条中心线进行旋转形成实体特征。完成草图后,单击该命令,设计控制区域的"旋转"属性管理器对话框打开,如图9-6所示。在该属性栏中,必须先指定回转中心线。当回转中心线指定后,草图便以默认方式生成的实体以半透明状态出现在图形设计窗口,如图9-7、图9-8所示,其余属性对话框的操作如图9-6中所示。

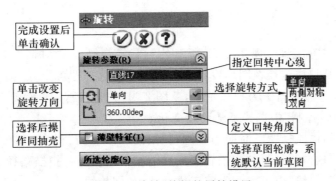

图9-6 "旋转"特征的属性设置

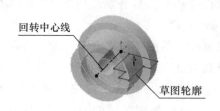

图 9-7 绘制构造线(点画线)作回转中心线

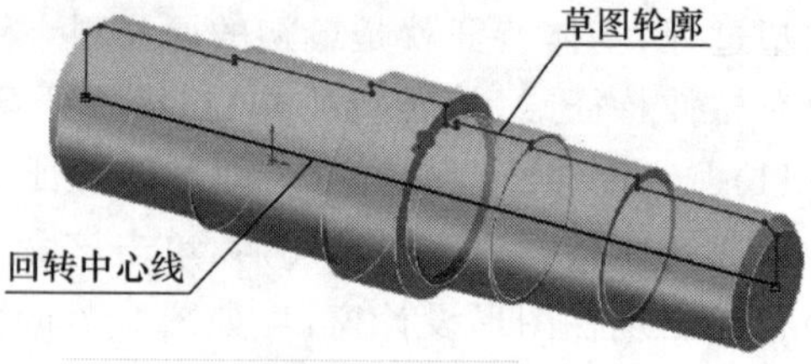

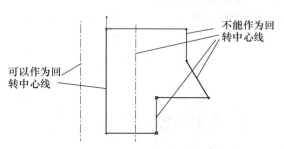

图 9-8 轮廓线作回转中心线

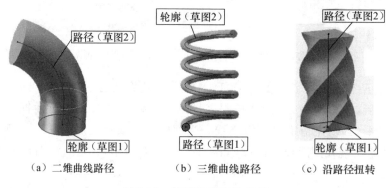

图 9-9 选择回转中心线注意问题

指定回转中心线应注意:该直线可以是草图周边的一条直线,也可以是在草图外预先绘制的任意一条构造线(点画线),如图 9-7、图 9-8 所示。

注意:作为回转中心线的直线及其延长线不得与草图轮廓相交,否则,将不能生成回转体,如图 9-9 所示。如果用户预先在草图基准面绘制了构造线或定义了基准轴线,则该线为默认回转中心线。

(3) ⓖ "扫描"。即扫描特征,是将草图轮廓沿着给定的曲线路径进行拉伸形成实体特征。其过程为:

① 选择基准面,绘制一个封闭的草图作为扫描轮廓,如图 9-10 各图中的草图 1 所示,完成后单击屏幕右上角 ⓔ 结束草图。

② 选择另一个基准面,绘制一条光滑的曲线草图作为扫描路径,如图 9-10 各图中的草图 2 所示,然后单击 ⓔ 结束扫描路径的绘制。

(a) 二维曲线路径　　(b) 三维曲线路径　　(c) 沿路径扭转

图 9-10 扫描特征应用实例

③ 单击 ⓖ "扫描"命令,出现图 9-11 所示的"扫描"属性设置对话框,基本操作如图中所示。其中扫描轮廓及扫描路径在图形设计窗口直接单击选择即可。

图 9-10 各图中选择草图 1 为扫描轮廓,草图 2 为扫描路径,即可得到各扫描实体。其中,9-10(c)在"方向/扭转控制"中选择了随路径变化。

在绘制或选择扫描路径草图时应当注意,扫描路径不得与扫描轮廓在同一基准面或互相平行的基准面上,即扫描路径要与扫描轮廓所在的基准面相交。扫描路径一般不封闭(也可以封闭),它可以是平面曲线,也可以是空间三维曲线(如螺旋线等)。

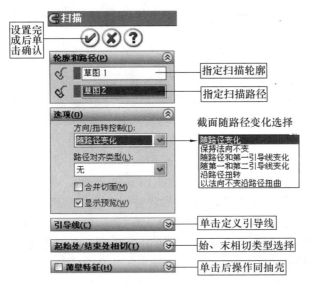

图 9-11　扫描特征的属性设置

当要求扫描轮廓沿路径变化时,应使用引导线。和路径一样,引导线为一独立的草图(如图 9-12 中的草图 3),除要求与扫描轮廓相交外,其余作图要求与路径基本一致。一个扫描特征可以引用若干条引导线。使用引导线生成的扫描特征如图 9-12 所示。

(4)　"放样凸台/基体"。即放样特征,是通过在轮廓之间生成过渡表面而形成实体特征。要创建放样特征至少需要两个平面草图轮廓,每一草图轮廓的绘制与扫描轮廓一致。放样特征可以使用多个草图轮廓,但相邻的两个轮廓不能在同一个平面内,且轮廓内的面域不得相交。依次完成草图轮廓后,单击命令,属性提示区出现图 9-13 所示的"放样"特征属性对话框,其基本操作如图中所示。

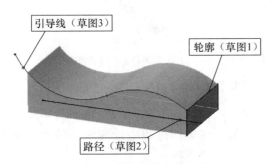

图 9-12　带引导线扫描特征

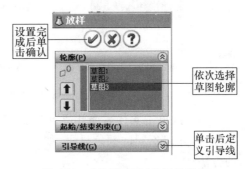

图 9-13　"放样"特征的属性设置

系统是以轮廓线靠近单击点的端点(图 9-14 中亮点)为准,分别等分各草图轮廓,然后依次将各轮廓的等分点连接拟合成曲线,从而形成实体的曲面特征。实际操作中,同样的草图轮廓因选择位置不同而形成不同的表面特征,有时因位置不当可能无法形成特征。

如图 9-14 所示,分别在三个基准面上完成草图 1、草图 2和草图 3,然后单击"放样"命令,在属性设置栏的轮廓设置中分别单击草图 1、草图 2 和草图 3(单击位置为各草图中各亮点处),确认后即可得到所示放样实体。

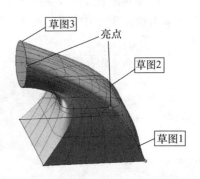

图 9-14　放样特征及表面形成原理

放样特征也可以通过引导线改变拟合曲线的方向,引导线可以有若干条,其具体使用方法与扫描特征中一致。

2. 基准特征的建立

通过上述基本特征的建立,可以看出,特征是以草图轮廓为基础来建立的,而草图必须绘制在一个基准面上。所以建立特征时,首先要考虑基准面的选用。除此之外,创建实体特征过程中,经常还需要选择基准轴、基准点等。

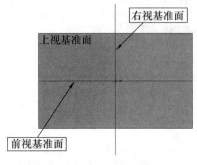

图 9-15 基准面选择界面

1) 基准面的选用

(1) 选用默认基准面。进入 SolidWorks 零件设计界面后,在默认的特征树上有三个基准面(前视基准面、上视基准面和右视基准面)供选择,如图 9-15 所示,直接单击即可得到当前基准面。在开始第一个草图绘制时,绘图界面显示如图 9-15所示的基准面选择界面,鼠标单击图中上视基准面区域即选择上视基准面为当前基准面,单击水平线则选择前视基准面为当前基准面,单击垂直线则选择右视基准面为当前基准面。

三个基准面两两垂直,公共交点为原点。基准面的选用决定零件在空间及标准视图中的放置,同一草图轮廓位于三个默认基准面上形成的实体特征如图 9-16 所示。因此,在初始选择基准面时,应心中有数。

(a) 草图位于前视基准面　　(b) 草图位于上视基准面　　(c) 草图位于右视基准面

图 9-16 同一视角观察的三个默认基准面上形成的特征

(2) 直接单击实体表面建立基准面。直接单击实体表面的任意一平面,该平面即成为当前基准面,并以不同的颜色显示,如图 9-17 所示。这是创建实体过程中最为快捷的建立基准面的方法。

在得到基准面后,界面显示如图 9-18 所示的鼠标快捷菜单。要在基准面上绘制草图,需要单击快捷菜单中的“正视于”图标 ⏚,使基准面正对用户放置,以利于草图绘制。每单击一

图 9-17 基准特征的属性设置

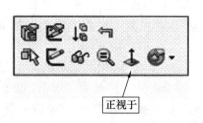

图 9-18 使基准面正对用户放置的按钮图标

次 ⚓ 图标,基准面反向一次。

（3）自定义基准面。实际应用中,仅靠前两种方法确定基准面是不够的,经常需要指定任意位置的基准面。"特征"工具栏的 ⚒ "参考几何体"专门用于各种基准的建立,选择其中的 ◇ 基准面 即可建立基准面。

单击命令后,出现图 9-19 所示的属性设置栏,通过选择确定平面的几何要素定义基准面。从模型实体中直接单击几何要素,其余基本操作如图中所示。

通过自定义方法得到的基准面显示在图形界面,如图 9-20 所示。在不使用该基准面时,为了使图形清晰,用户可通过单选基准面,通过单击鼠标快捷菜单或图形显示控制区中的 ⚒ 工具将其隐藏。

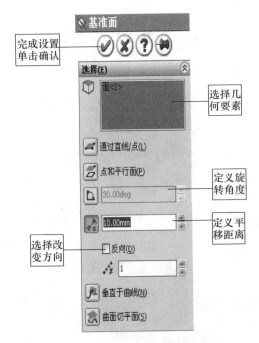

图 9-19 "自定义基准面"属性设置

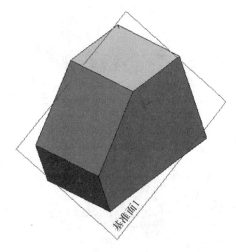

图 9-20 自定义的基准面显示

各种选择的几何要素选择后所对应的基准面如下:

• 单击选择一个平面(实体中任意一个平面或系统的默认基准面):系统默认与其平行的平面为新基准面,只要输入两平面之间的距离并确认方向即可,如图 9-21(a)所示。

• 单击选择一平面及一条直线:系统默认该平面绕该直线旋转一角度后所得的平面为新基准面,只要指定旋转的角度及确认方向即可,如图 9-21(b)所示。

• 单击选择一平面及平面外一个点:系统默认过该点与该平面平行的平面为新基准面,如图 9-21(c)所示。

• 单击选择一曲面及该曲面上一个点:系统默认过该点与该曲面相切的平面为新基准面。如图 9-21(d)所示。

• 单击选择一条曲线上的一个点:系统默认过该点与该曲线垂直的平面为新基准面,如图 9-21(e)所示。

• 单击选择不在一条直线上的三个点:系统默认该三点所确定的平面为新基准面,如

图 9-21(f)所示。

• 单击选择一曲面,再单击选择实体中的一平面或一已有的基准面:系统默认垂直于平面且与曲面相切的平面为新基准面,如图 9-21(g)所示。

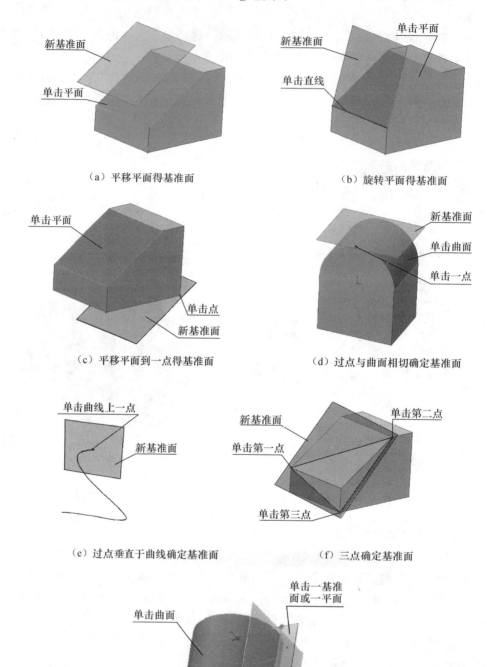

（a）平移平面得基准面　　　　　　　　　（b）旋转平面得基准面

（c）平移平面到一点得基准面　　　　　　（d）过点与曲面相切确定基准面

（e）过点垂直于曲线确定基准面　　　　　（f）三点确定基准面

（g）垂直于一平面与曲面相切的基准面

图 9-21　自定义基准面的七种方式

2）基准轴的确定

在创建旋转特征或进行环形阵列时，经常需要指定回转中心线，即基准轴，选择 ⚙ "参考几何体"中的 ⭐ 基准轴命令来创建基准轴。定义基准轴的主要方法有：

（1）单击命令后，单击图形中任意一条直线，该直线即被定义为基准轴。

（2）单击命令后，单击图形中任意一回转体表面，则该回转体的回转中心线即被定义为基准轴，如图 9-22 所示。

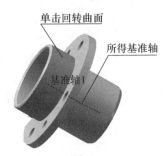

图 9-22　基准轴的确定

3．切除特征

通过"凸台/基体"特征建立的实体模型，经常需要在其基础上挖切孔、槽或凹坑等，如图 9-23 所示。这就需要使用"切除特征"工具。与"凸台/基体"特征相对应，切除特征有 ▣ "拉伸切除"、▥ "旋转切除"、▤ "扫描切除"与 ▦ "放样切除"。通过"特征"工具栏或下拉菜单"插入"中的"切除"选择各命令。

（1）▣ "拉伸切除"特征。其作用是将拉伸的实体从基体中切除掉。其操作方法、属性设置与拉伸基体一致，其执行过程如图 9-23（a）所示，结果如图 9-23（b）所示。

进行拉伸切除的草图轮廓可以完全处在基体内，也可以部分在基体内，部分在基体外。处在基体内的特征被切除，处在基体外的特征无意义，如图 9-24 所示。

（a）执行过程　　　　（b）执行结果　　　　　（a）执行过程　　　　（b）执行结果

图 9-23　拉伸切除（一）　　　　　　　图 9-24　拉伸切除（二）

（2）▥ "旋转切除"特征。其作用是将旋转的实体从基体中切除掉。其操作方法、属性设置与旋转基体一致，执行过程的注意事项与拉伸切除类似，如图 9-25 所示。

图 9-25　旋转切除

（3）▤ "扫描切除"及 ▦ "放样切除"的执行过程、属性设置分别与扫描基体及放样基体一致，执行结果与上述切除特征结果类似，此处不再冗述。

4．工程特征的创建

为了满足零件建模的要求，SolidWorks 还提供了与零件工程结构对应的特征创建工具，这些特征称为工程特征。主要有圆角特征、倒角特征、拔模特征、筋*特征等。

（1）圆角特征 。将零件上相邻两个面用指定半径的圆弧面连接。单击"特征"工具栏中的 "圆角"命令，属性管理设置栏显示确定圆角的所有属性，如图 9-26 所示。根据需要设置圆角半径，然后单击要建立圆角的相邻二面的交线或面（相当于该面周边的所有轮廓线），确认后即可。同时可选择多条轮廓线，系统将最大限度地将所选轮廓变为圆角，如图 9-27 所示。

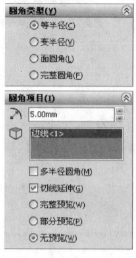

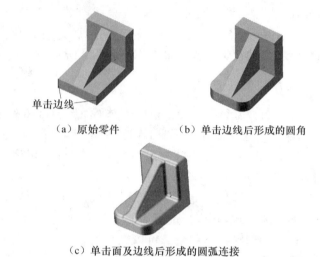

（a）原始零件　　　　　（b）单击边线后形成的圆角

（c）单击面及边线后形成的圆弧连接

图 9-26　圆角特征属性设置　　　　　图 9-27　零件的圆角特征执行过程及效果

在实体模型制作过程中，对零件中的圆角及圆弧连接，在绘制草图时一般不考虑，等基本特征建立后，再使用圆角特征即可。

（2）倒角特征 。将零件上相邻两个面用指定距离及角度的倾斜面连接。单击"特征"工具栏中的 "倒角"命令，属性管理设置栏显示确定倒角的所有属性，如图 9-28 所示，用户根据需要从"角度距离"、"距离-距离"、"顶点"中选择倒角类型，并设置相关参数，然后单击所要建立倒角的轮廓线或顶点，即形成倒角特征，如图 9-29 所示。

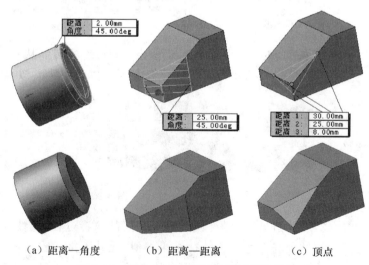

（a）距离—角度　　　　　（b）距离—距离　　　　　（c）顶点

图 9-28　"倒角参数"特征属性设置　　　　　图 9-29　零件的倒角特征执行过程及效果

---

　　* 本篇中"筋"按照机械制图国家标准应为"肋"，但由于 SolidWorks 软件原因，文中所有与软件菜单相关的部分仍称为"筋"。

在绘制草图时一般也不必考虑倒角,常用的方法是在基本特征建立后,使用倒角特征即可。

(3)筋特征。用于为实体添加薄壁支撑,操作过程如下。

① 建立基准面。在建立筋特征时,首先要绘制筋特征的草图轮廓,所以在建立筋特征的地方要建立一个用于绘制草图轮廓的基准面。

② 绘制草图轮廓。因为筋特征是附加在其他特征之上的,所以其草图轮廓一般为开环(即不封闭),可以是直线、曲线或其组合,但其首末端要与其他实体特征的轮廓相交(或延伸后相交),如图9-30所示。

③ 建立筋特征。单击"特征"工具栏中的 ⬛ "筋"命令,属性设置栏显示确定肋的所有属性,如图9-31所示,根据需要按图中说明进行属性设置,最后单击确认即可。零件中的肋板及常用钣金件,一般都使用筋特征创建模型,如图9-32所示。

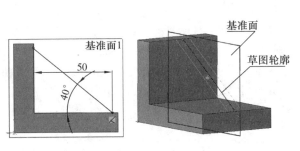

图9-30 筋特征草图的建立

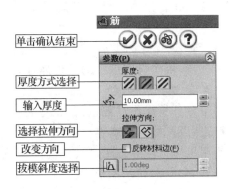

图9-31 "筋"特征属性设置

图9-32 常见筋特征应用

(4)壳特征 ⬛ 。通过移除实体内部材料,使特征形成中空状,根据输入的厚度尺寸保留特征的外部材料。如图9-33(a)所示,单击"特征"工具栏中的 ⬛ "抽壳"命令,属性管理设置栏显

(a)移除表面　　　　　　　(b)移除表面和不同壁厚

图9-33 壳特征应用

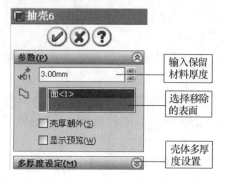

图 9-34 "抽壳"特征属性设置

输入保留材料厚度

选择移除的表面

壳体多厚度设置

示抽壳特征的所有属性,如图 9-34 所示,可根据需要进行设置。在选择移除的表面时,直接单击欲移除的实体表面即可。可以选择一个或多个移除表面,如图 9-33(a)所示。如果不选择该项,将生成一个封闭中空的模型。如果选择多个厚度设定,可生成不同厚度的壳体,如图 9-33(b)所示。

壳特征操作其实也是切除材料的操作,所以它也可以通过切除特征操作来获得。对于箱体或薄壳类零件,常使用壳特征。

(5) 孔特征 ◙。孔特征用于在零件上生成各种形状的孔。单击"特征"工具栏中 ◙ "异型孔向导"工具,属性设置栏显示如图 9-35,其操作如下。

① 选择孔的类型。在"孔类型"标签中系统提供了六种常见类型的孔,先按需选择其中的一个,再依次设置该孔的其他属性,如孔的尺寸大小、终止条件(即孔深)等。

② 选择孔放置的表面。在孔的类型定义结束后,单击属性管理器中的 ꎧ位置 定义孔放置的位置。其操作过程是:首先将光标移至立体表面,光标所在表面改变颜色,如图 9-36(a)所示;然后直接单击确定孔的位置,此时实体及定义的孔均处于透明状态,如图 9-36(b)所示;再使用尺寸标注等方式定义孔的准确位置,如图 9-36(c)所示;在确定无误后单击 ✔ 确定,即可得到 9-36(d)所示图形。

图 9-35 "孔规格"特征设置

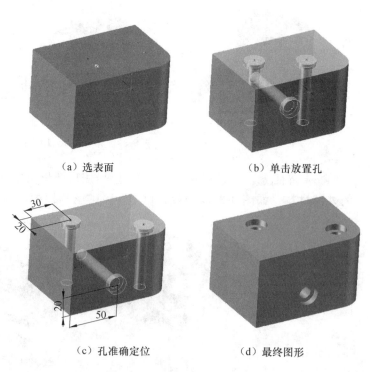

(a) 选表面

(b) 单击放置孔

(c) 孔准确定位

(d) 最终图形

图 9-36 生成孔特征操作过程

零件中用于安装螺钉的各种沉孔、钻孔以及螺纹孔一般均采用异型孔来完成。

（6）拔模特征 。拔模特征是以指定的角度斜削模型中所选的面得到的特征，一般应用于铸件。单击"特征"工具栏中 "拔模"工具，属性设置显示如图 9-37 所示。拔模类型有"中性面"、"分型线"、"阶梯拔模"供选择。若选择"中性面"类型，按图中参数，选择不同的中性面及拔模面，得到的图形如图 9-38 所示。

除了用拔模特征工具在现有零件上设置拔模外，在前述建立拉伸特征时也可进行拔模设置，具体方法与此一致。

5. 特征复制

在实体设计过程中，经常有一些相同结构，除使用快速复制外，SolidWorks 还提供了阵列、镜像操作工具。

图 9-37 "拔模"特征设置

1）快速复制

对于实体中已有的特征，只要按住 Ctrl 键，然后使用鼠标左键的拖拽功能，即可将其复制，得到一新特征。对新特征的位置，可通过类似异型孔的定位操作确定，如图 9-39 所示。

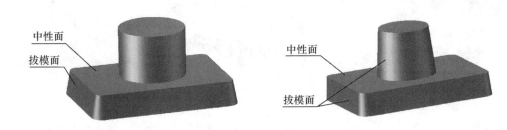

图 9-38　选择中性面类型建立的拔模特征

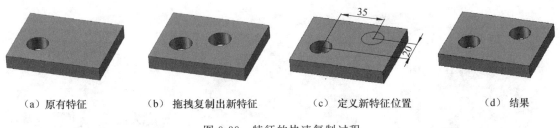

（a）原有特征　　（b）拖拽复制出新特征　　（c）定义新特征位置　　（d）结果

图 9-39　特征的快速复制过程

2）阵列特征

对图形中有规律排列的相同要素，使用阵列来完成。阵列特征包括线性阵列和圆周阵列。

（1）线性阵列 。线性阵列是指沿一条或两条直线路径复制所选特征。操作过程如下：

① 单击"特征"工具栏中的 "线性阵列"工具，属性设置栏显示如图 9-40 所示。

图 9-40 "线性阵列"属性

单击一直线确定阵列的方向

间距

个数

指定特征

单击要跳过的特征

② 单击图形中的一条直线作为特征排列方向(单击图中的箭头则反向),如图 9-41(a)所示。

③ 输入需要阵列的个数和间距。

④ 如果阵列为两个方向,以同样方式定义第二个方向的阵列的参数。

⑤ 在阵列的特征栏内选择要阵列的特征。

⑥ 对于不需要的阵列特征,通过选择"可跳过的实例",在预览显示中单击执行,如图 9-41(b)所示。

阵列的行数、列数分别为两个方向设置的个数,而行距、列距则分别为两个方向所设置的间距,如图 9-41(b)所示。

阵列结果如图 9-41(c)所示。

(2) 圆形阵列 。圆周阵列是指绕轴线沿圆周方向对特征进行复制。操作过程如下:

① 单击"特征"工具栏中 "圆周阵列"工具,属性设置栏显示如图 9-42 所示。

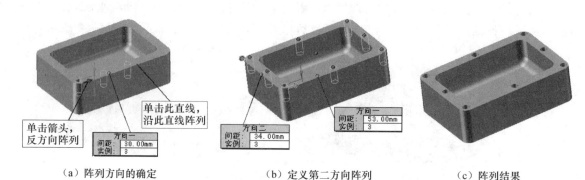

（a）阵列方向的确定   （b）定义第二方向阵列   （c）阵列结果

图 9-41 线性阵列执行过程

（a）参数设置过程图形预览   （b）等间距图形   （c）等角度图形

图 9-42 圆周阵列执行过程及效果

② 在参数定义栏指定阵列的轴线、数量以及分布的角度等参数。阵列的轴线如与已有的回转体轴线重合,则直接单击回转曲面即可,否则,需使用基准轴的设置方法定义轴线。

③ 在阵列的特征栏内选择要阵列的特征。

图 9-43 所示的"圆周阵列"属性设置栏中按需要设置的阵列数目、角度等参数,图形显示如图 9-42(a)所示。

选择不同的参数设置,得到图 9-42(b)、(c)所示的结果。

3) 镜像特征

将一个或多个特征相对于一指定的平面进行复制,在平面的另一侧生成特征的对称特征。操作过程为:

(1) 建立镜像所需的特征。

(2) 设置镜像面,即镜像的对称中心面。

(3) 单击 "镜像"命令,在图 9-44 所示的属性设置栏中定义镜像面及要镜像的特征,如图 9-45(a)所示。执行结果如图 9-45(b)所示。

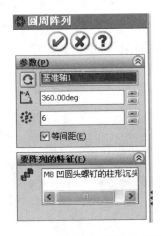

图 9-43 "圆周阵列"属性设置

图 9-44 "镜像"属性设置

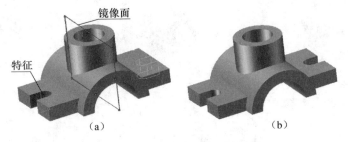

图 9-45 镜像执行过程及效果

6. 包覆与圆顶特征

包覆与圆顶特征主要应用于工业设计。

(1) 包覆特征 。此特征用来将草图包覆到平面或曲面上,如图 9-46 所示。操作过程为:

① 绘制平面草图,如图 9-46(a)所示,并单击 结束草图。

② 先单击草图,然后单击包覆特征 命令,属性设置栏如图 9-47 所示。

③ 在属性设置栏"源草图"选择处指定已完成的草图,在"面设置"处指定欲包覆的面(一般为曲面)。

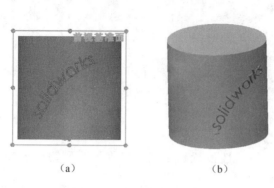

(a)   (b)

图 9-46 包覆特征的形成

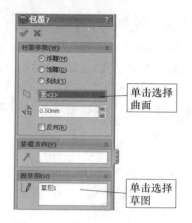

图 9-47 "包覆"特征属性设置

④ 定义其他选项,单击"确认"。

图 9-46(a)所示平面草图及曲面所形成的包覆特征如图 9-46(b)所示。

(2)"圆顶"特征 🌣。用于在模型表面生成一个或多个圆顶特征,如图 9-48 所示。操作过程如下。

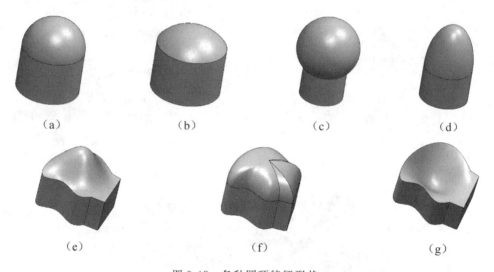

(a)   (b)   (c)   (d)

(e)   (f)   (g)

图 9-48 各种圆顶特征形状

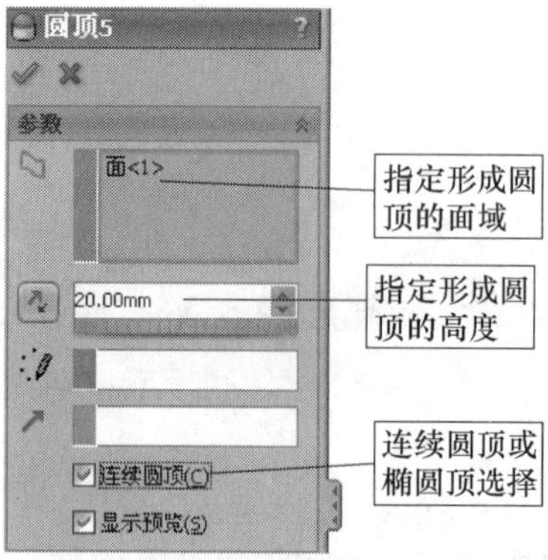

① 单击圆顶特征 🌣 命令,属性设置栏显示如图 9-49 所示。

② 在"面域设置区"指定欲生成圆顶的平面。

③ 设置"欲生成圆顶的高度"(圆顶的高度为圆顶最高点到平面之间的垂直距离)。高度不同,形成圆顶的大小及形状也会不同,如图 9-48(a)(b)、(c)所示。

④ 选择其他选项,并确认。其中图 9-48(d)为圆形平面选择椭圆顶所得形状,图 9-48(e)为任意形状平面选择连续圆顶所得形状,图 9-48(f)为任意形状平面未选择连续圆顶所得形状,图 9-48(g)为任意形状平面选择反向所得形状。

图 9-49 "圆顶"特征属性设置

9.2 创建实体特征应注意的问题及实例

9.2.1 创建实体特征过程中应注意的问题

创建实体特征过程中应注意以下问题：

（1）建立实体特征时应分析实体特征的大体结构，按结构确定形体的放置方式。为方便作图，应将实体各方向的基准放置在默认基准面上（即将实体各基准的交点放置于原点）。如图 9-50 所示机件，应将底板底面放于上视基准面，空心圆柱的底面圆心置于原点。

图 9-50 机件模型

（2）按照形体分析法，先建立基本特征，再考虑工程结构，即先创建主体特征，然后再完成圆角、倒角、异型孔等结构。

（3）当空心实体与其他实体相交时，应尽量先创建基体特征，再创建切除特征，以简化作图。如图 9-50 所示机件，应先创建圆柱与侧耳的基体特征，然后再创建切除的孔特征。

9.2.2 实体特征创建实例

图 9-51 实例特征树

以图 9-50 机件为例，介绍特征实体的制作过程。图 9-51 为创建过程的特征树，对照特征树介绍每步操作，同时体会特征树与实体特征的关系。

拉伸 1 （底板基体）：如图 9-52 所示，选择上视基准面，绘制底板基体轮廓草图，注意将圆弧圆心置于原点。单击 "拉伸"基体命令，设置拉伸方向"向上"，拉伸距离为"10"，单击"确认"结束。

拉伸 2 （圆柱基体）：如图 9-53 所示，单击底板上表面，使其成为当前基准面，单击，绘制建立圆柱体的草图。单击 "拉伸基体"命令，设置向上拉伸，拉伸距离为"50"，单击"确认"结束。

基准轴 1 ：用于创建 基准面 2 。如图 9-54 所示，单击 "参考几何体"中的 基准轴 命令，单击圆柱表面确认即可。

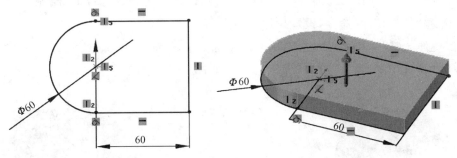

图 9-52 创建"拉伸 1"（底板）特征

基准面 2 ：用于创建 拉伸 3 。单击 "参考几何体"中的 基准面 命令，选择前视基准面及 基准轴 1 确定新基准面，旋转角度为"30°"，单击"确认"，如图 9-54 所示。

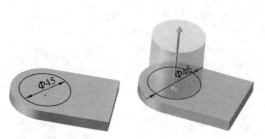
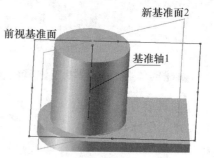

图 9-53　"拉伸 2"（圆柱基体）　　　　　图 9-54　基准轴及基准面

拉伸 3（侧耳基体）：单击 基准面 2 为当前基准面，单击 📐，绘制侧耳用的草图轮廓。单击 📦"拉伸基体"命令，选择两侧对称，拉伸厚度为"25"，单击"确认"，如图 9-55 所示。

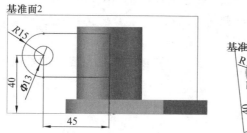
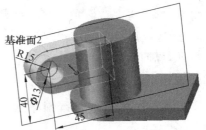

图 9-55　创建"拉伸 3"（侧耳基体）特征

筋 1（肋板）：选择前视基准面，单击 📐正视于，绘制创建肋板的开环轮廓线。单击 📦"筋"命令，选择"两侧"，设置厚度为"8"，单击"确认"，如图 9-56 所示。

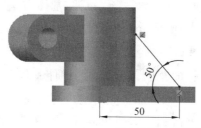

图 9-56　创建"筋 1"（肋板）特征

切除-拉伸 1（圆柱孔）：如图 9-57 所示，单击圆柱顶面为当前基准面，绘制建立圆柱体的草图。单击 📦"拉伸切除"命令，设置拉伸距离为"到下一面"。

切除-拉伸 2（侧耳切槽）：单击侧耳上部平面为基准面，单击 📐，绘制切槽所需的草图轮廓。单击 📦"拉伸切除"命令，设置拉伸距离为"到下一面"，如图 9-58 所示。

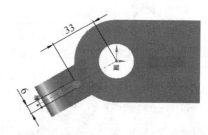

图 9-57　创建"拉伸-切除 1"（圆柱孔）特征　　　图 9-58　创建"拉伸-切除 2"（侧耳切槽）特征

切除-拉伸3 (底板U形槽)：单击底板上表面为基准面，单击 ⊥正视于，绘制切除U形槽所需的草图轮廓。单击 ⊡ "拉伸切除"命令，设置拉伸距离为"到下一面"，如图9-59所示。

镜像1 (镜像底板U形槽)：单击 ⊡ "镜像"命令，在属性设置中，选择前视基准面为镜像面，"切除-拉伸3"为镜像特征，单击"确认"即可，如图9-60所示。

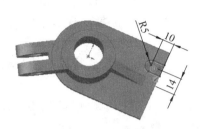

图9-59　创建"拉伸-切除3"(底板U形槽)特征　　　图9-60　创建"镜像1"(底板U形槽)特征

M5 螺纹孔1 ：单击 ⊡ "异型孔向导"工具，在属性设置中，规格选"螺纹孔"，标准选"ISO"，大小选"M5"，其余默认。在选择位置时，将光标移至圆柱顶面单击，再使用智能尺寸将其准确定位，单击"确认"即可，如图9-61所示。

阵列(圆周)：单击 ⊡ "圆周阵列"工具，选择基准轴为"基准轴线1"，特征为"M5 螺纹孔1"，方式为"等距"，个数为"4"，单击"确认"即可，如图9-62所示。

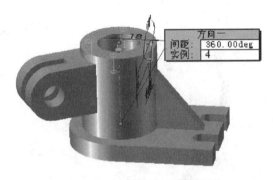

图9-61　创建M5 螺纹孔1特征　　　　图9-62　创建阵列(圆周)特征

倒角1 ：单击"特征"工具栏中的 ⊡ "倒角"命令，在属性设置中选择"角度距离"，其中角度为"45°"，距离为"2"，然后单击孔端部轮廓线，单击"确认"即可，如图9-63所示。

圆角1 ：单击"特征"工具栏中的 ⊡ "圆角"命令，在属性设置中设置圆角半径为"10"，然后单击底板右端面前后两条线，单击"确认"即可，如图9-63所示。

圆角2 (铸造圆角)：单击"特征"工具栏中的 ⊡ "圆角"

图9-63　创建倒角、圆角特征

命令，在属性设置中选择"切边延伸"，圆角半径为"3"，通过选择线或面的方式单击要建立圆角的轮廓线，单击"确认"即可。最终结果如图9-50所示。

9.2.3 实体特征的再编辑

已经完成的实体特征需要再修改时,可先在特征树中找到所要修改的特征,然后右击即显示图 9-64 所示的鼠标快捷菜单。若单击"编辑特征",则出现所选特征的属性设置栏及有关参数供用户修改,待参数修改完毕,单击"确认",特征随之改变;若单击"编辑草图",图形区域则出现所选特征的草图供用户修改,修改完草图后,单击 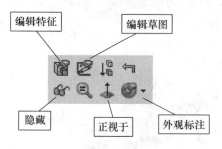 结束草图修改,即可实现特征的改变;若单击"外观标注",还可改变特征的外观显示(颜色、纹理等)。

图 9-64 特征的再编辑鼠标快捷菜单

选择某一特征,右击选择"删除"即可删除该特征。应当注意,当一特征删除后,与之关联的特征亦随之删除。

第 10 章　装配体的建立

装配体是两个或多个零件(也称为零部件)的组合。在 SolidWorks 中通过零部件之间几何关系的配合来确定零部件的位置和方向。

10.1　装配体设计的基本方法

1. 自下而上设计法

将现有的零件按一定的约束条件装配成一个部件,同时这个部件也可作为子部件装配到其他的部件中。

自下而上设计法是比较传统的方法。即先设计并造型零件,然后将之插入到装配体,在装配体中使用配合来定位零件。单独编辑或更改某一零件,在装配体中该零件也随之可见。此种方法创建装配体的过程如下:

(1) 建立新的装配体文件。

(2) 插入已经完成建模的零部件。

(3) 使用配合关系固定零部件。

2. 自上而下设计法

创建部件时在部件环境中创建新零件或者放置现有零件,从而使设计过程更加简单有效。

10.2　装配体的建立

1. 装配模式的进入

启动系统时,选择图 10-1 中的 "装配体"模式进入系统界面,或从零件模型图的"标准"工具栏单击 "从零件图/装配图制作装配图"即零件图与装配图切换工具,即可进入装配模

图 10-1　"装配体"工具栏

式。此时,标题栏内显示默认的图形名称为"装配体1",同时界面自动显示图 10-1 所示的"装配体"工具栏及图 10-2 所示的"插入零部件"属性设置栏。

2. 零部件的插入

通过"零部件插入"属性管理器进行以下操作:

(1) 单击"浏览",选择已有的零部件,零部件便粘贴在鼠标光标上,以透明的显示模式出现在图形设计窗口。

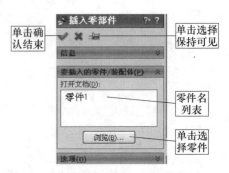

图 10-2　"插入零部件"属性设置

图 10-3 "配合选择"
属性管理器

（2）在图形设计窗口选择一合适位置单击，该零部件即被插入到当前装配体中。

（3）若选项"保持可见"未打开，设置结束。若"保持可见"打开，重复步骤 1 和 2，添加更多的零部件，单击"确认"结束。

（4）若单击"装配体"工具栏的 ![icon] "插入零部件"命令，可继续装入零部件。

第一个插入到装配体中的零部件是基础件，一般放置在原点，其他零件可放置在任意位置，但应与先加入的零件确定装配关系。

3. 零部件之间的装配

装配体中的零部件以零件上的点、线、面之间的相互配合关系定位。单击"装配体"工具栏的 ![icon] "配合"命令，即出现图 10-3 所示的"配合选择"属性设置栏，其中包含常见的定位约束工具（如重合、平行、同轴等），使用过程及方法如下：

（1）选择配合要素。在两个零件上分别单击一个需要配合的要素（点、线、面）。重新单击可重新选择要素。

（2）选择配合类型。配合要素确定后，图形界面自动弹出该选定要素配合类型的快捷工具栏，并提供默认选项，如图 10-4 所示。点选所需选项，并单击确认即可。如选默认项，直接单击"确认"。

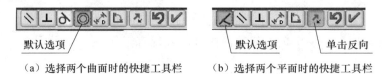

（a）选择两个曲面时的快捷工具栏　　（b）选择两个平面时的快捷工具栏

图 10-4　常见配合类型的快捷菜单

（3）重复选择配合类型。两个零部件之间需要三个方向的约束定位，所以一般需要两项或三项配合。待两个零部件相对位置完全确定后，单击"配合"工具栏的"确认"，结束命令。

图 10-5 所示两个零件，通过 A 面与 B 面两个平面重合及 C 面与 D 面两个回转面同轴，将两个零件固定在一起。

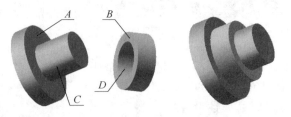

图 10-5　两个零件的重合及同轴配合约束的结果

（4）继续载入零部件，重复以上过程完成整个部件的装配。

4. 装配体的编辑

装配体的设计树简称"装配树"，如图 10-6 所示。单击装配树的某个零件，使用右键快捷功能,可将其删除。在装配树的末端显示该装配体使用的所有配合关系(单击"＋"或"－"可将其展开或收缩),单击某一配合,使用鼠标右键功能亦可将其关联的约束解除。

图 10-6　装配设计树

5. 装配工具栏中的其他常用工具的应用

(1)零部件的"阵列、镜像"工具 ▓。用于零件的阵列、镜像等操作,单击该工具后,出现以下命令菜单:

▓ 线性零部件阵列。将一零部件在一个或两个方向在装配体中生成线性阵列,执行过程与特征的线性阵列一致。

▓ 圆周零部件阵列。在装配体中生成一零部件的圆周阵列,执行过程与特征的圆周阵列一致。

▓ 镜向零部件(R)。选择一对称基准面,将零部件进行镜向复制,执行过程与特征的镜像一致。

(2)"智能扣件"工具 ▓。用来将 SolidWorks Toolbox 库中的参数化零部件添加到装配体中。

(3)零部件的"移动、旋转"工具 ▓。用于在装配时将某一零部件单独移动或旋转。

▓ 移动零部件。对选中的零部件,应用鼠标左键拖动进行移动,但在已约束的方向上不能移动。

▓ 旋转零部件。对选中的零部件,应用鼠标左键拖动进行旋转,但在已约束的方向上不能旋转。

(4)装配体"特征"工具 ▓。用于在装配过程中生成各种装配体特征,如生成异型孔等。

(5)"爆炸视图"工具 ▓。为了查看零件之间的装配关系,将装配体中的零部件进行分离。按零件的拆卸顺序及方向将零件分离的视图称为装配体的爆炸视图,如图 10-7 所示。爆炸视图只是装配体的显示方式,并不影响装配体零部件之间的配合关系。

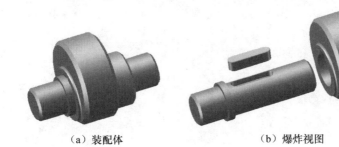

（a）装配体　　　　　　　（b）爆炸视图

图 10-7　装配体的爆炸视图

① 爆炸视图的生成。

•单击"爆炸视图"工具 ▓,然后单击一零部件,则有一个三重轴出现在图形区域中,如图 10-8 所示。

•如欲使零部件沿某一方向移动,则应将鼠标光标移至该方向轴,如图 10-8 所示,待方向轴选中(颜色变亮),用鼠标拖动方向轴即可实现零部件的移动,拖移到位后,鼠标单击即可完成一步爆炸视图。同一零件可以进行多步操作,以达到最终目标位置。

图 10-8　爆炸视图三重轴的应用

•对其余零部件重复上述操作。

在爆炸属性栏中,系统记录每一步爆炸过程,如图 10-9 所示。用户可以调整步骤的先后顺序,也可以删除某些步骤。

② 爆炸视图的显示。

对已经制作爆炸视图的装配体,选择装配特征树的"装配体",右击,则有爆炸显示的有关操作,如图 10-10 所示。用户可以通过选择"爆炸"(或"解除爆炸")以及"动画爆炸"观察已经进行爆炸视图的装配体,通过"动画爆炸"可以观察零部件的装配和拆卸过程。

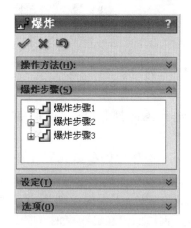

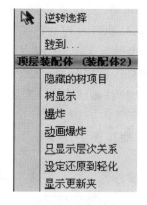

图 10-9　爆炸视图属性显示　　　　　　　　图 10-10　爆炸视图的显示

(6)"运动模拟"　。按指定的方式进行仿真运行。单击命令,显示图 10-11 所示的模拟运动设置及演示运动界面。用户需定义驱动零件及其马达的运动方式等。

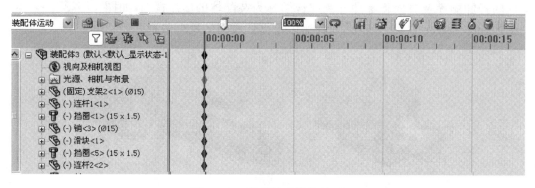

图 10-11　模拟运动操作界面

驱动马达分为"旋转马达"和"线性马达"。若选择"旋转马达",应指定一曲面,马达运动为绕曲面的回转中心线旋转。若选择"线性马达",应指定一平面,马达运动为沿指定平面的法向平移运动。

第 11 章　工程图的创建

工程图是工程技术领域中非常重要的表达设计方案的手段。不管是零件图还是装配图，其工程图都包含视图、尺寸、技术要求（文字或符号）、标题栏、明细表（装配图）等内容。Solid-Works 具有非常完善、快捷的工程图创建功能，具体如下：

（1）将实体模型以指定的投射方向及剖切平面自动生成二维视图及剖视图。

（2）对已经生成的视图进一步自动生成尺寸。

（3）通过"注释"工具快速完成图形中的各种标注。

（4）使用"绘图"工具可以对已有的图形进行局部编辑。

11.1　工程图中各种视图的创建

11.1.1　工程图模式的进入

启动系统时，选择图 7-1 中的 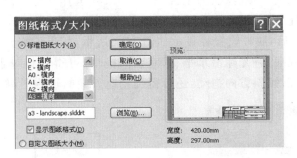"工程图"模式进入工程图模式。启动过程中，首先出现图 11-1 所示的"图纸格式/大小"属性窗口，在系统提供的"标准图纸大小"列表中，选择合适的图幅，单击"确定"即可进入工程图模式界面。此时，标题栏显示默认的图形名称"工程图 1"，图形设计窗口显示图纸，同时属性设置栏显示图 11-2 所示的"模型视图"属性设置栏，待用户选择好零部件，单击"确认"后，属性设置栏显示图 11-3 所示的模型视图的有关属性选项，此时用户即进入工程图创建模式。

图 11-1　"图纸格式/大小"属性设置

11.1.2　视图的创建

1. 基本视图、向视图的创建

通过"模型视图"属性管理器进行以下操作：

（1）在进入工程图模式时，通过图 11-2 所示属性设置栏单击"浏览"，选择零部件文件名，单击"确认"后系统显示图 11-3 所示的"模型视图"属性设置。

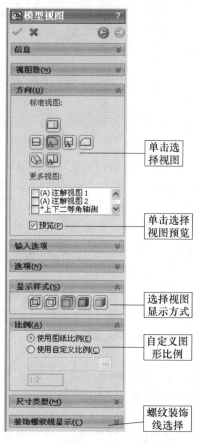

单击选择视图

单击选择视图预览

选择视图显示方式

自定义图形比例

螺纹装饰线选择

图 11-3 "模型视图"属性设置(二)

单击确认

零件名称显示

单击选择零部件

图 11-2 "模型视图"属性设置(一)

(2) 在图 11-3 所示的"模型视图"属性设置栏单击选择"预览",这时在图形设计窗口鼠标粘贴一个默认的投影视图(系统默认为主视图)。如果要选择其他视图,单击"标准视图"选择处各模拟视图进行选择,满意后在图形设计窗口单击放置该选中的视图。

(3) 确定一个视图后,属性设置栏显示如图 11-4 所示,如果不需要其他视图,单击 ✔ 确认结束。如果需要其他视图,将光标沿水平、垂直方向拖动,可得到相对于该视图的其他四个方向的正投影图;将光标沿倾斜方向拖动,还可得到相应方向的轴测图,如图 11-5 所示。若同时

单击确认

选择标注投影方向

输入投影方向字母

图 11-4 "投影视图"属性设置栏

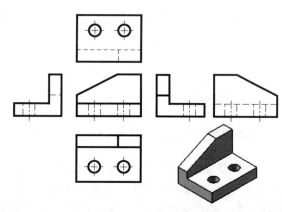

图 11-5 基本视图的创建

选择"箭头"及"字母",定义投影方向,还可对视图作进一步标注,形成"向视图"。选定所需视图后,单击✔确认结束。

(4)如果还要相对于其他已有的某一个视图生成新的视图,需要单击该视图,选择"工程图"工具栏的 ⊞ "投影视图"工具,重复步骤(3)操作,结果如图 11-5 所示。

(5)单击某一视图,则该视图为当前图形,通过"显示样式"可选择各视图的显示方式,显示方式设定后,单击"确认"结束,如图 11-3 所示。

通过以上方式,可以得到工程视图中的"基本视图"及"向视图"。

除基本视图与向视图外,若要创建其他视图,应先打开图 11-6 所示的"视图布局"图标菜单。

图 11-6 "视图布局"图标菜单

2. 斜视图、局部视图的创建

如图 11-7(a)所示机件,斜视图、局部视图的创建操作过程如下:

(1)通过投影视图得到图 11-7(b)所示的主视图。

(2)选择"工程图"工具栏的 ☞ "辅助视图"命令,单击图中所指倾斜面位置,即得到 A 向斜视图,如图 11-7(c)所示。双击箭头,可改变投影方向。

(3)将需要生成局部视图的图形用封闭的轮廓线(如封闭的样条曲线)圈起来,如图 11-7(d)所示。使用"选择"工具选中该轮廓线,单击"视图布局"工具栏的 ☒ "剪裁视图"工具,即可得到图 11-7(e)所示的局部视图。

(4)选择图中多余轮廓线,使用右键快捷功能的"隐藏边线"将其去掉,结果如图 11-7(f)所示。

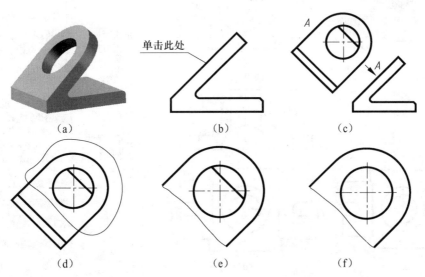

图 11-7 斜视图/局部视图的创建

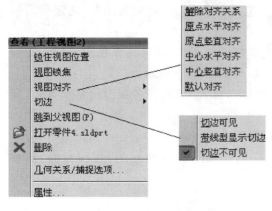

图 11-8　工程图右键快捷菜单选择

3. 视图形成过程中应注意的问题

（1）系统默认方式形成的视图中会将模型中的"切边"作为轮廓线显示，一般应选择图 11-8 所示的鼠标右键快捷菜单，将"切边"的子菜单"切边不可见"从该轮廓线解除。

（2）在所形成的视图中，单击某一视图，该视图即为当前视图。当光标指向其轮廓线时，会出现移动符号，这时可拖动视图移动。

（3）自动形成的视图完全符合投影图的"三等原则"，当其中一个视图的位置变动时，与之相关的其他视图随之移动。通过图 11-8 所示的鼠标右键快捷菜单的"视图对齐"子菜单选择"解除对齐关系"可将对齐关系解除。解除投影关系的视图应注意标注。

11.1.3　剖视图的创建

1. 全剖视图的创建

在工程图的表示方法中，全剖视图所采用的剖切平面包括单一的剖切平面、互相平行的几个剖切平面（即阶梯剖）以及两个相交的剖切平面（旋转剖）。在 SolidWorks 中，使用"视图布局"菜单的 $\boxed{\textbf{·}}$（其中包含 $\boxed{\text{剖面视图}}$ 及 $\boxed{\text{旋转剖视图}}$）工具，实现各种全剖视图的创建。对图 11-9（a）、图 11-10（a）、图 11-11（a）所示各机件，其全剖视图的创建过程如下：

（1）通过投影视图，得到建立剖视图所需的基本视图，如图 11-9（b）、图 11-10（b）、图 11-11（b）所示。

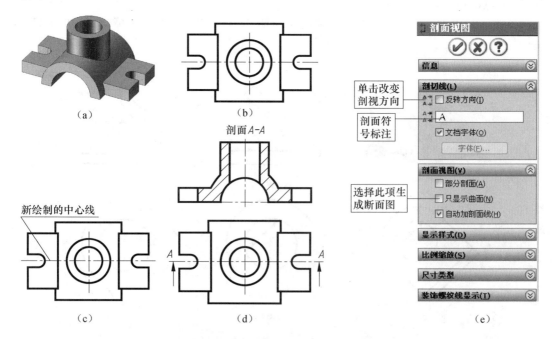

图 11-9　全剖视图的形成与"剖面视图"属性设置栏

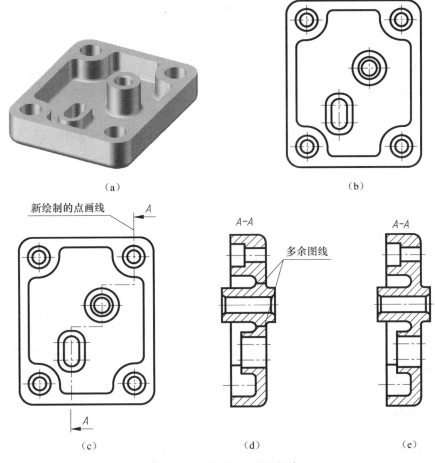

图 11-10　阶梯剖视图的创建

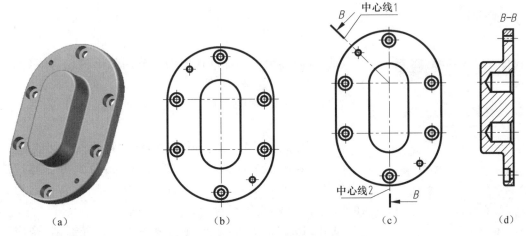

图 11-11　旋转剖视图的创建

　　(2) 使用"草图"工具栏的"中心线"命令沿剖切平面绘制中心线,用以确定剖切平面位置,如图 11-9(c)、图 11-10(c)、图 11-11(c)所示。

　　(3) 使用"选择"工具选择确定剖切平面所绘制的中心线。对于图 11-10(c)和图 11-11(c),应结合 Ctrl 键将步骤(2)所绘制的中心线全部选中。

（4）对于图 11-9（a）所示机件，单击 ▯剖面视图命令后，出现图 11-9（e）所示的属性设置栏，按图中所示进行设置，即可得到图 11-9（d）所示的剖视图。

对于图 11-10（a）所示机件，执行 ▯剖面视图命令后，则得到图 11-10（d）所示"A-A"的阶梯剖的剖视图。在形成的阶梯剖视图中，经常出现 11-10（d）中所示的多余轮廓线，可通过右键功能将其隐藏，结果如图 11-10（e）所示。

对于图 11-11（a）所示机件，应执行 ▯旋转剖视图命令，所得到的全剖视图为图 11-11（d）所示"B-B"的旋转剖视图。创建旋转剖时应注意生成旋转剖视图的投影方向垂直于最后选定的中心线所在的平面。所以，在创建图示剖视图时，应最后选择中心线 2，如图 11-11（c）所示。

2. 局部剖视图及半剖视图的创建

在 SolidWorks 中，使用"视图布局"菜单的 ▨"断开的剖视图"工具创建机件的局部剖视图。以图 11-12（a）所示机件为例，其创建过程如下：

（1）通过投影视图，得到建立局部剖视图所需的基本视图，如图 11-12（b）所示。

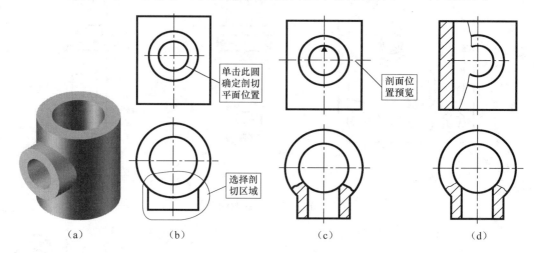

（a）　　　　（b）　　　　（c）　　　　（d）

图 11-12　局部剖视图的创建

图 11-13　"断开的剖视图"
（局部剖视图）属性栏

（2）将需要生成局部剖视图的部分用封闭的轮廓线（如封闭的样条曲线等）圈起来，如图 11-12（b）所示。使用"选择"工具选中该轮廓线，单击"视图布局"菜单的 ▨命令，出现图 11-13 所示的属性设置栏。

（3）选择属性设置栏的"预览"选项，用以观察剖切效果。

（4）指定剖切平面的位置。剖切平面的位置可以通过选择图中的轮廓线来定义，如果选择的轮廓为圆，则剖切平面为过圆柱的回转中心线，垂直于投影方向的平面。

如图 11-12（c）所示，若要在俯视图中进行局部剖，则应通过选择主视图中的圆来定义剖切平面的位置。剖切平面的位置也可以通过设置属性设置栏中的距离来定义。

（5）剖切平面设置完毕，单击"确认"，即可得到所需的局部剖视图。

使用上述方法，也可将图示机件的主视图变为局部剖视图，结果如图 11-12（d）所示。

(6) 使用创建局部剖视图的方法，可创建机件的半剖视图。图 11-14(a)所示的零件视图，如按主视图中建立的剖视区域进行局部剖切，可得到图 11-14(b)所示的半剖视图，隐藏不必要的边线，结果如图 11-14(c)所示。

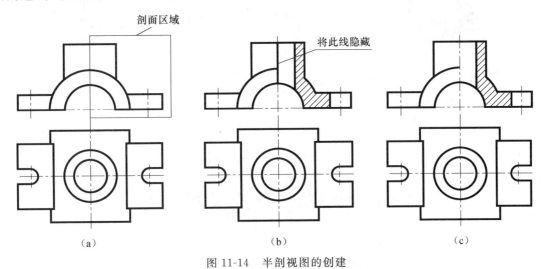

图 11-14　半剖视图的创建

3. 断面图的创建

在 SolidWorks 中，使用"视图布局"菜单的 ⬚ 剖面视图 命令创建断面图。以图 11-15(a)所示机件为例，其创建过程如下：

（1）由实体模型得到生成断面图所需的视图，并在视图中绘制中心线以确定切断面位置，如图 11-15(a)所示。其中中心线绘制的长度决定切断面的大小。绘制完中心线，单击 ⬚ 剖面视图 命令，在属性设置栏的"剖面视图"选择栏单击 ☑ 只显示曲面(N)，即可得到图 11-15(c)所示的断面图。

（2）若要移出断面图，应先在特征树内选择断面视图，然后解除视图对齐，即可移动断面图，从而得到移出断面图，如图 11-15(d)所示。

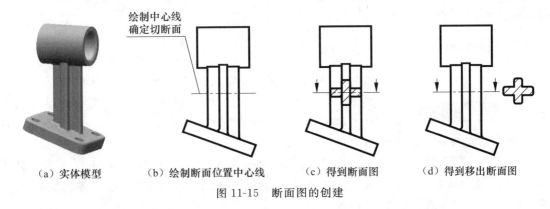

（a）实体模型　　　（b）绘制断面位置中心线　　　（c）得到断面图　　　（d）得到移出断面图

图 11-15　断面图的创建

4. 带肋板机件的剖视图创建

对于图 11-16(a)所示含有筋特征的机件，在创建剖视图时，系统会自动提示用户是否在肋板上填充剖面线，如图 11-17 所示。如果在某一筋特征中不填充剖面线，则应在"筋特征"设置处选择该筋特征，如图 11-17 所示。图 11-16(a)所示机件，在选择"筋特征"后，即得到图 11-16(c)所示的剖视图。

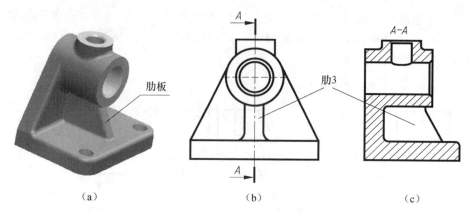

（a） （b） （c）

图 11-16 含有肋板机件的剖视图创建

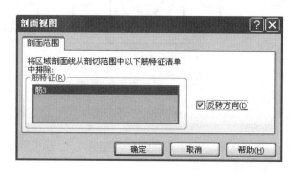

图 11-17 不填充剖面线的肋板选择提示

11.1.4 视（剖视）图创建中的常见问题

实体的表示方法中有一些规定的假想画法，如断面图画法中的有关规定等。而 Solid-Works 是按照实际模型投影得到视图或剖视图的，结果与国家标准规定的画法出现差异，这时需要使用绘图及编辑命令对所得图形进行修改。

1. 图线特征的修改

如果对图线特性（线型、线宽、颜色）进行修改，应在图 7-3 所示的工具栏菜单中单击

图 11-18 图线特性设置工具

≡ 线型（L）工具，这时便出现图 11-18 所示的图线特性设置工具。单击"线粗"、"线型"及"颜色"，即可设置图 11-19 所示相应的各种属性。

实际应用时，应先选择图线，然后单击图 11-18 所示图线特性中的有关选项，再在图 11-19 各属性栏单击所需的颜色、线型或线粗即可。

2. 剖面线的修改

在 SolidWorks 系统生成的剖视图中，剖面线图形样式、缩放比例及旋转角度均为默认，如果要进行编辑，应单击选择所需编辑的剖面线，此时属性设置区显示图 11-20 所示的"剖面线"属性设置栏，用户按图中各项说明进行设置即可。

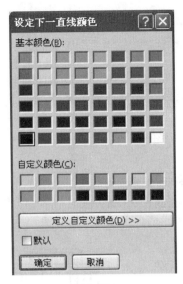

（b）线粗属性

（a）颜色属性 　　　　　　　　　　　（c）线型属性

图 11-19　图线属性选择

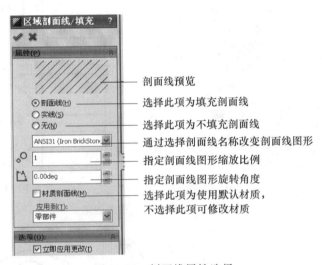

剖面线预览

选择此项为填充剖面线

选择此项为不填充剖面线

通过选择剖面线名称改变剖面线图形

指定剖面线图形缩放比例

指定剖面线图形旋转角度

选择此项为使用默认材质，
不选择此项可修改材质

图 11-20　剖面线属性选择

11.1.5　装配体的工程图创建

（1）装配体各种视图的创建方法与单一实体的视图创建方法完全一致。

（2）装配体的剖视图创建与单一实体的剖视图创建所使用的工具也一致，即一般用 命令创建全剖视图及断面图，用 命令创建旋转剖视图，用 命令创建局部剖视图及半剖视图，在创建过程中，若选择部件创建工程图，系统自动显示图 11-21 所示的装配图绘制中的有关选项，在"不包括零部件/筋特征"选择区应指定所有不剖切的零件或特征，同时选择"自动打剖面线"选项。图 11-22（a）所示部件按图 11-21 所示进行设置，即可得到图 11-22（b）中所示的剖视主视图。

11.1.6　工程图创建过程实例

图 11-23（a）所示机件，其工程图表示方案如图 11-23（b）所示，创建过程如下。

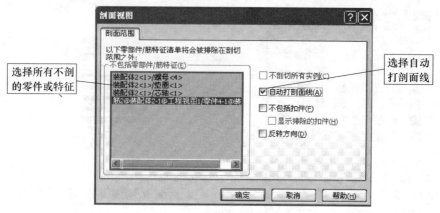

图 11-21 "剖面视图"属性选择

选择所有不剖
的零件或特征

选择自动
打剖面线

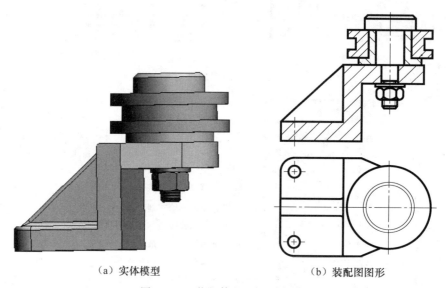

（a）实体模型　　　　　　　　　（b）装配图图形

图 11-22 装配体的工程图创建

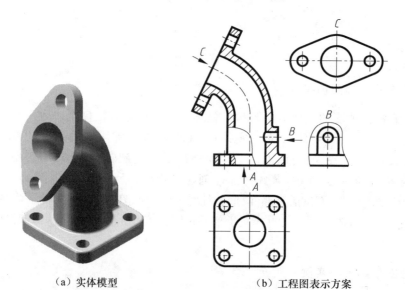

（a）实体模型　　　　　　　　（b）工程图表示方案

图 11-23 实体模型工程图创建实例

步骤一:使用"视图创建"工具 ▓ 创建图 11-24(a)所示视图,然后使用鼠标右键功能将 A 向视图中不需要的图线通过"隐藏边线"去除,即可得到图 11-24(b)所示的 A 向局部视图。

步骤二:使用草图"样条曲线"工具 ～ 建立图 11-25(a)所示主视图中局部剖视图的区域,单击"断开的剖视图"工具,按照上述局部视图的创建方法即可得到该区域的剖视图。使用同样方法创建其余区域的剖视图,结果如图 11-25(b)所示。再使用上述图线特征修改方法将剖面区域边界改为细实线,最后添加中心线,结果如图 11-25(c)所示。

步骤三:使用"视图创建"工具 ▓ 由主视图创建图 11-26(a)所示视图,再使用草图"样条曲线"工具 ～ 建立图 11-26(b)所示的局部视图区域。选择绘制的区域,单击 ▧ 剪裁视图,即可得到图 11-26(c)所示的局部视图。

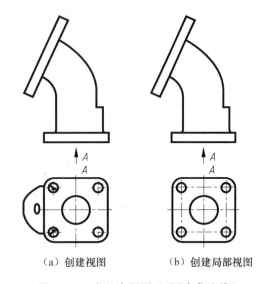

(a) 创建视图　　　　(b) 创建局部视图

图 11-24　由基本视图通过"隐藏边线"创建局部视图

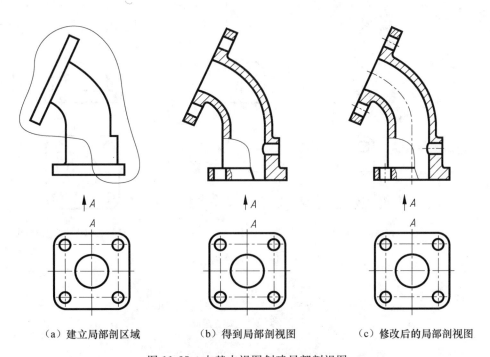

(a) 建立局部剖区域　　(b) 得到局部剖视图　　(c) 修改后的局部剖视图

图 11-25　由基本视图创建局部剖视图

步骤四:单击 ▨ "辅助视图"命令,单击图 11-27(a)所示主视图中箭头所指轮廓线,即可得到图中所示斜视图。再通过步骤二所用方法得到图 11-27(b)所示局部斜视图。最后通过鼠标右键功能,选择图 11-28 所示的"平移"及"翻滚视图",即可得到 11-23(b)所示的视图。

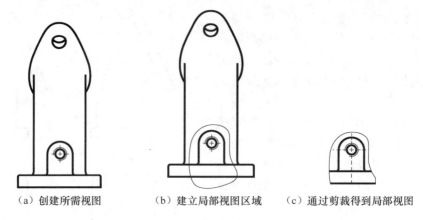

（a）创建所需视图　　　　（b）建立局部视图区域　　　（c）通过剪裁得到局部视图

图 11-26　由基本视图通过剪裁创建局部视图

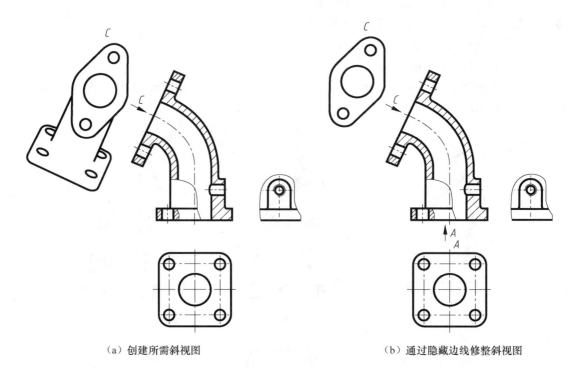

（a）创建所需斜视图　　　　　　　　　　（b）通过隐藏边线修整斜视图

图 11-27　创建斜视图

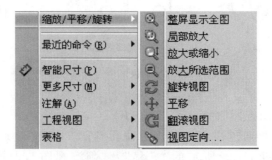

图 11-28　单击鼠标右键后视图的有关操作

11.2 工程图中的尺寸标注

在工程图中有两种尺寸的注法，一种是将建立零件特征时的尺寸插入到各个视图中去，另一种是使用添加尺寸命令，直接在视图中手工标注尺寸。常用方法是将两种方法相结合。以图 11-29(a)所示零件图为例进行尺寸标注。

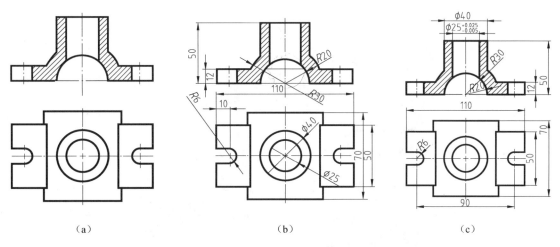

（a）　　　　　　　　　　（b）　　　　　　　　　　（c）

图 11-29　零件图的尺寸标注

（1）使用"模型项目"自动生成尺寸。选择"注释"工具栏的 "模型项目"命令，出现图 11-30 所示的对话框，按对话框中的各项设置，单击"确认"结束，得到图 11-29(b)图形中所标注的尺寸，这些尺寸与创建模型时标注的尺寸项目一致。

（2）将尺寸位置调整整齐。使用左键拖拽功能进行调整，同时使用右键快捷菜单将其中的有关直径标注变为半径标注。

（3）修正尺寸。如将图 11-29(b)中的尺寸"10"隐藏，使用智能尺寸标注长度为"90"的尺寸。

（4）修改尺寸要素、添加尺寸公差等。单击一个已经标注的尺寸，出现图 11-31 所示的该尺寸属性显示，其中包括"数值"、"引线"及"其他"三部分设置。在"数值"选项栏，用户可以通过"公差/精度"选项栏添加所要标注的公差；在"标注尺寸文字"栏可以添加各种尺寸标注所需的符号等。"引线"选项栏主要包括尺寸线、尺寸界限、箭头以及尺寸数字与尺寸线的相对位置设置等，如图 11-31 所示。"其他"选项栏主要用来修改尺寸数字的字形以及公差数值字体的大小。用户可按要求设置或修改上述各项，图 11-29(c)为修改后所得的尺寸。

（5）如果使用 "智能尺寸"手工标注尺寸，其方法与草图尺寸标注方法相同，属性设置如图 11-31 所示。

图 11-30　"模型项目"设置

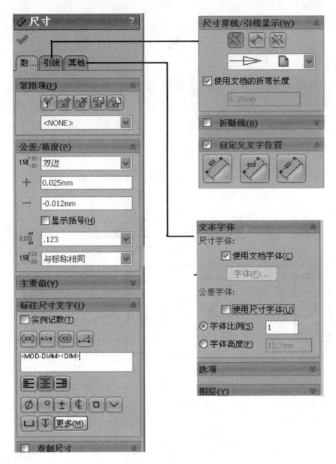

图 11-31 "尺寸"属性定义

11.3 工程图中的技术要求

工程图中的各种标注一般使用图 11-32 所示"注解"工具栏的有关命令。

图 11-32 "注解"工具栏

1）表面粗糙度的标注√

单击"注解"工具栏中的√"表面粗糙度符号"工具，光标上会粘贴一个表面粗糙度符号，在需要标注的轮廓线上单击鼠标即可将符号放置。然后分别选择各符号，通过属性对话框设置符号的式样、粗糙度数值等，如图 11-33 所示。

2）形位公差的标注▣

单击"注解"工具栏中的▣"形位公差"工具，显示形位公差的属性对话框，设置形位公差的种类和数值，然后在图中单击将形位公差放在合适的位置。

3）标注文字A

单击"注解"工具栏中的A"注释"工具，在工程图中准备书写文字的地方用鼠标拖出一矩形框,会自动激活注释对话框并可设置文字大小和样式,随后可在矩形框范围内输入文字。

4)修改剖面线

在形成剖视图时,系统在剖面区域会自动填充剖面线。当对剖视图中自动形成的剖面线图形修改时,一般应按图11-33中设置"无",将原剖面线去掉,再单击此该命令重新填充剖面线。

5)添加装配图零件序号

用于装配图中零件序号的标注。单击"注解"工具栏中"零件序号"工具,光标自动粘贴一个零件序号,单击确定所要标注的零件,再单击确定序号放置的位置。系统以零件的装入顺序为默认序号,用户可通过序号属性设置改变序号数值以及引线起点形状(点或箭头),也可以通过明细表顺序改变零件序号值。

6)自动添加圆心线符号

单击视图,然后单击该命令,即可在所选视图中自动添加圆心线。圆心线形式可通过其属性进行设置。

图 11-33 "表面粗糙度"
属性设置

7)自动添加中心线符号

单击视图,然后单击该命令,即可在所选视图中自动添加中心线,如图11-25(c)所示。

项目号	零件号	数量
1	零件4	1
2	零件2	1
3	芯轴	1
4	Washer ISO 7089 - 10	1
5	Hexagon Nut ISO - 4034 - M10 - N	1

图 11-34 装配图中系统自动生成的明细表

8)装配图中添加明细表

通过单击"表格"工具栏中的"材料明细表"工具,选中要建立明细表的视图,系统将自动生成明细表,如图11-34所示。在绘图区域单击可确定明细表放置的位置。若要调整明细表中零件的排列顺序以及表格内容,可单击项目号,此时会自动显示明细表中的有关显示属性,如图11-35所示。用户可根据需要对明细表进行编辑。当明细表中零件的顺序改变时,图形中已标注的零件序号随之改变。

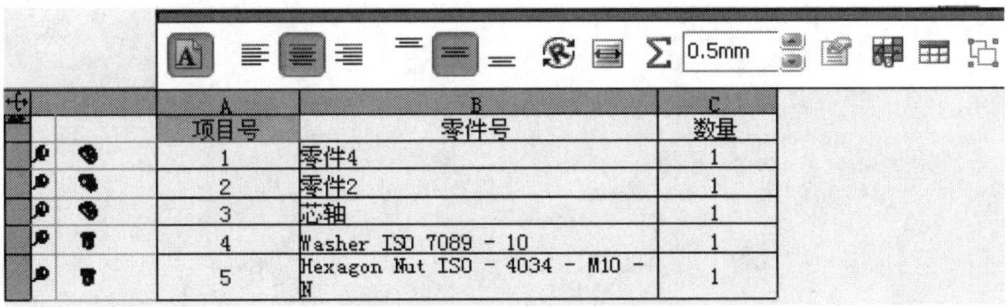

		项目号	零件号	数量
		A	B	C
		1	零件4	1
		2	零件2	1
		3	芯轴	1
		4	Washer ISO 7089 - 10	1
		5	Hexagon Nut ISO - 4034 - M10 - N	1

图 11-35 装配图中明细表的再编辑

11.4 系统选项设定

在 SolidWorks 中,默认的模型实体、装配体显示、工程图中视图、尺寸、图线等参数均由系统选项设定,单击"标准"工具栏的"选项设定",显示图11-36所示的"系统选项"对话框,其中包括"系统选项"与"文件属性",对于图形中的各种属性,可通过该对话框进行设定。

图 11-36 "系统选项"设定

附　　录

附录Ⅰ 简化表示法

Ⅰ.1 图样画法(摘自 GB/T 16675.1—1996)

Ⅰ.1.1 基本要求

简化画法的主导思想和基本要求有以下四条:
(1) 应避免不必要的视图和剖视图。
(2) 在不致引起误解时,应避免使用虚线表示不可见的结构。
(3) 应尽可能使用有关标准中规定的符号来表达设计要求。
(4) 尽可能减少相同结构要素的重复绘制。

Ⅰ.1.2 简化画法

表Ⅰ-1 简化画法

序号	简化后	简化前	说明
1	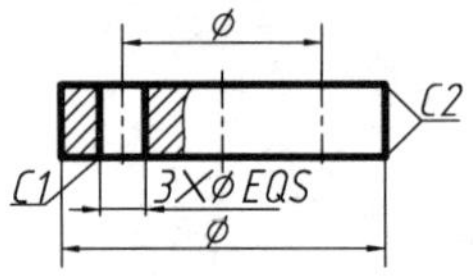	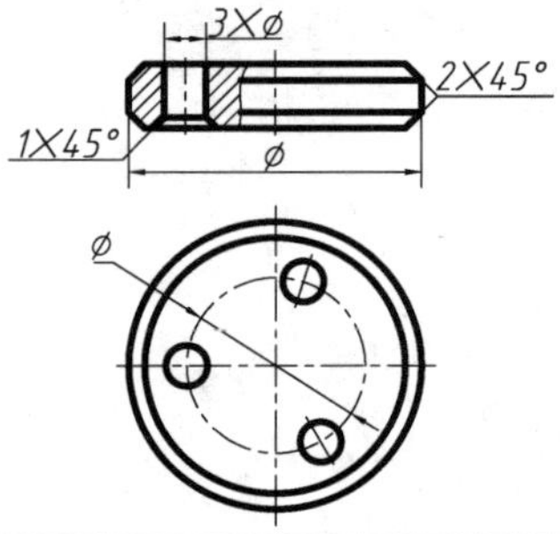	应避免不必要的视图和剖视图
2	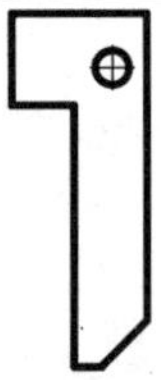 零件1(LH)(如图) 零件2(RH)(对称)	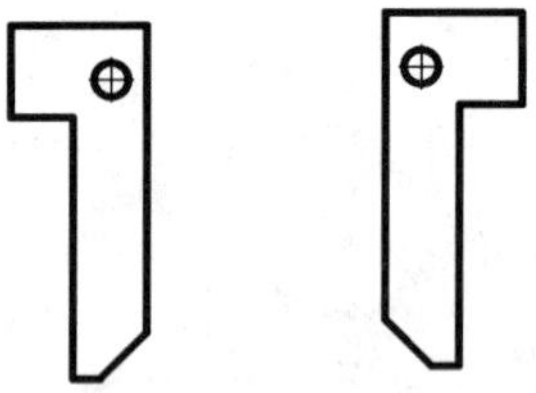 零件1(LH)　零件2(RH)	对于左右手零件和装配件,允许仅画出其中一件,另一件则用文字说明。其中 LH 为左件,RH 为右件
3	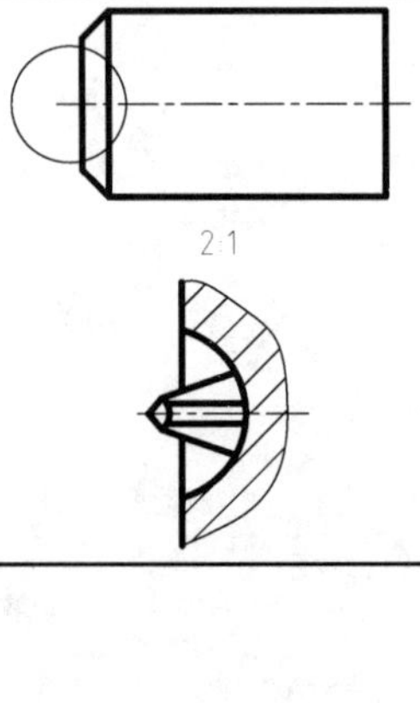	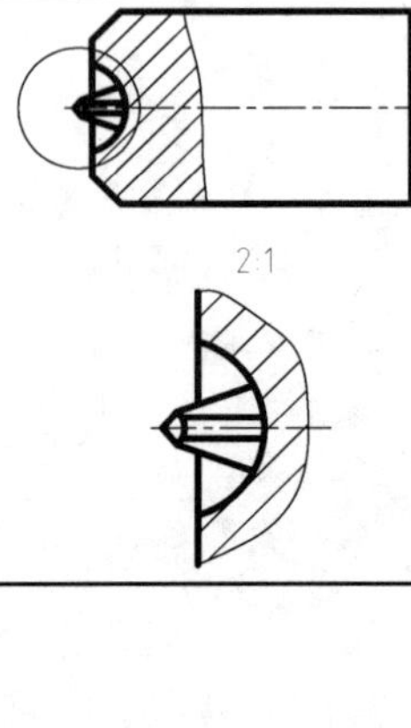	在局部放大图表达完整的前提下,允许在原视图中简化被放大部位的图形

序号	简化后	简化前	说明
4	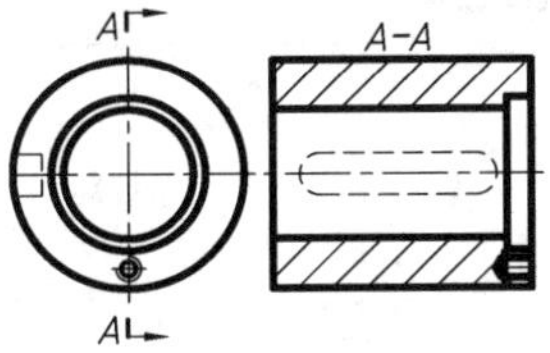	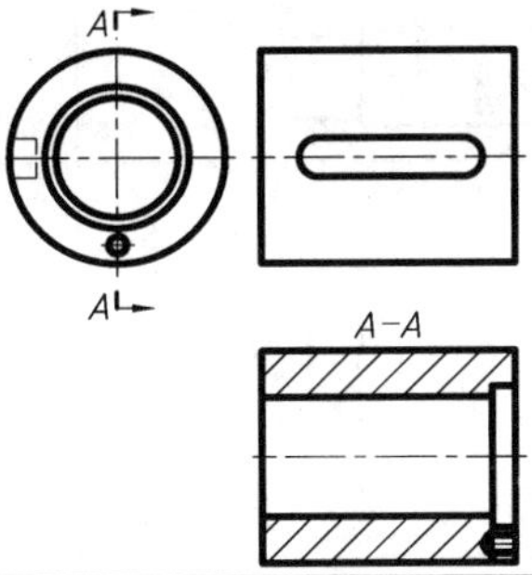	在需要表示位于剖切平面前的结构时,这些结构按假想投影的轮廓线绘制
5	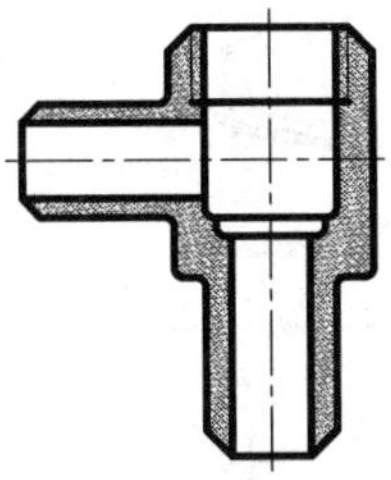	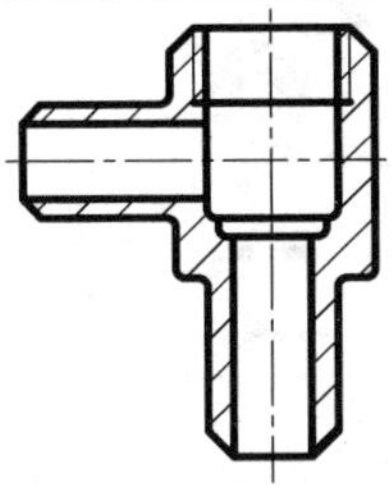	在零件图中,可以用涂色代替剖面符号
6	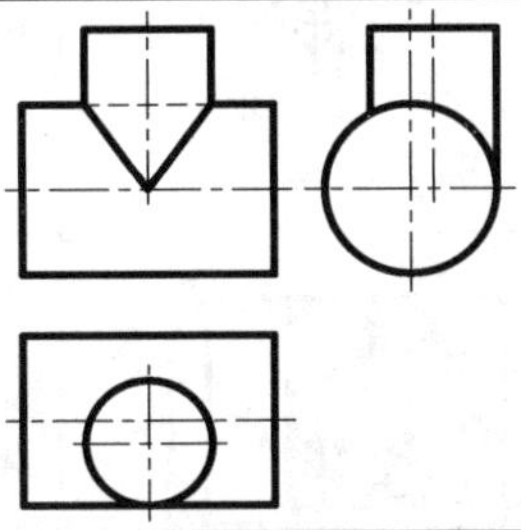	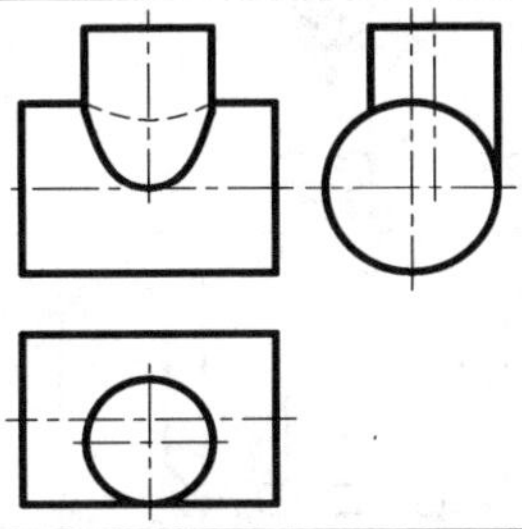	在不致引起误解时,图形中的过渡线、相贯线可以简化,例如用圆弧或直线代替非圆曲线
7	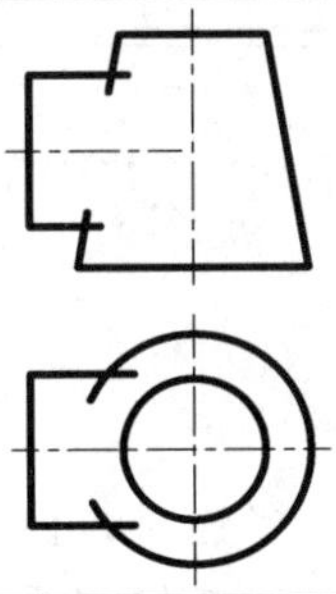	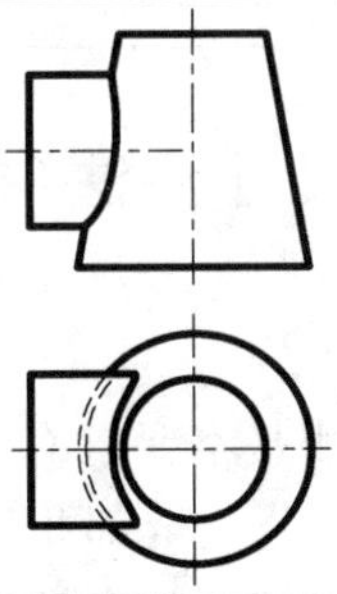	可采用模糊画法表示相贯形体
8	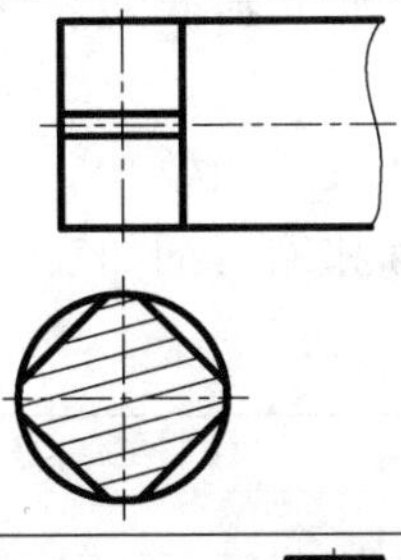	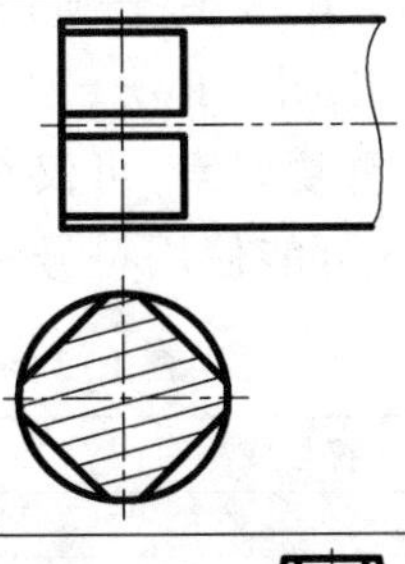	当机件上较小的结构及斜度等已在一个图形中表达清楚时,其他图形应当简化或省略

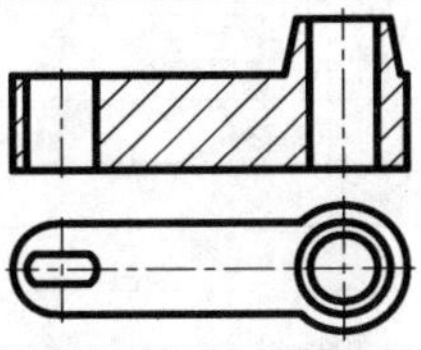

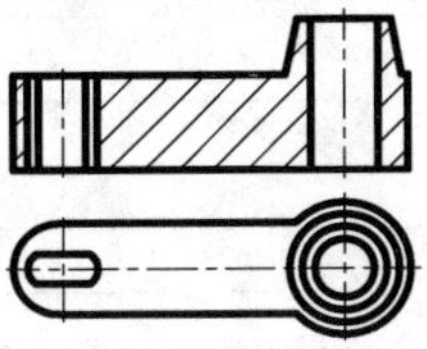

序号	简化后	简化前	说明
9	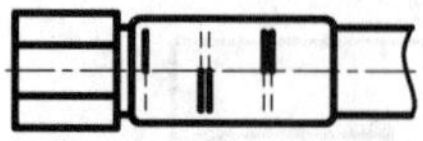		软管接头可参照左图(简化后)所示的方法绘制
10	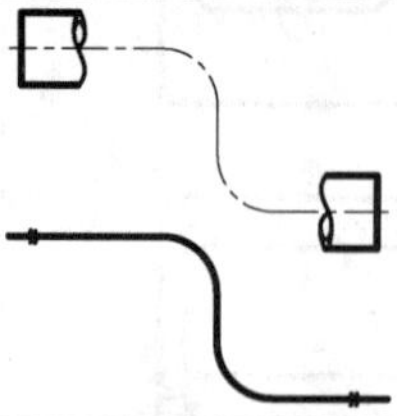	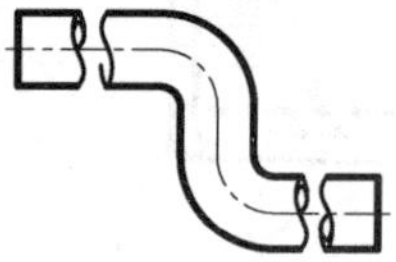	管子可仅在端部画出部分形状,其余用细点画线画出其中心线
11	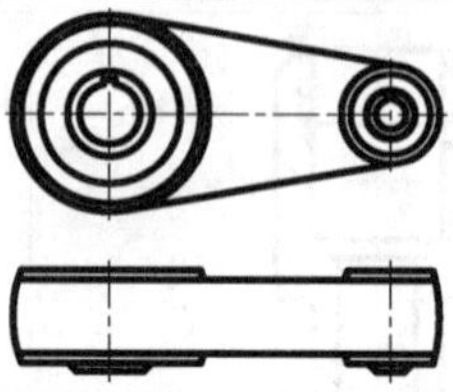	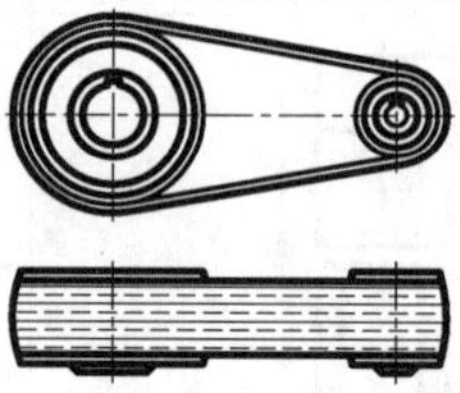	在装配图中,可用粗实线表示带传动中的带;用细点画线表示链传动中的链,必要时,可在粗实线或细点画线上绘制出表示带类型或链类型的符号
12	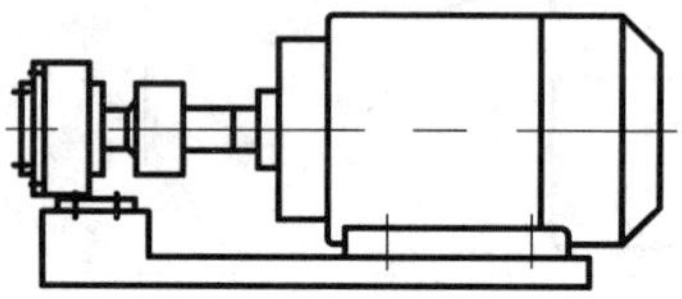	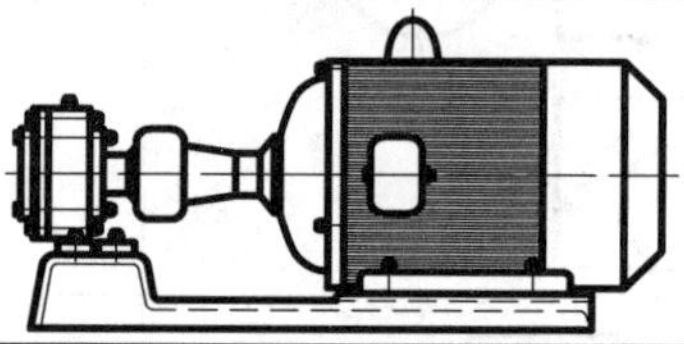	在能够清楚表达产品特征和装配关系的条件下,装配图可仅画出其简化后的轮廓

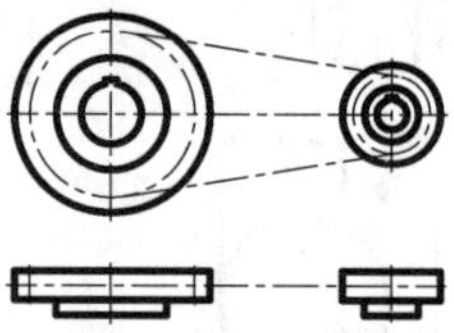

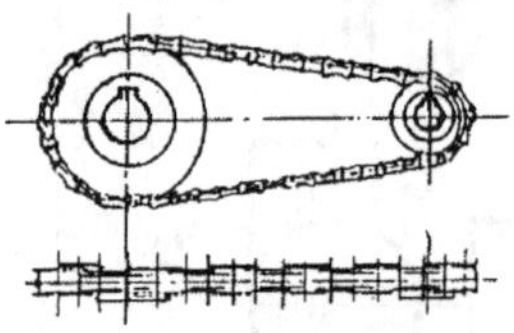

Ⅰ.2　尺寸注法(摘自 GB/T 16675.2—1996)

Ⅰ.2.1　基本要求

简化注法的主导思想和基本要求有以下三条:

(1)若图样中的尺寸和公差全部相同或某个尺寸和公差占多数时,可在图样空白处作总数的说明,如"全部倒角 C1.6"、"其余圆角 R4"等。这条原则也可延伸到表面粗糙度、焊缝等要求在图样上统一标注和说明的地方。

(2)对于尺寸相同的重复要素,可仅在一个要素上注出其尺寸和数量。

(3)标注尺寸时,应尽可能使用符号和缩写词。常用符号和缩写词如表Ⅰ-2所示。

表Ⅰ-2　常用的符号和缩写词

名称	符号或缩写词	名称	符号或缩写词
直径	$\varnothing$	45°倒角	C
半径	R	深度	↓
球直径	$S\varnothing$	沉孔	⊔
球半径	SR	埋头孔	▽
厚度	t	均布	EQS
正方形	□		

Ⅰ.2.2 简化注法

表Ⅰ-3 简化注法

序号	简化后	简化前	说明
1	29	29 29 29 29	标注尺寸时,可使用单边箭头
2	Ø Ø M	Ø Ø M	标注尺寸时,可使用带箭头的指引线
3	Ø28 16×Ø4 Ø20 Ø12	Ø28 16×Ø4 Ø20 Ø12	标注尺寸时,也可使用不带箭头的指引线
4	0 6 13 20 26 32 45	6 13 20 26 32 45	从同一基准出发的尺寸可简化标注。但应注意:重叠在一起的尺寸线可以是连续的,也可以是断续的;尺寸数字通常靠近尺寸线箭头,且字头向上水平书写;同一基准符号处注写尺寸数字"0"
	72° 45° 30° 0	72° 45° 30°	

序号	简化后	简化前	说明
5	R3,R5,R12,R18　　R18,R12,R5,R3　　R4,R5,R9	R12　R5　R3　R18　　R9　R5　R4	一组同心圆弧或圆心位于同一直线上的多个不同心圆弧的尺寸,可用共同的尺寸线和箭头依次表示
6	Ø12,Ø20,Ø28　　Ø8,Ø16,Ø24	Ø28　Ø20　Ø12　　Ø24　Ø16　Ø8	一组同心圆或尺寸较多的台阶孔的尺寸,也可共用尺寸线和箭头依次表示
7	15°　8×Ø4EQS　Ø20	45°　15°　8-Ø4　45°　45°　45°　Ø20　45°　45°　45°	在同一图形中,对于尺寸相同的孔、槽等成组要素,可仅在一个要素上注出尺寸和数量
8	45°　3×45°(=135°)	45°　45°　45°	间隔相等的尺寸可简化标注

続表

序号	简化后	简化前	说明
9	□14f5	14f5 / 14f5	标注正方形尺寸时,可在正方形边长尺寸数字前加注符号"□"
10	C2 / 2XC2	C2 / 2X45° / C2	在不致引起误解时,零件中的45°倒角可以省略不画,其尺寸也可简化标注
11	250 / 1600(2500) / 2100(3000) / L₁(L₂)	250 / 1600 / 2100 / L₁ ; 250 / 2500 / 3000 / L₂	两个形状相同但尺寸不同的构件或零件,可共用一张图表示,但应将另一件名称和不相同的尺寸列入括号中表示
12	R1 / r=b/2	省略	同类型或同系列的零件或构件,可采用表格图注法

X_4	40	80	60	100	0.8	11	
X_3	30	60	50	80	0.8	11	
X_2	20	40	36	56	0.5	8.5	
X_1	12	24	20	32	0.5	8.5	
图样代号	b	l	B	L	h	H	数量

序号	简化后	简化前	说明
12	 400 600　　c a b 表： No　a　b　c Z_1　200　400　200 Z_2　250　450　200 Z_3　200　450　250	省略	同类型或同系列的零件或构件，可采用表格图注法

附录Ⅱ 机械制图常用国家标准及常用材料与热处理方法

Ⅱ.1 螺纹基本尺寸和螺纹要素

表Ⅱ-1 普通螺纹直径与螺距系列(摘自 GB/T 193—2003)
基本尺寸(摘自 GB/T 196—2003)

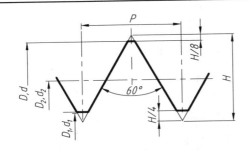

$$D_2 = D - 2 \times \frac{3}{8}H$$

$$d_2 = d - 2 \times \frac{3}{8}H$$

$$D_1 = D - 2 \times \frac{5}{8}H$$

$$d_1 = d - 2 \times \frac{5}{8}H$$

$$H = 0.866P$$

标记示例

(1) 粗牙普通螺纹:公称直径为 24mm,右旋,中径公差带代号 5g,顶径公差带代号 6g,短旋合长度的螺纹:

M24 - 5g6g - s。

(2) 细牙普通螺纹:公称直径16mm,螺距 1.5mm,左旋,中径和顶径公差带代号都是 6H,中等旋合长度的螺纹:

M16×1.5 - 6H - LH。

(单位:mm)

公称直径 D,d		螺距 P		粗牙小径 D_1,d_1	公称直径 D,d		螺距 P		粗牙小径 D_1,d_1
第一系列	第二系列	粗牙	细牙		第一系列	第二系列	粗牙	细牙	
3		0.5	0.35	2.459		22	2.5	2,1.5,1	19.294
	3.5	0.6		2.85	24		3	2,1.5,1	20.752
4		0.7		3.242	27		3		23.752
	4.5	0.75	0.5	3.688	30		3.5	(3),2,1.5,1	26.211
5		0.8		4.134	33		3.5	(3),2,1.5	29.211
6		1	0.75	4.917	36		4	3,2,1.5	31.67
8		1.25	1,0.75	6.647		39	4		34.67
10		1.5	1.25,1,0.75	8.376	42		4.5	4,3,2,1.5	37.129
12		1.75	1.25,1	10.106		45	4.5		40.129
	14	2	1.5,1.25,1	11.835	48		5		42.587
16		2	1.5,1	13.835		52	5		46.587
	18	2.5	2,1.5,1	15.294	56		5.5	4,3,2,1.5	50.046
20		2.5		17.294	60		5.5		50.045

注:1. 优先选用第一系列,括号内尺寸尽量不用。
2. 公称尺寸 D、d 第三系列的尺寸和中径 D_2、d_2 未列入表中。
3. M14×1.25 仅用于火花塞。

表Ⅱ-2　梯形螺纹直径与螺距系列(摘自 GB/T 5796.2—2005)

基本尺寸(摘自 GB/T 5796.3—2005)

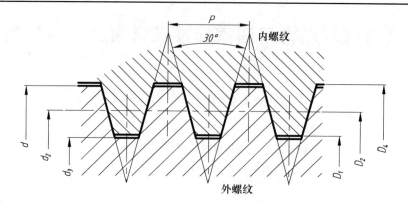

标记示例

(1) 公称直径为 40mm,导程和螺距为 7mm 的右旋梯形螺纹:Tr 40×7。

(2) 公称直径为 40mm,导程 14mm,螺距为 7mm 的右旋双线梯形螺纹:

　　　Tr40×14(P7);　　左旋时为:Tr40×14(P7)LH。

(单位:mm)

公称直径 d		螺距 P	中径 $d_2 = D_2$	大径 D_4	小径		公称直径 d		螺距 P	中径 $d_2 = D_2$	大径 D_4	小径	
第一系列	第二系列				d_3	D_1	第一系列	第二系列				d_3	D_1
8		1.5	7.25	8.30	6.20	6.50		26	3	24.5	26.5	22.5	23.0
	9	1.5	8.25	9.30	7.20	7.50			5	23.5	26.5	20.5	21.0
		2	8.0	9.5	6.5	7.0			8	22.0	27.0	17.0	18.0
10		1.5	9.25	10.30	8.20	8.50	28		3	26.5	28.5	24.5	25.0
		2	9.0	10.5	7.5	8.0			5	25.5	28.5	22.5	23.0
	11	2	10.0	11.5	8.5	9.0			8	24.0	29.0	19.0	20.0
		3	9.5	11.5	7.5	8.0	30		3	28.5	30.5	26.5	29.0
12		2	11.0	12.5	9.5	10.0			6	27.0	31.0	23.0	24.0
		3	10.5	12.5	8.5	9.0			10	25.0	31.0	19.0	20.0
	14	2	13.0	14.5	11.5	12.0	32		3	30.5	32.5	28.5	29.0
		3	12.5	14.5	10.5	11.0			6	29.0	33.0	25.0	26.0
16		2	15.0	16.5	13.5	14.0			10	27.0	33.0	21.0	22.0
		4	14.0	16.5	11.5	12.0		34	3	32.5	34.5	30.5	31.0
	18	2	17.0	18.5	15.5	16.0			6	31.0	35.0	27.0	28.0
		4	16.0	18.5	13.5	14.0			10	29.0	35.0	23.0	24.0
20		2	19.0	20.5	17.5	18.0	36		3	34.5	36.5	32.5	33.0
		4	18.0	20.5	15.5	16.0			6	33.0	37.0	29.0	30.0
	22	3	20.5	22.5	18.5	19.0			10	31.0	37.0	25.0	26.0
		5	19.5	22.5	16.5	17.0		38	3	36.5	38.5	34.5	35.0
		8	18.0	23.0	13.0	14.0			7	34.5	39.0	30.0	31.0
24		3	22.5	24.5	20.5	21.0			10	33.0	39.0	27.0	28.0
		5	21.5	24.5	18.5	19.0	40		3	38.5	40.5	36.5	37.0
		8	20.0	25.0	15.0	16.0			7	36.5	41.0	32.0	33.0
									10	35.0	41.0	29.0	30.0

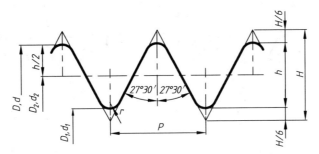

$$P=25.4/n, H=0.960491P, h=0.640327P$$

标记示例

(1) 尺寸代号为 2 的右旋圆柱内螺纹:G2,左旋时为:G2 LH。

(2) 尺寸代号为 3 的 A 级右旋圆柱外螺纹:G3A,左旋时为:G3A-LH。

(3) 尺寸代号为 4 的 B 级右旋圆柱外螺纹:G4B,左旋时为:G4B-LH。

尺寸代号	每 25.4mm 内的牙数	螺距 P /mm	牙高 h /mm	圆弧半径 r /mm	基本直径/mm		
					大径 $d=D$	中径 $d_2=D_2$	小径 $d_1=D_1$
1/16	28	0.907	0.581	0.125	7.723	7.142	6.561
1/8	28	0.907	0.581	0.125	9.728	9.147	8.566
1/4	19	1.337	0.856	0.184	13.157	12.301	11.445
3/8	19	1.337	0.856	0.184	16.662	15.806	14.950
1/2	14	1.814	1.162	0.249	20.955	19.793	18.631
5/8	14	1.814	1.162	0.249	22.911	21.749	20.587
3/4	14	1.814	1.162	0.249	26.441	25.279	24.117
7/8	14	1.814	1.162	0.249	30.201	29.039	27.877
1	11	2.309	1.479	0.317	33.249	31.770	30.291
1 1/8	11	2.309	1.479	0.317	37.897	36.418	34.939
1 1/4	11	2.309	1.479	0.317	41.910	40.431	38.952
1 1/2	11	2.309	1.479	0.317	47.803	46.324	44.845
1 3/4	11	2.309	1.479	0.317	53.746	52.267	50.788
2	11	2.309	1.479	0.317	59.614	58.135	56.656
2 1/4	11	2.309	1.479	0.317	65.710	64.231	62.752
2 1/2	11	2.309	1.479	0.317	75.184	73.705	72.226
2 3/4	11	2.309	1.479	0.317	81.534	80.055	78.576
3	11	2.309	1.479	0.317	87.884	86.405	84.926
3 1/2	11	2.309	1.479	0.317	100.330	98.851	97.372
4	11	2.309	1.479	0.317	113.030	111.551	110.072
4 1/2	11	2.309	1.479	0.317	125.730	124.251	122.772
5	11	2.309	1.479	0.317	138.430	136.951	135.472
5 1/2	11	2.309	1.479	0.317	151.130	149.651	148.172
6	11	2.309	1.479	0.317	163.830	162.351	160.872

表Ⅱ-4　55°密封管螺纹(摘自 GB/T7306.1—2000；GB/T7306.2—2000)

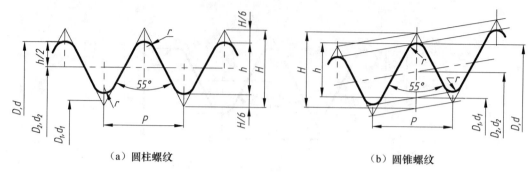

（a）圆柱螺纹　　　　　　　　　　　　（b）圆锥螺纹

$$P=25.4/n, H=0.960237P$$

标记示例

(1) 尺寸代号为 3/4 的右旋圆柱内螺纹：R_p 3/4；左旋时为：R_p 3/4 LH。
(2) 尺寸代号为 3/4 的右旋圆锥内螺纹：R_c 3/4；左旋时为：R_c 3/4 LH。
(3) 尺寸代号为 3 的右旋圆锥外螺纹：R_2 3；左旋时为：R_2 3-LH。
　其中，R_p——表示圆柱内螺纹；
　　　　R_c——表示圆锥内螺纹；
　　　　R_1——表示与圆柱内螺纹 R_p 配合的圆锥外螺纹；
　　　　R_2——表示与圆锥内螺纹 R_c 配合的圆锥外螺纹。

尺寸代号	每25.4mm 内的牙数 n	螺距 P /mm	牙高 h /mm	圆弧半径 r /mm	基本面上的基本直径/mm		
					大径 $d=D$	中径 $d_2=D_2$	小径 $d_1=D_1$
1/16	28	0.907	0.581	0.125	7.723	7.142	6.561
1/8	28	0.907	0.581	0.125	9.728	9.147	8.566
1/4	19	1.337	0.856	0.184	13.157	12.301	11.445
3/8	19	1.337	0.856	0.184	16.662	15.806	14.950
1/2	14	1.814	1.162	0.249	20.955	19.793	18.631
3/4	14	1.814	1.162	0.249	26.441	25.279	24.117
1	11	2.309	1.479	0.317	33.249	31.770	30.291
1 1/4	11	2.309	1.479	0.317	41.910	40.431	38.952
1 1/2	11	2.309	1.479	0.317	47.803	46.324	44.845
2	11	2.309	1.479	0.317	59.614	58.135	56.656
2 1/2	11	2.309	1.479	0.317	75.184	73.705	72.226
3	11	2.309	1.479	0.317	87.884	86.405	84.926
3 1/2	11	2.309	1.479	0.317	100.330	98.851	97.372
4	11	2.309	1.479	0.317	113.030	111.551	110.072
5	11	2.309	1.479	0.317	138.430	136.951	135.472
6	11	2.309	1.479	0.317	163.830	162.351	160.872

Ⅱ.2 螺纹紧固件

六角头螺栓 C级 GB/T 5780—2000

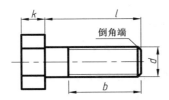

六角头螺栓 全螺纹 C级 GB/T 5781—2000

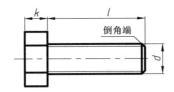

标记示例

螺纹规格 d＝M12,公称长度 l＝80mm,C级的六角头螺栓及全螺纹的六角头螺栓:

螺栓 GB/T 5780 M12×80

螺栓 GB/T 5781 M12×80

(单位:mm)

螺纹规格 d		M5	M6	M8	M10	M12	M16	M20	M24	M30	M36
b 参考	l≤125	16	18	22	26	30	38	46	54	66	—
	125＜l≤200	22	24	28	32	36	44	52	60	72	84
	l＞200	35	37	41	45	49	57	65	73	85	97
e	min	8.63	10.89	14.20	17.59	19.85	26.17	32.95	39.55	50.85	60.79
s	公称＝max	8	10	13	16	18	24	30	36	46	55
	min	7.64	9.64	12.57	15.57	17.57	23.16	29.16	35.00	45.00	53.80
k	公称	3.5	4.0	5.3	6.4	7.5	10.0	12.5	15.0	18.7	22.5
	max	3.875	4.375	5.675	6.85	7.95	10.75	13.40	15.90	19.75	23.55
	min	3.125	3.625	4.925	5.95	7.05	9.25	11.60	14.10	17.65	21.45
l(商品规格范围及通用规格)	GB/T 5780	25～50	30～60	40～80	45～100	55～120	65～160	80～200	100～240	120～300	140～360
	GB/T 5781	10～50	12～60	16～80	20～100	25～120	30～160	40～200	50～240	60～300	70～360
l 系列		20,25,30,35,40,45,50,(55),60,(65),70,80,90,100,110,150,160,180,200,220,240, 260,280,300,320,340,360,380									

注:1. 此表产品等级为 C 级,另有 A 级和 B 级。A 级用于 d≤24 和 l≤10d 或≤150mm(按较小值)的螺栓,B 级用于 d＞24 或 l＞10d 或＞150mm(按较小值)的螺栓。

2. 尽可能不采用括号内的规格。

3. 本表中螺栓的一些小的结构尺寸省略未列出。

表Ⅱ-6 双头螺柱 $b_m = 1d$(GB/T 897—1988)、双头螺柱 $b_m = 1.25d$(GB/T 898—1988)、双头螺柱 $b_m = 1.5d$(GB/T 899—1988)、双头螺柱 $b_m = 2d$(GB/T 900—1988)

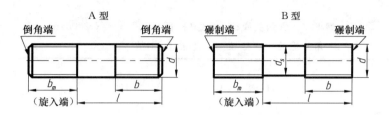

标记示例

(1) 两端为粗牙普通螺纹,$d=12$mm,$l=50$mm,性能等级 4.8 级,不经表面处理,B 型,$b_m = 1d$ 的双头螺柱:

螺柱 GB/T 897 M12×50

(2) 旋入机体一端为粗牙普通螺纹,旋入母一端为螺距 $P=1$mm 的细牙普通螺纹,$d=12$mm,$l=50$mm,性能等级为 4.8 级,不经表面处理,A 型,$b_m = 1.25d$ 的双头螺柱:

螺柱 GB/T 898 AM12—M12×1×50

(3) 旋入机体一端为过渡配合螺纹的第一种配合,旋螺母一端为粗牙普通螺纹,$d=12$mm,$l=50$mm,性能等级为 8.8 级,镀锌钝化,B 型,$b_m = 1.5d$ 的双头螺柱:

螺柱 GB/T 899 GM12—M12×50—8.8—Zn.D

(单位:mm)

螺纹规格 d	b_m				l/b
	GB/T897—1988	GB/T898—1988	GB/T899—1988	GB/T900—1988	
M6	6	8	10	12	(20~22)/10,(25~30)/14,(32~75)/18
M8	8	10	12	16	(20~22)/12,(25~30)/16,(32~90)/22
M10	10	12	15	20	(25~28)/14,(30~38)/16,(40~120)/26,130/32
M12	12	15	18	24	(25~30)/16,(32~40)/20,(45~120)/30,(130~180)/36
(M14)	14	18	21	28	(30~35)/18,(38~45)/25,(50~120)/34,(130~180)/40
M16	16	20	24	32	(30~38)/20,(40~55)/30,(60~120)/38,(130~200)/44
(M18)	18	22	27	36	(35~40)/22,(45~60)/35,(65~120)/42,(130~200)/48
M20	20	25	30	40	(35~40)/25,(45~65)/35,(70~120)/46,(130~200)/52
(M22)	22	28	33	44	(40~45)/30,(50~70)/40,(75~120)/50,(130~200)/56
M24	24	30	36	48	(45~50)/30,(55~75)/45,(80~120)/54,(130~200)/60
(M27)	27	35	40	54	(50~60)/35,(65~85)/50,(90~120)/60,(130~200)/66
M30	30	38	45	60	(60~65)/40,(70~90)/50,(95~120)/66,(130~200)/72,(210~250)/85
M36	36	45	54	72	(65~75)/45,(80~110)/60,120/78,(130~200)/84,(210~300)/97
l系列	12,(14),16,(18),20,(22),25,(28),30,(32),35,(38),40,45,50,55,60,65,70,75,80,85,90,95,100,110,120,130,140,150,160,170,180,190,200,210,220,230,240,250,260,280,300				

注:1. $b_m = d$,一般用于旋入机体为钢的场合;$b_m = (1.25-1.5)d$,一般用于旋入机体为铸铁的场合;$b_m = 2d$,一般用于旋入机体为铝合金的场合。

2. 不带括号的为优先系列,仅 GB/T 898—1988 有优先系列。

3. b 不包括螺尾。本表中螺栓的一些小的结构尺寸省略未列出。

开槽盘头螺钉（摘自 GB/T 67—2000）

开槽沉头螺钉（摘自 GB/T 68—2000）

开槽圆柱头螺钉（摘自 GB/T 65—2000）　　开槽盘头螺钉（摘自 GB/T 67—2000）

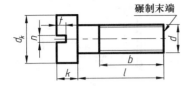 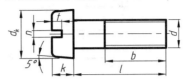

开槽沉头螺钉（摘自 GB/T 68—2000）

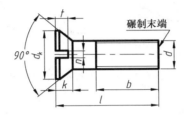

标记示例

(1) 螺纹规格 d＝M5，公称长度 l＝20mm，性能等级为 4.8 级，不经表面处理的开槽圆柱头螺钉：

螺钉 GB/T 65 M5×20

(2) 螺纹规格 d，公称长度 l，性能等级及表面处理要求与上述完全相同的开槽盘头螺钉和开槽沉头螺钉：

螺钉 GB/T 67 M5×20　　　　螺钉 GB/T 68 M5×20

（单位：mm）

螺纹规格 d			M3	M4	M5	M6	M8	M10
d_k (max)	GB/T 65—2000		5.5	7	8.5	10	13	16
	GB/T 67—2000		5.6	8	9.5	12	16	20
	GB/T 68—2000		5.5	8.4	9.3	11.3	15.8	18.3
k (max)	GB/T 65—2000		2	2.6	3.3	3.9	5	6
	GB/T 67—2000		1.8	2.4	3.0	3.6	4.8	6.0
	GB/T 68—2000		1.65	2.70	2.70	3.30	4.65	5.00
n(公称)			0.8	1.2	1.2	1.6	2.0	2.5
t (min)	GB/T 65—2000		0.85	1.1	1.3	1.6	2.0	2.4
	GB/T 67—2000		0.7	1.0	1.2	1.4	1.9	2.4
	GB/T 68—2000		0.6	1.0	1.1	1.2	1.8	2.0
x(max)			1.25	1.75	2.0	2.5	3.2	3.8
l(公称)	GB/T 65—2000		4～30	5～40	6～50	8～60	10～80	12～80
	GB/T 67—2000		4～30	5～40	6～50	8～60	10～80	12～80
	GB/T 68—2000		5～30	6～40	8～50	8～60	10～80	12～80
b (min)	GB/T 65—2000 GB/T 67—2000	$l{\leqslant}40$	全螺纹					
		$l{>}40$	38					
	GB/T 68—2000	$l{\leqslant}45$	全螺纹					
		$l{>}45$	38					
长度 l 系列			4,5,6,8,10,12,(14),16,20～50(5 进位)； 55～80(5 进位，个位为 5 时尽可能不采用)					

十字槽盘头螺钉(摘自 GB/T 818—2000)　　　　十字槽沉头螺钉(摘自 GB/T 819.1—2000)

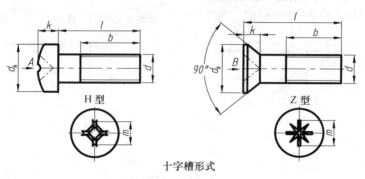

H 型　　　　　　Z 型

十字槽形式

标记示例

螺纹规格 d＝M5,公称长度 l＝20mm,性能等级为 4.8 级,不经表面处理的 A 级 H 型十字槽盘头螺钉:

螺钉 GB/T 818 M5×20

（单位:mm）

螺纹规格 d				M3	M4	M5	M6	M8	M10
b			min	25	38	38	38	38	38
d_k		max	GB/T 818—2000	5.6	8	9.5	12	16	20
		min		5.3	7.64	9.14	11.57	15.57	19.48
		max	GB/T 819.1—2000	5.5	8.4	9.3	11.3	15.8	18.3
		min		5.2	8.04	8.94	10.87	15.37	17.78
k		max	GB/T 818—2000	2.4	3.1	3.7	4.6	6	7.5
		min		2.26	2.92	3.52	4.30	5.70	7.14
		max	GB/T 819.1—2000	1.65	2.70	2.70	3.30	4.65	5.00
十字槽尺寸		槽号　No:		1	2		3	4	
	H型	m(参考)	GB/T 818—2000	3.0	4.4	4.9	6.9	9.0	10.1
			GB/T 819.1—2000	3.2	4.6	5.2	6.8	8.9	10.0
		插入深度 min	GB/T 818—2000	1.4	1.9	2.4	3.1	4.0	5.2
			GB/T 819.1—2000	1.7	2.1	2.7	3.0	4.0	5.1
		插入深度 max	GB/T 818—2000	1.8	2.4	2.9	3.6	4.6	5.8
			GB/T 819.1—2000	2.1	2.6	3.2	3.5	4.6	5.7
	Z型	m(参考)	GB/T 818—2000	2.8	4.3	4.7	6.7	8.8	9.9
			GB/T 819.1—2000	3.00	4.40	4.90	6.60	8.80	9.80
		插入深度 min	GB/T 818—2000	1.50	1.89	2.29	3.03	4.05	5.24
			GB/T 819.1—2000	1.76	2.06	2.60	3.00	4.15	5.19
		插入深度 max	GB/T 818—2000	1.75	2.34	2.74	3.46	4.50	5.69
			GB/T 819.1—2000	2.01	2.51	3.05	3.45	4.60	5.64
l(商品规格范围 公称长度)		GB/T 818—2000		4～30	5～40	6～45	8～60	10～60	12～60
		GB/T 819.1—2000				6～50			
长度 l 系列				3,4,5,6,8,10,12,(14),16,20,25,30,35,40,45,50,(55),60					

注:1. 括号内的长度规格尽量不用。

　　2. 公称长度 $l \leqslant 25$mm(GB/T819.1—2000,$l \leqslant 30$mm),而螺纹规格 d 在 M1.6～M3 的螺钉,应制出全螺纹;公称长度 $l \leqslant 40$mm(GB/T819.1—2000,$l \leqslant 45$mm),而螺纹规格 d 在 M4～M10 的螺钉,也应制出全螺纹。

表Ⅱ-9　内六角圆柱头螺钉(摘自 GB/T 70.1—2000)

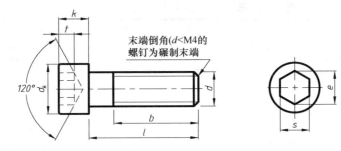

末端倒角(d<M4的螺钉为碾制末端)

标记示例

螺纹规格 $d=$M5,公称长度 $l=$20mm,性能等级为 8.8 级,表面氧化的 A 级内六角圆柱头螺钉:

螺钉 GB/T 70.1 M5×20

（单位:mm）

螺纹规格 d		M4	M5	M6	M8	M10	M12	M16	M20
P		0.7	0.8	1	1.25	1.5	1.75	2	2.5
b(参考)		20	22	24	28	32	36	44	52
d_k	max	7.22	8.72	10.22	13.27	16.27	18.27	24.33	30.33
	min	6.78	8.28	9.78	12.73	15.73	17.73	23.67	29.67
d_s	max	4	5	6	8	10	12	16	20
	min	3.82	4.82	5.82	7.78	9.78	11.73	15.73	19.67
k	max	4	5	6	8	10	12	16	20
	min	3.82	4.82	5.70	7.64	9.64	11.57	15.57	19.48
e	min	3.44	4.58	5.72	6.86	9.15	11.43	16.00	19.44
s	公称	3	4	5	6	8	10	14	17
	min	3.020	4.020	5.020	6.020	8.025	10.025	14.032	17.050
	max	3.071	4.084	5.084	6.095	8.115	10.115	14.142	17.230
t	min	2	2.5	3	4	5	6	8	10
l(商品规格范围公称长度)		6～40	8～50	10～60	12～80	16～100	20～120	25～160	30～200
l 长度小于下面对应数值时,制作全螺纹。		30	30	35	40	45	55	65	80
l(系列)		5,6,8,10,12,(14),16,20,25,30,35,40,45,50,(55),60,(65),70,80,90,100,110,120,130,140,150,160,180,200							

注:1. Lg max(夹紧长度)=$l_{公称}-b_{参考}$;ls min(无螺纹杆部长度)=lg max−5P。

2. 尽可能不采用括号内的规格长度。

3. GB/T 70.1—2000 包括 $d=$M1.6～M36 的螺钉,本表仅摘录部分常用规格。

4. 螺钉部分细小结构尺寸表中已省略。

表 Ⅱ-10　开槽锥端紧定螺钉(摘自 GB/T 71—1985)

开槽平端紧定螺钉(摘自 GB/T 73—1985)

开槽长圆柱端紧定螺钉(摘自 GB/T 75—1985)

开槽锥端紧定螺钉
GB/T 71—1985

开槽平端紧定螺钉
GB/T 73—1985

开槽长圆柱端紧定螺钉
GB/T 75—1985

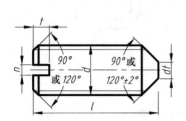 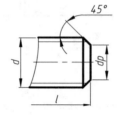 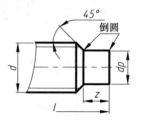

标记示例

螺纹规格 d＝M5，公称长度 l＝12mm，性能等级为 14H，表面氧化的开槽平端紧定螺钉：

螺钉 GB/T 73 M5×12

（单位：mm）

螺纹规格 d		M3	M4	M5	M6	M8	M10	M12
P		0.5	0.7	0.8	1	1.25	1.5	1.75
dt	min	—	—	—	—	—	—	—
	max	0.3	0.4	0.5	1.5	2	2.5	3
dp	min	1.75	2.25	3.2	3.7	5.2	6.64	8.14
	max	2.0	2.5	3.5	4.0	5.5	7.0	8.5
n	公称	0.4	0.6	0.8	1	1.2	1.6	2
	min	0.46	0.66	0.86	1.06	1.26	1.66	2.06
	max	0.6	0.8	1.00	1.20	1.51	1.91	2.31
t	min	0.8	1.12	1.28	1.60	2.00	2.400	2.800
	max	1.05	1.42	1.63	2.00	2.50	3.00	3.60
z	min	1.5	2.0	2.5	3	4	5	6
	max	1.75	2.25	2.75	3.25	4.30	5.30	6.30
GB/T 71—1985	l(公称长度)	4～16	6～20	8～25	8～30	10～40	12～50	14～60
	l(短螺钉)	2～3	2～4	2～5	2～6	2～8	2～10	2～12
GB/T 73—1985	l(公称长度)	3～16	4～20	5～25	6～30	8～40	10～50	12～60
	l(短螺钉)	2～3	2～4	2～5	2～6	2～6	2～8	2～10
GB/T 75—1985	l(公称长度)	5～16	6～20	8～25	8～30	10～40	12～50	14～60
	l(短螺钉)	2～5	2～6	2～8	2～10	2～14	2～16	2～20
l(系列)	2,2.5,3,4,5,6,8,10,12,(14),16,20,25,30,35,40,45,50,(55),60							

注：1. 公称长度为商品规格尺寸，尽可能不采用括号内的规格长度。

2. 公称长度 l 为短螺钉时，两端应制成 120°锥度。

3. 螺钉部分细小结构尺寸表中已省略。

1 型六角螺母(摘自 GB/T 6170—2000)

六角薄螺母(摘自 GB/T 6172.1—2000)

六角螺母—C级(摘自 GB/T 41—2000)　　　　1 型六角螺母(摘自 GB/T 6170—2000)

六角薄螺母(摘自 GB/T 6172.1—2000)

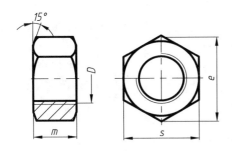 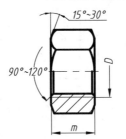 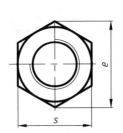

标记示例

(1) 螺纹规格 D＝M12,性能等级为 5 级,不经表面处理,C 级的六角螺母:

螺母 GB/T 41 M12

(2) 螺纹规格 D＝M12,性能等级为 8 级,不经表面处理,A 级的 1 型六角螺母:

螺母 GB/T 6170 M12

(3) 螺纹规格 D＝M12,性能等级为 4 级,不经表面处理,A 级的六角薄螺母:

螺母 GB/T 6172.1 M12

(单位:mm)

	螺纹规格 D	M3	M4	M5	M6	M8	M10	M12	M16	M20	M24	M30	M36	M42
e min	GB/T 41—2000	—	—	8.63	10.89	14.2	17.59	19.85	26.17	32.95	39.55	50.85	60.79	71.3
	GB/T 6170—2000	6.01	7.66	8.79	11.05	14.38	17.77	20.03	26.75					
	GB/T 6172.1—2000													
	s(公称＝max)	5.5	7	8	10	13	16	18	24	30	36	46	55	65
m max	GB/T 41—2000	—	—	5.6	6.4	7.9	9.5	12.2	15.9	19.0	22.3	26.4	31.9	34.9
	GB/T 6170—2000	2.4	3.2	4.7	5.2	6.8	8.4	10.8	14.8	18	21.5	25.6	31	34
	GB/T 6172.1—2000	1.8	2.2	2.7	3.2	4.0	5.0	6.0	8	10	12	15	18	21

注:1. 本表仅节录出部分常用的优先系列的螺母。

2. A 级用于 D≤16 的螺母,B 级用于 D＞16 的螺母。

表Ⅱ-12　垫圈　平垫圈—C 级（摘自 GB/T 95—2002）

　　　　　　大垫圈—A 级和 C 级（摘自 GB/T 96.1 和 GB/T 96.2—2002）

　　　　　　平垫圈—A 级（摘自 GB/T 97.1—2002）

　　　　　　平垫圈 倒角型—A 级（摘自 GB/T 97.2—2002）

　　　　　　小垫圈—A 级（摘自 GB/T 848—2002）

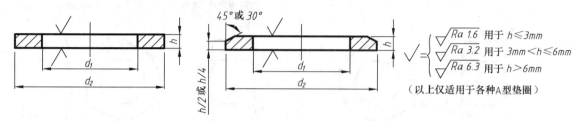

$\sqrt{Ra\ 1.6}$ 用于 h≤3mm
$\sqrt{Ra\ 3.2}$ 用于 3mm<h≤6mm
$\sqrt{Ra\ 6.3}$ 用于 h>6mm

（以上仅适用于各种A型垫圈）

GB/T 95—2002，GB/T 96.1、96.2—2002　　　　GB/T 97.2—2002
GB/T 97.1—2002，GB/T 848—2002

标记示例

（1）标准系列，公称规格 8mm，硬度等级为 100HV 级，不经表面处理，产品等级为 C 级的平垫圈：

　　　　垫圈 GB/T 95　8

（2）标准系列，公称规格 8mm，由钢制造的性能等级为 200HV 级，不经表面处理，产品等级为 A 级，倒角型平垫圈：

　　　　垫圈 GB/T 97.2　8

（单位：mm）

公称规格（螺纹大径）	标准系列 GB/T 95、97.1、97.2—2002				大垫圈系列 GB/T 96.1、96.2—2002				小垫圈系列 GB/T 848—2002		
			d_1	d_1	d_1						
d	d_2	h	GB/T95	GB/T 97.1、GB/T 97.2	GB/T 96.1	GB/T 96.2	d_2	h	d_1	d_2	h
1.6	4	0.3	1.8	1.7/—	—	—	—	—	1.7	3.5	0.3
2	5	0.3	2.4	2.2/—	—	—	—	—	2.2	4.5	0.3
2.5	6	0.5	2.9	2.7/—	—	—	—	—	2.7	5	0.5
3	7	0.5	3.4	3.2/—	3.2	3.4	9	0.8	3.2	6	0.5
4	9	0.8	4.5	4.3/—	4.3	4.5	12	1	4.3	8	0.5
5	10	1	5.5	5.3	5.3	5.5	15	1	5.3	9	1
6	12	1.6	6.6	6.4	6.4	6.6	18	1.6	6.4	11	1
8	16	1.6	9	8.4	8.4	9	24	2	8.4	15	1.6
10	20	2	11	10.5	10.5	11	30	2.5	10.5	18	1.6
12	24	2.5	13.5	13	13	13.5	37	3	13	20	2
16	30	3	17.5	17	17	17.5	50	3	17	28	2.5
20	37	3	22	21	21	22	60	4	21	34	3
24	44	4	26	25	25	26	72	5	25	39	4
30	56	4	33	31	33	33	92	6	31	50	4
36	66	5	39	37	39	39	110	8	37	60	5

注：1. 各标准中 d 的范围为：GB/T 95、GB/T 97.1 为 1.6～64mm，GB/T 96.1、96.2 为 3～36mm，GB/T 97.2 为 5～64mm；GB/T 848 为 1.6～36mm。

2. 表中所列的 d_1、d_2、h 均为公称值，其中 d_1 为最小公称值，d_2 为最大公称值。

3. GB/T 848—2002 主要用于带圆柱头的螺钉，其他用于标准的六角螺栓、螺柱和螺钉等。

4. 精装配系列适用于 A 级垫圈，中等装配系列适用于 C 级垫圈。

表 Ⅱ-13　标准型弹簧垫圈(摘自 GB/T 93—1987)

轻型弹簧垫圈(摘自 GB/T 859—1987)

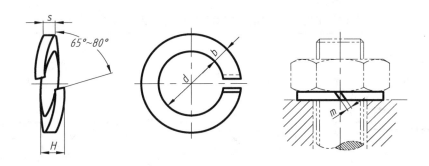

标记示例

规格 16mm,材料为 65Mn,表面氧化的标准型弹簧垫圈:

垫圈 GB/T 93 16

(单位:mm)

规格 (螺纹大径)	d	GB/T 93—1987		GB/T 859—1987		
		$s=b$	$0<m\leqslant$	s	b	$0<m\leqslant$
2	2.1	0.5	0.25	—	—	—
2.5	2.6	0.65	0.33	—	—	—
3	3.1	0.8	0.4	0.6	1	0.3
4	4.1	1.1	0.55	0.8	1.2	0.4
5	5.1	1.3	0.65	1.1	1.5	0.55
6	6.1	1.6	0.8	1.3	2	0.65
8	8.1	2.1	1.05	1.6	2.5	0.8
10	10.2	2.6	1.3	2	3	1
12	12.2	3.1	1.55	2.5	3.5	1.25
(14)	14.2	3.6	1.8	3	4	1.5
16	16.2	4.1	2.05	3.2	4.5	1.6
(18)	18.2	4.5	2.25	3.6	5	1.8
20	20.2	5	2.5	4	5.5	2
(22)	22.5	5.5	2.75	4.5	6	2.25
24	24.5	6	3	5	7	2.5
(27)	27.5	6.8	3.4	5.5	8	2.75
30	30.5	7.5	3.75	6	9	3
36	36.5	9	4.5	—	—	—
42	42.5	10.5	5.25	—	—	—
48	48.5	12	6	—	—	—

Ⅱ.3　键联结和销连接

表Ⅱ-14　平键:键和键槽的剖面尺寸(摘自 GB/T 1095—2003)

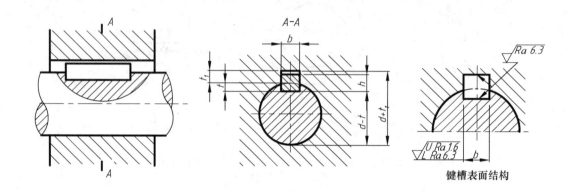

键槽表面结构

（单位:mm）

轴	键	键槽											
			宽度 b					深度				半径 r	
				偏 差									
公称直径 d	基本尺寸 b×h	键宽尺寸 b	松联结		正常联结		紧密联结	轴 t		毂 t₁			
			轴 H9	毂 D10	轴 N9	毂 JS9	轴和毂 P9	公称	偏差	公称	偏差	最小	最大
自 6～8	2×2	2	+0.025 0	+0.060 +0.020	−0.004 −0.029	±0.0125	−0.006 −0.031	1.2	+0.1	1.0	+0.1	0.08	0.16
>8～10	3×3	3						1.8		1.4			
>10～12	4×4	4	+0.030 0	+0.078 +0.030	0 −0.030	±0.015	−0.012 −0.042	2.5	0	1.8	0	0.16	0.25
>12～17	5×5	5						3.0		2.3			
>17～22	6×6	6						3.5		2.8			
>22～30	8×7	8	+0.036 0	+0.098 +0.040	0 −0.036	±0.018	−0.015 −0.051	4.0	+0.2	3.3	+0.2	0.25	0.4
>30～38	10×8	10						5.0		3.3			
>38～44	12×8	12	+0.043 0	+0.012 +0.050	0 −0.043	±0.0215	−0.018 −0.061	5.0		3.3			
>44～50	14×9	14						5.5		3.8			
>50～58	16×10	16						6.0	0	4.3	0		
>58～65	18×11	18						7.0		4.4			
>65～75	20×12	20	+0.052 0	+0.149 +0.065	0 −0.052	±0.026	−0.022 −0.074	7.5		4.9		0.4	0.6
>75～85	22×14	22						9.0		5.4			
>85～95	25×14	25						9.0		5.4			
>95～110	28×16	28						10.0		6.4			

注:1. 在零件工作图中,轴槽深用(d−t)、轮毂槽深用(d+t₁)标注。

2. (d−t)和(d+t₁)两组组合尺寸的极限偏差按相应的 t 和 t₁ 的极限偏差选取,但(d−t)极限偏差应取负号。

3. 平键轴槽的长度公差用 H14。

表Ⅱ-15 普通平键型式尺寸(摘自 GB/T 1096—2003)

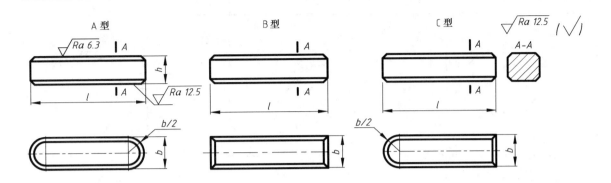

标注示例

圆头普通平键(A 型)b=16mm,h=10mm,L=100mm:GB/T 1096 键 16×10×100
平头普通平键(B 型)b=16mm,h=10mm,L=100mm:GB/T 1096 键 B 16×10×100
单圆头普通平键(C 型)b=16mm,h=10mm,L=100mm:GB/T 1096 键 C 16×10×100

(单位:mm)

键尺寸 b×h	键尺寸及公差							
	宽度 b		高度 h			键长度 L (公称尺寸)	键长度 L 的极限偏差	
	公称尺寸	极限偏差 h8	公称尺寸	极限偏差			公称尺寸	极限偏差 h14
				矩形 h11	方形 h8			
2×2	2	0 −0.014	2	—	0 −0.014	6~10	6~10	0 −0.36
3×3	3		3			6~36		
4×4	4	0 −0.018	4		0 −0.018	8~45	12~18	0 −0.43
5×5	5		5	—		10~56		
6×6	6		6			14~70	20~28	0 −0.52
8×7	8	0 −0.022	7			18~90		
10×8	10		8	0 −0.09	—	22~110	32~50	0 −0.62
12×8	12		8			28~140		
14×9	14	0 −0.027	9			36~160	56~80	0 −0.74
16×10	16		10			45~180		
18×11	18		11			50~200	90~110	0 −0.87
20×12	20		12			56~220		
22×14	22	0 −0.033	14	0 −0.011	—	63~250	125~180	0 −1
25×14	25		14			70~280		
28×16	28		16			80~320	200~250	0 −1.15
32×18	32		18			90~360		
36×20	36	0 −0.039	20			100~400	280	0 −1.3
40×22	40		22	0 −0.013	—	110~450	320~400	0 −1.4
45×25	45		25					
l 系列	6,8,10,12,14,16,18,20,22,25,28,32,36,40,45,50,56,63,70,80,90,100,110,125,140,160,180,200, 220,250,280,320,360,400,450							

注:括号内的数值为 h9,适用于 B 型键。

表 Ⅱ-16　半圆键:键槽的剖面尺寸(摘自 GB/T 1098—2003)
半圆键　型式尺寸(摘自 GB/T 1099.1—2003)

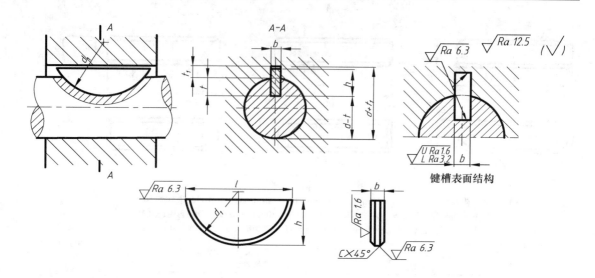

标注示例

半圆键 $b=6mm,h=10mm,d_1=25mm$：GB/T 1099.1　键 6×25

(单位:mm)

轴径 d		键			键槽尺寸与偏差							
键传递转矩用	键定位用	公称尺寸 $b×h×d_1$	长度 $L≈$	倒角 C	槽宽 b(同键宽 b)			轴 t		毂 t_1		半径 r
					一般键联结		较紧键联结					
					轴 N9	毂 JS9	轴和毂 P9	公称	偏差	公称	偏差	
自 3~4	自 3~4	1×1.4×4	3.9	0.16~0.25	−0.004 −0.029	±0.012	−0.006 −0.031	1	+0.1 0	0.6	+0.1 0	0.08~0.16
>4~5	>4~6	1.5×2.5×7	6.8					2		0.8		
>5~6	>6~8	2×2.6×7	6.8					1.8		1.0		
>6~7	>8~10	2×3.7×10	9.7					2.9		1.0		
>7~8	>10~12	2.5×3.7×10	9.7					2.7		1.2		
>8~10	>12~15	3×5×13	12.7					3.8		1.4		
>10~12	>15~18	3×6.5×16	15.7					5.3		1.4		0.16~0.25
>12~14	>18~20	4×6.5×16	15.7	0.25~0.4	0 −0.03	±0.015	−0.012 −0.042	5	+0.2 0	1.8		
>14~16	>20~22	4×7.5×19	18.6					6		1.8		
>16~18	>22~25	5×6.5×16	15.7					4.5		2.3		
>18~20	>25~28	5×7.5×19	18.6					5.5		2.3		
>20~22	>28~32	5×9×22	21.6					7		2.3		
>22~25	>32~36	6×9×22	21.6					6.5		2.8		
>25~28	>36~40	6×10×25	24.5					7.5	+0.3 0	2.8		
>28~32	40	8×11×28	27.4	0.4~0.6	0 −0.036	±0.018	−0.015 −0.051	8		3.3	+0.2 0	0.25~0.4
>32~38		10×13×32	31.4					10		3.3		

注:1. $(d−t)$和$(d+t_1)$两组组合尺寸的极限偏差按相应的 t 和 t_1 的极限偏差选取,但$(d−t)$极限偏差应取负号(−)。

2. 键宽 b、高度 h 和直径尺寸 d_1 的制造公差分别为 h9、h11 和 h12。

表Ⅱ-17　圆柱销,不淬硬钢和奥氏体不锈钢（摘自 GB/T 119.1—2000）

圆锥销（摘自 GB/T 117—2000）、**开口销**（摘自 GB/T 91—2000）

圆柱销（摘自 GB/T 119.1—2000）

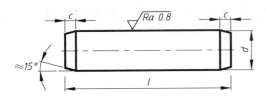　　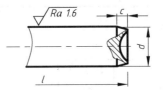

末端形状由制造者确定

注：1.末端允许倒圆或凹穴。

　　2.表面粗糙度：公差m6 $Ra≤0.8\mu m$；公差h8 $Ra≤1.6\mu m$。

标注示例

(1) 公称直径 $d=6mm$，公差为 m6，公称长度 $l=30mm$，材料为钢，不经淬火，不经表面处理的圆柱销：

销 GB/T 119.1　6 m6×30

(2) 公称直径 $d=6mm$，公差为 m6，公称长度 $l=30mm$，材料为 A1 组奥氏体不锈钢，表面简单处理的圆柱销：

销 GB/T 119.1　6 m6×30—A1

圆锥销（摘自 GB/T 117—2000）

A 型　　　　　　　　　　　　　　　B 型

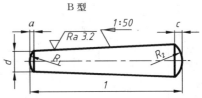

注：1.圆锥销的小端直径为其公称直径 d。

　　2. $R1≈d$，$R2≈d+(1-2a)/50$

标注示例

公称直径 $d=10mm$，长度 $l=60mm$，材料为 35 钢，热处理硬度 28～38HRC，表面氧化处理的 A 型圆锥销：

销 GB/T 117　A10×60

开口销（摘自 GB/T 91—2000）

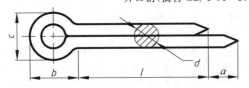　　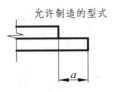

允许制造的型式

标注示例

公称规格 5mm，公称长度 $l=50mm$，材料为 Q215 或 Q235，不经表面处理的开口销：销 GB/T91 5×50

（单位:mm）

	d(公称)	2	3	4	5	6	8	10	12	16	20	25	30
$a≈$	圆柱销 GB/T119.1—2000	—	—	—	—	—	—	—	—	—	—	—	—
	圆锥销 GB/T117—2000	0.25	0.4	0.5	0.63	0.8	1	1.2	1.6	2	2.5	3	4
	开口销 GB/T91—2000	2.5	—	4		4	6.3		6.3				
$c_{max}=$	圆柱销 GB/T119.1—2000	0.35	0.5	0.63	0.8	1.2	1.6	2	2.5	3	3.5	4	5
	开口销 GB/T91—2000	3.6	—	7.4	9.2		15	19		30.8	38.5	—	
l(商品规格范围公称长度)	圆柱销 GB/T119.1—2000	6～20	8～30	8～40	10～50	12～60	14～80	18～95	22～140	26～180	35～200	50～200	60～200
	圆锥销 GB/T117—2000	10～35	12～45	14～55	18～60	22～90	22～120	26～160	32～180	40～200	45～200	50～200	55～200
	开口销 GB/T91—2000	10～40	—	18～80	22～100		40～160	45～200	—	≤280			
l(系列)	2,3,4,5,6,8,10,12,14,16,18,20,22,24,26,28,30,32,35,40,45,50,55,60,65,70,75,80,85,90,95,100,120,140,160,180,200												

Ⅱ.4 滚动轴承

表Ⅱ-18 深沟球轴承(摘自 GB/T 276—1994)

轴承代号	尺寸/mm		
	d	D	B
10 系列			
607	7	19	6
608	8	22	7
609	9	24	7
6000	10	26	8
6001	12	28	8
6002	15	32	9
6003	17	35	10
6004	20	42	12
60/22	22	44	12
6005	25	47	12
60/28	28	52	12
6006	30	55	13
60/32	32	58	13
6007	35	62	14
6008	40	68	15
6009	45	75	16
6010	50	80	16
02 系列			
623	3	10	4
624	4	13	5
625	5	16	5
626	6	19	6
627	7	22	7
628	8	24	8
629	9	26	8
6200	10	30	9
6201	12	32	10
6202	15	35	11
6203	17	40	12
6204	20	47	14
62/22	22	50	14

轴承代号	尺寸/mm		
	d	D	B
02 系列			
6205	25	52	15
62/28	28	58	16
6206	30	62	16
62/32	32	65	17
6207	35	72	17
6208	40	80	18
6209	45	85	19
6210	50	90	20
6211	55	100	21
6212	60	110	22
03 系列			
633	3	13	5
634	4	16	5
635	5	19	6
6300	10	35	11
6301	12	37	12
6302	15	42	13
6303	17	47	14
6304	20	52	15
63/22	22	56	16
6305	25	62	17
63/28	28	68	18
6306	30	72	19
63/32	32	75	20
6307	35	80	21
6308	40	90	23
6309	45	100	25
6310	50	110	27
6311	55	120	29
6312	60	130	31
6313	65	140	33
6314	70	150	35
04 系列			
6403	17	62	17
6404	20	72	19
6405	25	80	21
6406	30	90	23
6407	35	100	25
6408	40	110	27
6409	45	120	29
6410	50	130	31

表 Ⅱ-19　圆锥滚子轴承(摘自 GB/T 297—1994)

轴承代号	d	D	T	B	C
02 系列					
30202	15	35	11.75	11	10
30203	17	40	13.25	12	11
30204	20	47	15.26	14	12
30205	25	52	16.25	15	13
30206	30	62	17.25	16	14
302/32	32	65	18.25	17	15
30207	35	72	18.25	17	15
30208	40	80	19.75	18	16
30209	45	85	20.75	19	16
30210	50	90	21.75	20	17
30211	55	100	22.75	21	18
30212	60	110	23.75	22	19
30213	65	120	24.75	23	20
30214	70	125	26.25	24	21
30215	75	130	27.25	25	22
03 系列					
30302	15	42	14.25	13	11
30303	17	47	15.25	14	12
30304	20	52	16.25	15	13
30305	25	62	18.25	17	15
30306	30	72	20.75	19	16
30307	35	80	22.75	21	18
30308	40	90	25.75	23	20
30309	45	100	27.75	25	22
30310	50	110	29.25	27	23
30311	55	120	31.50	29	25
30312	60	130	33.50	31	26
30313	65	140	36.00	33	28

轴承代号	d	D	T	B	C
30314	70	150	38.00	35	30
30315	75	160	40.00	37	31
13 系列					
31305	25	62	18.25	17	13
31306	30	72	20.75	19	14
31307	35	80	22.75	21	15
31308	40	90	25.25	23	17
31309	45	100	27.25	25	18
31310	50	110	29.25	27	19
31311	55	120	31.5	29	21
31312	60	130	33.5	31	22
31313	65	140	36	33	23
31314	70	150	38	35	25
31315	75	160	40	37	26
20 系列					
32004	20	42	15	15	12
320/22	22	44	15	15	11.5
32005	25	47	15	15	11.5
320/28	28	52	16	16	12
32006	30	55	17	17	13
320/32	32	58	17	17	13
32007	35	62	18	18	14
32008	40	68	19	19	14.5
32009	45	75	20	20	15.5
32010	50	80	20	20	15.5
32011	55	90	23	23	17.5
32012	60	95	23	23	17.5
32013	65	100	23	23	17.5
32014	70	110	25	25	19
32015	75	115	25	25	19
22 系列					
32203	17	40	17.25	16	14
32204	20	47	19.25	16	15
32205	25	52	19.25	18	16
32206	30	62	21.25	20	17
32207	35	72	24.25	23	19
32208	40	80	24.75	23	19
32209	45	85	24.75	23	19
32210	50	90	24.75	23	19

轴承代号	d	D	T	B	C
32211	55	100	26.8	25	21
23 系列					
32303	17	47	20.3	19	16
32304	20	52	22.3	21	18
32305	25	62	25.3	24	20
32306	30	72	28.8	27	23
32307	35	80	32.8	31	25
32308	40	90	35.3	33	27
32309	45	100	38.3	36	30
32310	50	110	42.3	40	33
29 系列					
32904	20	37	12	12	9
329/22	22	40	12	12	9
32905	25	42	12	12	9
329/28	28	45	12	12	9
32906	30	47	12	12	9
329/32	32	52	14	14	10
32907	35	55	14	14	11.5
32908	40	62	15	15	12
30 系列					
33005	25	47	17	17	14
33006	30	55	20	20	16
33007	35	62	21	21	17
33008	40	68	22	22	18
33009	45	75	24	24	19
33010	50	85	24	24	19
31 系列					
33108	40	75	26	26	20.5
33109	45	80	26	26	20.5
33110	50	85	26	26	20.5
33111	55	95	30	30	23
33112	60	100	30	30	23
33113	65	110	34	34	26.5
32 系列					
33205	25	52	22	22	18
332/28	28	58	24	24	19
33206	30	62	25	25	19.5
332/32	32	65	26	26	20.5
33207	35	72	28	28	22

表 Ⅱ-20　推力球轴承(摘自 GB/T 301—1995)

轴承代号	尺寸/mm			
	d	d_1 (min)	D	B
51210	50	52	78	22
51211	55	57	90	25
51212	60	62	95	26
51213	65	67	100	27
51214	70	72	105	27
51215	75	77	110	27
51216	80	82	115	28
51217	85	88	125	31
51218	90	93	135	35
51220	100	103	150	38

轴承代号	尺寸/mm			
	d	d_1 (min)	D	B
11 系列				
51100	10	11	24	9
51101	12	13	26	9
51102	15	16	28	9
51103	17	18	30	9
51104	20	21	35	10
51105	25	26	42	11
51106	30	32	47	11
51107	35	37	52	12
51108	40	42	60	13
51109	45	47	65	14
51110	50	52	70	14
51111	55	57	78	16
51112	60	62	85	17
51113	65	67	90	18
51114	70	72	95	18
51115	75	77	100	19
51116	80	82	105	19
51117	85	87	110	19
51118	90	92	120	22
51120	100	102	135	25
12 系列				
51200	10	12	26	11
51201	12	14	28	11
51202	15	17	32	12
51203	17	19	35	12
51204	20	22	40	14
51205	25	27	47	15
51206	30	32	52	16
51207	35	37	62	18
51208	40	42	68	19
51209	45	47	73	20

轴承代号	尺寸/mm			
	d	d_1 (min)	D	B
13 系列				
51304	20	22	47	18
51305	25	27	52	18
51306	30	32	60	21
51307	35	37	68	24
51308	40	42	78	26
51309	45	47	85	28
51310	50	52	95	31
51311	55	57	105	35
51312	60	59	110	35
51313	65	67	115	36
51314	70	72	125	40
51315	75	77	135	44
51316	80	82	140	44
51317	85	88	150	49
51308	90	93	155	50
51320	100	103	170	55
14 系列				
51405	25	27	60	24
51406	30	32	70	28
51407	35	37	80	32
51408	40	42	90	36
51409	45	47	100	39
51410	50	52	110	43
51411	55	57	120	48
51412	60	62	130	51
51413	65	67	140	56
51414	70	72	150	60
51415	75	77	160	65
51416	80	82	170	68
51417	85	88	180	72
51418	90	93	190	77

Ⅱ.5 极限与配合

表Ⅱ-21 标准公差数值(摘自 GB/T 1800.3—1998)

基本尺寸/mm 大于	至	公差等级																		
		IT01	IT0	IT1	IT2	IT3	IT4	IT5	IT6	IT7	IT8	IT9	IT10	IT11	IT12	IT13	IT14	IT15	IT16	IT17	IT18
		μm													mm						
—	3	0.3	0.5	0.8	1.2	2	3	4	6	10	14	25	40	60	0.10	0.14	0.25	0.40	0.60	1.00	1.40
3	6	0.4	0.6	1	1.5	2.5	4	5	8	12	18	30	48	75	0.12	1.18	0.30	0.48	0.75	1.20	1.80
6	10	0.4	0.6	1	1.5	2.5	4	6	9	15	22	36	58	90	0.15	0.22	0.36	0.58	0.90	1.50	2.20
10	18	0.5	0.8	1.2	2	3	5	8	11	18	27	43	70	110	0.18	0.27	0.43	0.70	1.10	1.80	2.70
18	30	0.6	1	1.5	2.5	4	6	9	13	21	33	52	84	130	0.21	0.33	0.52	0.84	1.30	2.10	3.30
30	50	0.6	1	1.5	2.5	4	7	11	16	25	39	62	100	160	0.25	0.39	0.62	1.00	1.60	2.50	3.90
50	80	0.8	1.2	2	3	5	8	13	19	30	46	74	120	190	0.30	0.46	0.74	1.20	1.90	3.00	4.60
80	120	1	1.5	2.5	4	6	10	15	22	35	54	87	140	220	0.35	0.54	0.87	1.40	2.20	3.50	5.40
120	180	1.2	2	3.5	5	8	12	18	25	40	63	100	160	250	0.40	0.63	1.00	1.60	2.50	4.00	6.30
180	250	2	3	4.5	7	10	14	20	29	46	72	115	185	290	0.46	0.72	1.15	1.85	2.90	4.60	7.20
250	315	2.5	4	6	8	12	16	23	32	52	81	130	210	320	0.52	0.81	1.30	2.10	3.20	5.20	8.10
315	400	3	5	7	9	13	18	25	36	57	89	140	230	360	0.57	0.89	1.40	2.30	3.60	5.70	8.90
400	500	4	6	8	10	15	20	27	40	63	97	155	250	400	0.63	0.97	1.55	2.50	4.00	6.30	9.70

注:基本尺寸小于1mm时,无IT14~IT18各等级。

基本偏差 基本尺寸 /mm		下偏差（EI）												J			K		M	
		A	B	C	CD	D	E	EF	F	FG	G	H	JS	6	7	8	≤8	>8	≤8	>8
大于	至	所有等级																		
—	3	+270	+140	+60	+34	+20	+14	+10	+6	+4	+2	0		+2	+4	+6	0	0	−2	−2
3	6	+270	+140	+70	+46	+30	+20	+14	+10	+6	+4	0		+5	+6	+10	−1+Δ	—	−4+Δ	−4
6	10	+280	+150	+80	+56	+40	+25	+18	+13	+8	+5	0		+5	+8	+12	−1+Δ	—	−6+Δ	−6
10	14	+290	+150	+95	—	+50	+32	—	+16	—	+6	0		+6	+10	+15	−1+Δ	—	−7+Δ	−7
14	18	+290	+150	+95	—	+50	+32	—	+16	—	+6	0		+6	+10	+15	−1+Δ	—	−7+Δ	−7
18	24	+300	+160	+110	—	+65	+40	—	+20	—	+7	0		+8	+12	+20	−2+Δ	—	−8+Δ	−8
24	30	+300	+160	+110	—	+65	+40	—	+20	—	+7	0		+8	+12	+20	−2+Δ	—	−8+Δ	−8
30	40	+310	+170	+120	—	+80	+50	—	+25	—	+9	0	偏差为 ±IT/2	+10	+14	+24	−2+Δ	—	−9+Δ	−9
40	50	+320	+180	+130	—	+80	+50	—	+25	—	+9	0		+10	+14	+24	−2+Δ	—	−9+Δ	−9
50	65	+340	+190	+140	—	+100	+60	—	+30	—	+10	0		+13	+18	+28	−2+Δ	—	−11+Δ	−11
65	80	+360	+200	+150	—	+100	+60	—	+30	—	+10	0		+13	+18	+28	−2+Δ	—	−11+Δ	−11
80	100	+380	+220	+170	—	+120	+72	—	+36	—	+12	0		+16	+22	+34	−3+Δ	—	−13+Δ	−13
100	120	+410	+240	+180	—	+120	+72	—	+36	—	+12	0		+16	+22	+34	−3+Δ	—	−13+Δ	−13
120	140	+460	+260	+200	—	+145	+85	—	+43	—	+14	0		+18	+26	+41	−3+Δ	—	−15+Δ	−15
140	160	+520	+280	+210	—	+145	+85	—	+43	—	+14	0		+18	+26	+41	−3+Δ	—	−15+Δ	−15
160	180	+580	+310	+230	—	+145	+85	—	+43	—	+14	0		+18	+26	+41	−3+Δ	—	−15+Δ	−15
180	200	+660	+340	+240	—	+170	+100	—	+50	—	+15	0		+22	+30	+47	−4+Δ	—	−17+Δ	−17
200	225	+740	+380	+260	—	+170	+100	—	+50	—	+15	0		+22	+30	+47	−4+Δ	—	−17+Δ	−17
225	250	+820	+420	+280	—	+170	+100	—	+50	—	+15	0		+22	+30	+47	−4+Δ	—	−17+Δ	−17
250	280	+920	+480	+300	—	+190	+110	—	+56	—	+17	0		+25	+36	+55	−4+Δ	—	−20+Δ	−20
280	315	+1050	+540	+330	—	+190	+110	—	+56	—	+17	0		+25	+36	+55	−4+Δ	—	−20+Δ	−20
315	355	+1200	+600	+360	—	+210	+125	—	+62	—	+18	0		+29	+39	+60	−4+Δ	—	−21+Δ	−21
355	400	+1350	+680	+400	—	+210	+125	—	+62	—	+18	0		+29	+39	+60	−4+Δ	—	−21+Δ	−21
400	450	+1500	+760	+440	—	+230	+135	—	+68	—	+20	0		+33	+43	+66	−5+Δ	—	−23+Δ	−23
450	500	+1650	+840	+480	—	+230	+135	—	+68	—	+20	0		+33	+43	+66	−5+Δ	—	−23+Δ	−23

注：1. 基本尺寸＜1mm 时，各级的 A 和 B 及＞8 级的 N 均不采用。

2. 特殊情况：当基本尺寸＞250～315mm 时，M6 的 ES＝−9（不等于−11）。

(摘自 GB/T 1800.3—1998)　　(单位:μm)

上偏差(ES)															Δ					
N		P-ZC	P	R	S	T	U	V	X	Y	Z	ZA	ZB	ZC						
公差等级																				
≤8	>8	≤7	>7												3	4	5	6	7	8
−4	−4	在>7级的相应数值上增加一个Δ值	−6	−10	−14	—	−18	—	−20	—	−26	−32	−40	−60	0					
−8+Δ	0		−12	−15	−19	—	−23	—	−28	—	−35	−42	−50	−80	1	1.5	1	3	4	6
−10+Δ	0		−15	−19	−23	—	−28	—	−34	—	−42	−52	−67	−97	1	1.5	2	3	6	7
−12+Δ	0		−18	−23	−28	—	−33	—	−40	—	−50	−64	−90	−130	1	2	3	3	7	9
								−39	−45	—	−60	−77	−108	−150						
−15+Δ	0		−22	−28	−35	—	−41	−47	−54	−63	−73	−98	−136	−188	1.5	2	3	4	8	12
						−41	48	−55	−64	−75	−88	−118	−160	−218						
−17+Δ	0		−26	−34	−43	−48	−60	−68	−80	−94	−112	−148	−200	−274	1.5	3	4	5	9	14
						−54	70	−81	−97	−114	−136	−180	−242	−325						
−20+Δ	0		−32	−41	−53	−66	−87	−102	−122	−144	−172	−226	−300	−405	2	3	5	6	11	16
				−43	−59	−75	−102	−120	−146	−174	−210	−274	−360	−480						
−23+Δ	0		−37	−51	−71	−91	−124	−146	−178	−214	−258	−335	−445	−585	2	4	5	7	13	19
				−54	−79	−10	−144	−172	−210	−254	−310	−400	−525	−690						
−27+Δ	0		−43	−63	−92	−122	−170	−200	−248	−300	−365	−470	−620	−800	3	4	6	7	15	23
				−65	−100	−134	−190	−228	−280	−340	−415	−535	−700	−900						
				−68	−108	−146	−210	−252	−310	−380	−465	−600	−780	−1000						
−31+Δ	0		−50	−77	−122	−166	−236	−284	−350	−425	−520	−670	−880	−1150	3	4	6	9	17	26
				−80	−130	−180	−258	−310	−385	−470	−575	−740	−960	−1250						
				−84	−140	−196	−284	−340	−425	−520	−640	−820	−1050	−1350						
−34+Δ	0		−56	−94	−158	−218	−315	−385	−475	−580	−710	−920	−1200	−1550	4	4	7	9	20	29
				−98	−170	−240	−350	−425	−525	−650	−790	−1000	−1300	−1700						
−37+Δ	0		−62	−108	−190	−268	−390	−475	−590	−700	−900	−1150	−1500	−1900	4	5	7	11	21	32
				−114	−208	−294	−435	−530	−660	−820	−1000	−1300	−1650	−2100						
−40+Δ	0		−68	−126	−232	−330	−490	−595	−740	−920	−1100	−1450	−1850	−2400	5	5	7	13	23	34
				−132	−252	−360	−540	−660	−820	−1000	−1250	−1600	−2100	−2600						

表 Ⅱ-23　轴的基本偏差数值(摘自 GB/T 1800.3—1998)

(单位:μm)

基本尺寸/mm 大于	至	a	b	c	cd	d	e	ef	f	fg	g	h	js	j (5,6)	j (7)	j (8)	k (4~7)	k (≤3,>7)	m	n	p	r	s	t	u	v	x	y	z	za	zb	zc
—	3	-270	-140	-60	-34	-20	-14	-10	-6	-4	-2	0	±IT/2	-2	-4	-6	0	0	+2	+4	+6	+10	+14	—	+18	—	+20	—	+26	+32	+40	+60
3	6	-270	-140	-70	-46	-30	-20	-14	-10	-6	-4	0	±IT/2	-2	-4	—	+1	0	+4	+8	+12	+15	+19	—	+23	—	+28	—	+35	+42	+50	+80
6	10	-280	-150	-80	-56	-40	-25	-18	-13	-8	-5	0	±IT/2	-2	-5	—	+1	0	+6	+10	+15	+19	+23	—	+28	—	+34	—	+42	+52	+67	+97
10	14	-290	-150	-95	—	-50	-32	—	-16	—	-6	0	±IT/2	-3	-6	—	+1	0	+7	+12	+18	+23	+28	—	+33	—	+40	—	+50	+64	+90	+130
14	18	-290	-150	-95	—	-50	-32	—	-16	—	-6	0	±IT/2	-3	-6	—	+1	0	+7	+12	+18	+23	+28	—	+33	+39	+45	—	+60	+77	+108	+150
18	24	-300	-160	-110	—	-65	-40	—	-20	—	-7	0	±IT/2	-4	-8	—	+2	0	+8	+15	+22	+28	+35	—	+41	+47	+54	+63	+73	+98	+136	+188
24	30	-300	-160	-110	—	-65	-40	—	-20	—	-7	0	±IT/2	-4	-8	—	+2	0	+8	+15	+22	+28	+35	+41	+48	+55	+64	+75	+88	+118	+160	+218
30	40	-310	-170	-120	—	-80	-50	—	-25	—	-9	0	±IT/2	-5	-10	—	+2	0	+9	+17	+26	+34	+43	+48	+60	+68	+80	+94	+112	+148	+200	+274
40	50	-320	-180	-130	—	-80	-50	—	-25	—	-9	0	±IT/2	-5	-10	—	+2	0	+9	+17	+26	+34	+43	+54	+70	+81	+97	+114	+136	+180	+242	+325
50	65	-340	-190	-140	—	-100	-60	—	-30	—	-10	0	±IT/2	-7	-12	—	+2	0	+11	+20	+32	+41	+53	+66	+87	+102	+122	+144	+172	+226	+300	+405
65	80	-360	-200	-150	—	-100	-60	—	-30	—	-10	0	±IT/2	-7	-12	—	+2	0	+11	+20	+32	+43	+59	+75	+102	+120	+146	+174	+210	+274	+360	+480
80	100	-380	-220	-170	—	-120	-72	—	-36	—	-12	0	±IT/2	-9	-15	—	+3	0	+13	+23	+37	+51	+71	+91	+124	+146	+178	+214	+258	+335	+445	+585
100	120	-410	-240	-180	—	-120	-72	—	-36	—	-12	0	±IT/2	-9	-15	—	+3	0	+13	+23	+37	+54	+79	+104	+144	+172	+210	+254	+310	+400	+525	+690
120	140	-460	-260	-200	—	-145	-85	—	-43	—	-14	0	±IT/2	-11	-18	—	+3	0	+15	+27	+43	+63	+92	+122	+170	+202	+248	+300	+365	+470	+620	+800
140	160	-520	-280	-210	—	-145	-85	—	-43	—	-14	0	±IT/2	-11	-18	—	+3	0	+15	+27	+43	+65	+100	+134	+190	+228	+280	+340	+415	+535	+700	+900
160	180	-580	-310	-230	—	-145	-85	—	-43	—	-14	0	±IT/2	-11	-18	—	+3	0	+15	+27	+43	+68	+108	+146	+210	+252	+310	+380	+465	+600	+780	+1000
180	200	-660	-340	-240	—	-170	-100	—	-50	—	-15	0	±IT/2	-13	-21	—	+4	0	+17	+31	+50	+77	+122	+166	+236	+284	+350	+425	+520	+670	+880	+1150
200	225	-740	-380	-260	—	-170	-100	—	-50	—	-15	0	±IT/2	-13	-21	—	+4	0	+17	+31	+50	+80	+130	+180	+258	+310	+385	+470	+575	+740	+960	+1250
225	250	-820	-420	-280	—	-170	-100	—	-50	—	-15	0	±IT/2	-13	-21	—	+4	0	+17	+31	+50	+84	+140	+196	+284	+340	+425	+520	+640	+820	+1050	+1350
250	280	-920	-480	-300	—	-190	-110	—	-56	—	-17	0	±IT/2	-16	-26	—	+4	0	+20	+34	+56	+94	+158	+218	+315	+385	+475	+580	+710	+920	+1200	+1550
280	315	-1050	-540	-330	—	-190	-110	—	-56	—	-17	0	±IT/2	-16	-26	—	+4	0	+20	+34	+56	+98	+170	+240	+350	+425	+525	+650	+790	+1000	+1300	+1700
315	355	-1200	-600	-360	—	-210	-125	—	-62	—	-18	0	±IT/2	-18	-28	—	+4	0	+21	+37	+62	+108	+190	+268	+390	+475	+590	+730	+900	+1150	+1500	+1900
355	400	-1350	-680	-400	—	-210	-125	—	-62	—	-18	0	±IT/2	-18	-28	—	+4	0	+21	+37	+62	+114	+208	+294	+435	+530	+660	+820	+1000	+1300	+1650	+2100
400	450	-1500	-760	-440	—	-230	-135	—	-68	—	-20	0	±IT/2	-20	-32	—	+5	0	+23	+40	+68	+126	+232	+330	+490	+595	+740	+920	+1100	+1450	+1850	+2400
450	500	-1650	-840	-480	—	-230	-135	—	-68	—	-20	0	±IT/2	-20	-32	—	+5	0	+23	+40	+68	+132	+252	+360	+540	+660	+820	+1000	+1250	+1600	+2100	+2600

上偏差(es):a ~ j(所有等级)　　下偏差(ei):k ~ zc(所有等级)

注:基本尺寸<1mm 时,各级的 a 和 b 均不采用。

表 Ⅱ-24　基孔制优先、常用配合(摘自 GB/T 1801—2009)

基孔制	轴																				
	a	b	c	d	e	f	g	h	js	k	m	n	p	r	s	t	u	v	x	y	z
	间隙配合								过渡配合				过盈配合								
H6						H6/f5	H6/g5	H6/h5	H6/js5	H6/k5	H6/m5	H6/n5	H6/p5	H6/r5	H6/s5	H6/t5					
H7						H7/f6	※H7/g6	※H7/h6	H7/js6	H7/k6	H7/m6	※H7/n6	※H7/p6	H7/r6	※H7/s6	H7/t6	※H7/u6	H7/v6	H7/x6	H7/y6	H7/z6
H8					H8/e7	※H8/f7	H8/g7	※H8/h7	H8/js7	H8/k7	H8/m7	H8/n7	H8/p7	H8/r7	H8/s7	H8/t7	H8/u7				
H8				H8/d8	H8/e8	H8/f8		H8/h8													
H9			H9/c9	※H9/d9	H9/e9	H9/f9		※H9/h9													
H10			H10/c10	H10/d10				H10/h10													
H11	H11/a11	H11/b11	※H11/c11	H11/d11				※H11/h11													
H12		H12/b12						H12/h12													

注:1. H6/n5、H7/p6 在基本尺寸小于或等于 3mm,以及 H8/r7 在小于或等于 100mm 时为过渡配合。

2. 常用配合为 59 种,其中包括优先配合 13 种。标注※的配合为优先配合。

表 Ⅱ-25　基轴制优先、常用配合(摘自 GB/T 1801—2009)

基轴制	孔																				
	A	B	C	D	E	F	G	H	Js	K	M	N	P	R	S	T	U	V	X	Y	Z
	间隙配合								过渡配合				过盈配合								
h5						F6/h5	G6/h5	H6/h5	Js6/h5	K6/h5	M6/h5	N6/h5	P6/h5	R6/h5	S6/h5	T6/h5					
h6						F7/h6	※G7/h6	※H7/h6	Js7/h6	※K7/h6	M7/h6	※N7/h6	※P7/h6	R7/h6	※S7/h6	T7/h6	※U7/h6				
h7					E8/h7	※F8/h7		※H8/h7	Js8/h7	K8/h7	M8/h7	N8/h7									
h8				D8/h8	E8/h8	F8/h8		H8/h8													
h9				※D9/h9	E9/h9	F9/h9		※H9/h9													
h10				D10/h10				H10/h10													
h11	A11/h11	B11/h11	※C11/h11	D11/h11				※H11/h11													
h12		B12/h12						H12/h12													

注:常用配合为 47 种,其中包括优先配合 13 种。标注※的配合为优先配合。

大于	至	b9	c9	d8	d9	e7	e8	e9	f6	f7	f8	g5	g6	h5	h6	h7	h8	h9
—	3	−140/−165	−60/−85	−20/−34	−20/−45	−14/−24	−14/−28	−14/−39	−6/−12	−6/−16	−6/−20	−2/−6	−2/−8	0/−4	0/−6	0/−10	0/−14	0/−25
3	6	−140/−170	−70/−100	−30/−48	−30/−60	−20/−32	−20/−38	−20/−50	−10/−18	−10/−22	−10/−28	−4/−9	−4/−12	0/−5	0/−8	0/−12	0/−18	0/−30
6	10	−150/−186	−80/−116	−40/−62	−40/−76	−25/−40	−25/−47	−25/−61	−13/−22	−13/−28	−13/−35	−5/−11	−5/−14	0/−6	0/−9	0/−15	0/−22	0/−36
10	14	−150/−193	−95/−138	−50/−77	−50/−93	−32/−50	−32/−59	−32/−75	−16/−27	−16/−34	−16/−43	−6/−14	−6/−17	0/−8	0/−11	0/−18	0/−27	0/−43
14	18																	
18	24	−160/−212	−110/−162	−65/−98	−65/−117	−40/−61	−40/−73	−40/−92	−20/−33	−20/−41	−20/−53	−7/−16	−7/−20	0/−9	0/−13	0/−21	0/−33	0/−52
24	30																	
30	40	−170/−232	−120/−182	−80/−119	−80/−142	−50/−75	−50/−89	−50/−112	−25/−41	−25/−50	−25/−64	−9/−20	−9/−25	0/−11	0/−16	0/−25	0/−39	0/−62
40	50	−180/−242	−130/−192															
50	65	−190/−264	−140/−214	−100/−146	−100/−174	−60/−90	−60/−106	−60/−134	−30/−49	−30/−60	−30/−76	−10/−23	−10/−29	0/−13	0/−19	0/−30	0/−46	0/−74
65	80	−200/−274	−150/−224															
80	100	−220/−307	−170/−257	−120/−174	−120/−207	−72/−107	−72/−126	−72/−159	−36/−58	−36/−71	−36/−90	−12/−27	−12/−34	0/−15	0/−22	0/−35	0/−54	0/−87
100	120	−240/−327	−180/−267															
120	140	−260/−360	−200/−300	−145/−208	−145/−245	−85/−125	−85/−148	−85/−185	−43/−68	−43/−83	−43/−106	−14/−32	−14/−39	0/−18	0/−25	0/−40	0/−63	0/−100
140	160	−280/−380	−210/−310															
160	180	−310/−410	−230/−330															
180	200	−340/−455	−240/−355	−170/−242	−170/−285	−100/−146	−100/−172	−100/−215	−50/−79	−50/−96	−50/−122	−15/−35	−15/−44	0/−20	0/−29	0/−46	0/−72	0/−115
200	225	−380/−495	−260/−375															
225	250	−420/−535	−280/−395															
250	280	−480/−610	−300/−430	−190/−271	−190/−320	−110/−162	−110/−191	−110/−240	−56/−88	−56/−108	−56/−137	−17/−40	−17/−49	0/−23	0/−32	0/−52	0/−81	0/−130
280	315	−540/−670	−330/−460															
315	355	−600/−740	−360/−500	−210/−299	−210/−350	−125/−182	−125/−214	−125/−265	−62/−98	−62/−119	−62/−151	−18/−43	−18/−54	0/−25	0/−36	0/−57	0/−89	0/−140
355	400	−680/−820	−400/−540															
400	450	−760/−915	−440/−595	−230/−327	−230/−385	−135/−198	−135/−232	−135/−290	−68/−108	−68/−131	−68/−165	−20/−47	−20/−60	0/−27	0/−40	0/−63	0/−97	0/−155
450	500	−840/−995	−480/−635															

偏差(摘自 GB/T 1800.4—1999) （单位：μm）

js			k		m		n	p	r	s	t	u	x
5	6	7	5	6	5	6	6	6	6	6	6	6	6
±2	±3	±5	+4/0	+6/0	+6/+2	+8/+2	+10/+4	+12/+6	+16/+10	+20/+14	—	+24/+18	+26/+20
±2.5	±4	±6	+6/+1	+9/+1	+9/+4	+12/+4	+16/+8	+20/+12	+23/+15	+27/+19	—	+31/+23	+36/+28
±3	±5	±7	+7/+1	+10/+1	+12/+6	+15/+6	+19/+10	+24/+15	+28/+19	+32/+23	—	+37/+28	+43/+34
±4	±6	±9	+9/+1	+12/+1	+15/+7	+18/+7	+23/+12	+29/+18	+34/+23	+39/+28	—	+44/+33	+51/+40
													+56/+45
±4.5	±7	±10	+11/+2	+15/+2	+17/+8	+21/+8	+28/+15	+35/+22	+41/+28	+48/+35	—	+54/+41	+67/+54
											+54/+41	+61/+48	+77/+64
±5.5	±8	±12	+13/+2	+18/+2	+20/+9	+25/+9	+33/+17	+42/+26	+50/+34	+59/+43	+64/+48	+76/+60	+96/+80
											+70/+54	+86/+70	+113/+97
±6.5	±10	±15	+15/+2	+21/+2	+24/+11	+30/+11	+39/+20	+51/+32	+60/+41	+72/+53	+85/+66	+106/+87	+141/+122
										+62/+43	+78/+59	+94/+75	+121/+102	+165/+146
±7.5	±11	±17	+18/+3	+25/+3	+28/+13	+35/+13	+45/+23	+59/+37	+73/+51	+93/+71	+113/+91	+146/+124	+200/+178
										+76/+54	+101/+79	+126/+104	+166/+144	+232/+210
±9	±13	±20	+21/+3	+28/+3	+33/+15	+40/+15	+52/+27	+68/+43	+88/+63	+117/+92	+147/+122	+195/+170	+273/+248
										+90/+65	+125/+100	+159/+134	+215/+190	+305/+280
										+93/+68	+133/+108	+171/+146	+235/+210	+335/+310
±10	±15	±23	+24/+4	+33/+4	+37/+17	+46/+17	+60/+31	+79/+50	+106/+77	+151/+122	+195/+166	+265/+236	+379/+350
										+109/+80	+159/+130	+209/+180	+287/+258	+414/+385
										+113/+84	+169/+140	+225/+196	+313/+284	+454/+425
±11.5	±16	±26	+27/+4	+36/+4	+43/+20	+52/+20	+66/+34	+88/+56	+126/+94	+190/+158	+250/+218	+347/+315	+507/+475
										+130/+98	+202/+170	+272/+240	+382/+350	+557/+525
±12.5	±18	±28	+29/+4	+40/+4	+46/+21	+57/+21	+73/+37	+98/+62	+144/+108	+226/+190	+304/+268	+426/+390	+626/+590
										+150/+114	+244/+208	+330/+294	+471/+435	+696/+660
±13.5	±20	±31	+32/+5	+45/+5	+50/+23	+63/+23	+80/+40	+108/+68	+166/+126	+272/+232	+370/+330	+530/+490	+780/+740
										+172/+132	+292/+252	+400/+360	+580/+540	+860/+820

尺寸/mm 大于	至	B 10	C 9	C 10	D 8	D 9	D 10	E 7	E 8	E 9	F 6	F 7	F 8	G 6	G 7	H 6	H 7	H 8
—	3	+180/+140	+85/+60	+100/+60	+34/+20	+45/+20	+60/+20	+24/+14	+28/+14	+39/+14	+12/+6	+16/+6	+20/+6	+8/+2	+12/+2	+6/0	+10/0	+14/0
3	6	+188/+140	+100/+70	+118/+70	+48/+30	+60/+30	+78/+30	+32/+20	+38/+20	+50/+20	+18/+10	+22/+10	+28/+10	+12/+4	+16/+4	+8/0	+12/0	+18/0
6	10	+208/+150	+116/+80	+138/+80	+62/+40	+76/+40	+98/+40	+40/+25	+47/+25	+61/+25	+22/+13	+28/+13	+35/+13	+14/+5	+20/+5	+9/0	+15/0	+22/0
10	14	+220/+150	+138/+95	+165/+95	+77/+50	+93/+50	+120/+50	+50/+32	+59/+32	+75/+32	+27/+16	+34/+16	+43/+16	+17/+6	+24/+6	+11/0	+18/0	+27/0
14	18	+220/+150	+138/+95	+165/+95	+77/+50	+93/+50	+120/+50	+50/+32	+59/+32	+75/+32	+27/+16	+34/+16	+43/+16	+17/+6	+24/+6	+11/0	+18/0	+27/0
18	24	+244/+160	+160/+110	+194/+110	+98/+65	+117/+65	+149/+65	+61/+40	+73/+40	+92/+40	+33/+20	+41/+20	+53/+20	+20/+7	+28/+7	+13/0	+21/0	+33/0
24	30	+160/...	+110	+110	+65	+65	+65	+40	+40	+40	+20	+20	+20	+7	+7	0	0	0
30	40	+270/+170	+182/+120	+220/+120	+119/+80	+142/+80	+180/+80	+75/+50	+89/+50	+112/+50	+41/+25	+50/+25	+64/+25	+25/+9	+34/+9	+16/0	+25/0	+39/0
40	50	+280/+180	+192/+130	+230/+130	+119/+80	+142/+80	+180/+80	+75/+50	+89/+50	+112/+50	+41/+25	+50/+25	+64/+25	+25/+9	+34/+9	+16/0	+25/0	+39/0
50	65	+310/+190	+214/+140	+260/+140	+146/+100	+174/+100	+220/+100	+90/+60	+106/+60	+134/+60	+49/+30	+60/+30	+76/+30	+29/+10	+40/+10	+19/0	+30/0	+46/0
65	80	+320/+200	+224/+150	+270/+150	+146/+100	+174/+100	+220/+100	+90/+60	+106/+60	+134/+60	+49/+30	+60/+30	+76/+30	+29/+10	+40/+10	+19/0	+30/0	+46/0
80	100	+360/+220	+257/+170	+310/+170	+174/+120	+207/+120	+260/+120	+107/+72	+126/+72	+159/+72	+58/+36	+71/+36	+90/+36	+34/+12	+47/+12	+22/0	+35/0	+54/0
100	120	+380/+240	+267/+180	+320/+180	+174/+120	+207/+120	+260/+120	+107/+72	+126/+72	+159/+72	+58/+36	+71/+36	+90/+36	+34/+12	+47/+12	+22/0	+35/0	+54/0
120	140	+420/+260	+300/+200	+360/+200	+208/+145	+245/+145	+305/+145	+125/+85	+148/+85	+185/+85	+68/+43	+83/+43	+106/+43	+39/+14	+54/+14	+25/0	+40/0	+63/0
140	160	+440/+280	+310/+210	+370/+210	+208/+145	+245/+145	+305/+145	+125/+85	+148/+85	+185/+85	+68/+43	+83/+43	+106/+43	+39/+14	+54/+14	+25/0	+40/0	+63/0
160	180	+470/+310	+330/+230	+390/+230	+208/+145	+245/+145	+305/+145	+125/+85	+148/+85	+185/+85	+68/+43	+83/+43	+106/+43	+39/+14	+54/+14	+25/0	+40/0	+63/0
180	200	+525/+340	+355/+240	+425/+240	+242/+170	+285/+170	+355/+170	+146/+100	+172/+100	+215/+100	+79/+50	+96/+50	+122/+50	+44/+15	+65/+15	+29/0	+46/0	+72/0
200	225	+555/+380	+375/+260	+445/+260	+242/+170	+285/+170	+355/+170	+146/+100	+172/+100	+215/+100	+79/+50	+96/+50	+122/+50	+44/+15	+65/+15	+29/0	+46/0	+72/0
225	250	+605/+420	+395/+280	+465/+280	+242/+170	+285/+170	+355/+170	+146/+100	+172/+100	+215/+100	+79/+50	+96/+50	+122/+50	+44/+15	+65/+15	+29/0	+46/0	+72/0
250	280	+690/+480	+430/+300	+510/+300	+271/+190	+320/+190	+400/+190	+162/+110	+191/+110	+240/+110	+88/+56	+108/+56	+137/+56	+49/+17	+69/+17	+32/0	+52/0	+81/0
280	315	+750/+540	+460/+330	+540/+330	+271/+190	+320/+190	+400/+190	+162/+110	+191/+110	+240/+110	+88/+56	+108/+56	+137/+56	+49/+17	+69/+17	+32/0	+52/0	+81/0
315	355	+830/+600	+500/+360	+590/+360	+299/+210	+350/+210	+440/+210	+182/+125	+214/+125	+265/+125	+98/+62	+119/+62	+151/+62	+54/+18	+75/+18	+36/0	+57/0	+89/0
355	400	+910/+680	+540/+400	+630/+400	+299/+210	+350/+210	+440/+210	+182/+125	+214/+125	+265/+125	+98/+62	+119/+62	+151/+62	+54/+18	+75/+18	+36/0	+57/0	+89/0
400	450	+1010/+760	+595/+440	+690/+440	+327/+230	+385/+230	+480/+230	+198/+135	+232/+135	+290/+135	+108/+68	+131/+68	+165/+68	+60/+20	+83/+20	+40/0	+63/0	+97/0
450	500	+1090/+840	+635/+480	+730/+480	+327/+230	+385/+230	+480/+230	+198/+135	+232/+135	+290/+135	+108/+68	+131/+68	+165/+68	+60/+20	+83/+20	+40/0	+63/0	+97/0

偏差(摘自 GB/T 1800.4—1999)　　　　　　　　　　　　　　　　　　　　　　　　　（单位：μm）

		JS		K		M		N		P		R	S	T	U	X
9	10	6	7	6	7	6	7	6	7	6	7	7	7	7	7	7
+25/0	+40/0	±3	±5	0/-6	0/-10	-2/-8	-2/-12	-4/-10	-4/-14	-6/-12	-6/-16	-10/-20	-14/-24	—	-18/-28	-20/-30
+30/0	+48/0	±4	±6	+2/-6	+3/-9	-1/-9	0/-12	-5/-13	-4/-16	-9/-17	-8/-20	-11/-23	-15/-27	—	-19/-31	-24/-36
+36/0	+58/0	±5	±7	+2/-7	+5/-10	-3/-12	0/-15	-7/-16	-4/-19	-12/-21	-9/-24	-13/-28	-17/-32	—	-22/-37	-28/-43
+43/0	+70/0	±6	±9	+2/-9	+6/-12	-4/-15	0/-18	-9/-20	-5/-23	-15/-26	-11/-29	-16/-34	-21/-39	—	-26/-44	-33/-51
																-38/-56
+52/0	+84/0	±7	±10	+2/-11	+6/-15	-4/-17	0/-21	-11/-24	-7/-28	-18/-31	-14/-35	-20/-41	-27/-48	—	-33/-54	-46/-67
														-33/-54	-40/-61	-56/-77
+62/0	+100/0	±8	±12	+3/-13	+7/-18	-4/-20	0/-25	-12/-28	-8/-33	-21/-37	-17/-42	-25/-50	-34/-59	-39/-64	-51/-76	-71/-96
												-30/-60	-42/-72	-45/-70	-61/-86	-88/-113
+74/0	+120/0	±10	±15	+4/-15	+9/-21	-5/-24	0/-30	-14/-33	-9/-39	-26/-45	-21/-51	-30/-60	-42/-72	-55/-85	-76/-106	-111/-141
												-32/-62	-48/-78	-64/-94	-91/-121	-135/-165
+87/0	+140/0	±11	±17	+4/-18	+10/-25	-6/-28	0/-35	-16/-38	-10/-45	-30/-52	-24/-59	-38/-73	-58/-93	-78/-113	-111/-146	-165/-200
												-41/-76	-66/-101	-91/-126	-131/-166	-197/-232
+100/0	+160/0	±13	±20	+4/-21	+12/-28	-8/-33	0/-40	-20/-45	-12/-52	-36/-61	-28/-68	-48/-88	-77/-117	-107/-147	-155/-195	-233/-273
												-50/-90	-85/-125	-119/-159	-175/-215	-265/-305
												-53/-93	-93/-133	-131/-171	-195/-235	-295/-335
+115/0	+185/0	±15	±23	+5/-24	+13/-33	-8/-37	0/-46	-22/-51	-14/-60	-41/-70	-33/-79	-60/-106	-105/-151	-149/-195	-219/-265	-333/-379
												-63/-109	-113/-159	-163/-209	-241/-287	-368/-414
												-67/-113	-123/-169	-179/-225	-267/-313	-408/-454
+130/0	+210/0	±16	±26	+5/-27	+16/-36	-9/-41	0/-52	-25/-57	-14/-66	-47/-79	-36/-88	-74/-126	-138/-190	-198/-250	-295/-347	-455/-507
												-78/-130	-150/-202	-220/-272	-330/-382	-505/-557
+140/0	+230/0	±18	±28	+7/-29	+17/-40	-10/-46	0/-57	-26/-62	-16/-73	-51/-87	-41/-98	-87/-144	-169/-226	-243/-304	-369/-426	-569/-626
												-93/-150	-187/-244	-273/-330	-414/-471	-639/-696
+155/0	+250/0	±20	±31	+8/-32	+18/-45	-10/-50	0/-63	-27/-67	-17/-80	-55/-95	-45/-108	-103/-166	-209/-272	-307/-370	-467/-530	-717/-780
												-109/-172	-229/-292	-337/-400	-517/-580	-797/-860

Ⅱ.6 产品几何技术规范(GPS)

表Ⅱ-28 几何公差——形状、方向、位置和跳动公差带定义及标注示例(摘自 GB/T 1182—2008)

项目	公差带定义	公差带示意图	公差标注示例
直线度	1. 在给定平面内公差带是距离为公差值 t 的两个平行线之间的区域	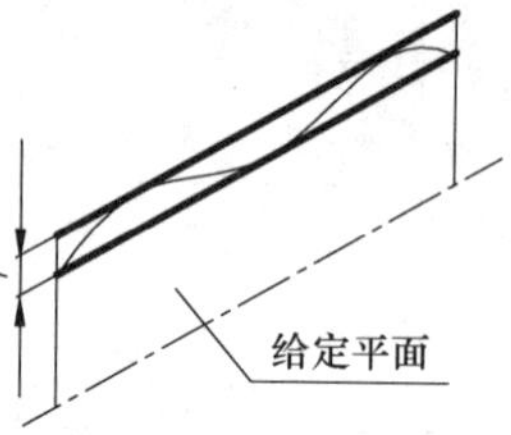 给定平面	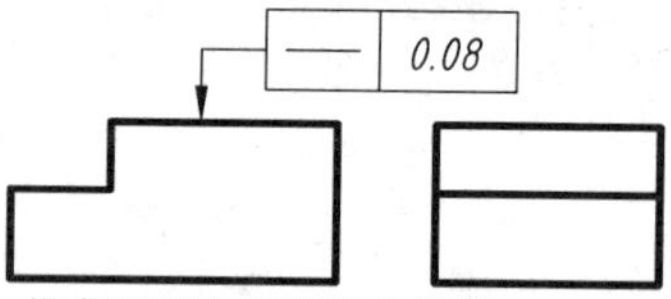 指定平面内直线度允差值 $t=0.08$
直线度	2. 在任意方向上,公差带是直径为公差值 t 的圆柱面内的圆柱体区域	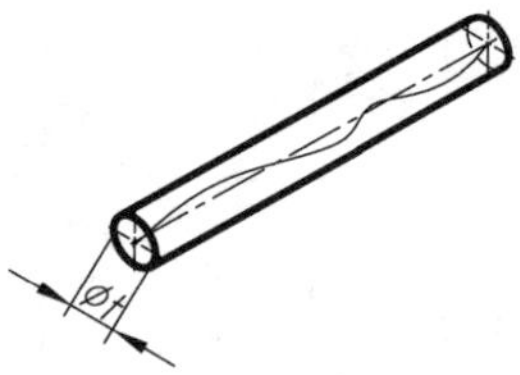	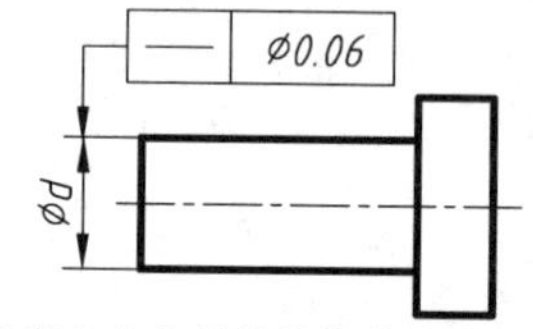 任意方向上轴线的直线度允差值 $\Phi t=0.06$
平面度	公差带是距离为公差值 t 的两平行平面之间的区域		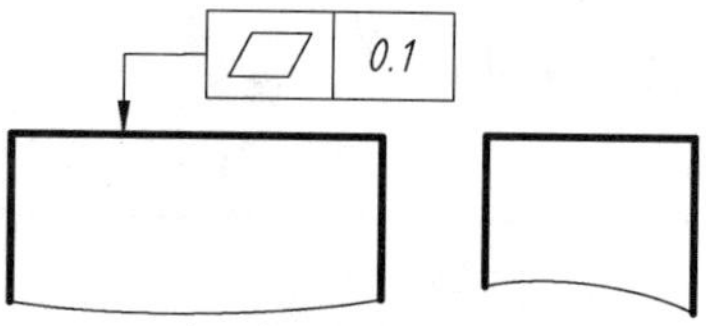 平面度允差值 $t=0.1$
圆度	公差带是在同一正截面上半径差为公差值 t 的两同心圆间的区域	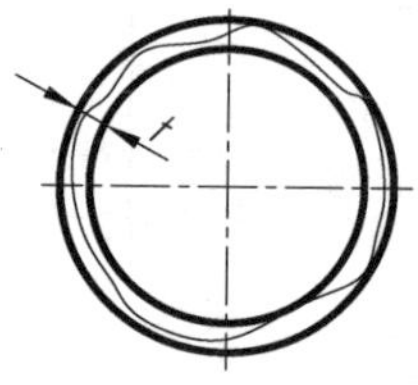	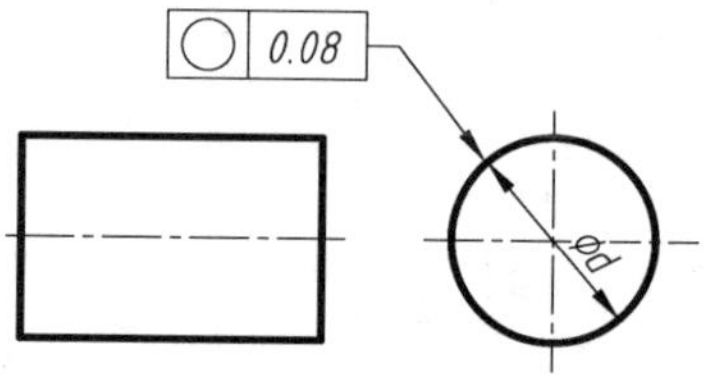 圆度允差值 $t=0.08$
圆柱度	公差带是半径差为公差值 t 的两同轴圆柱面之间的区域	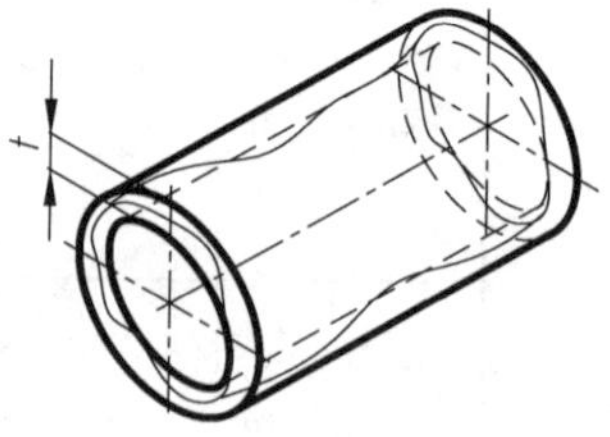	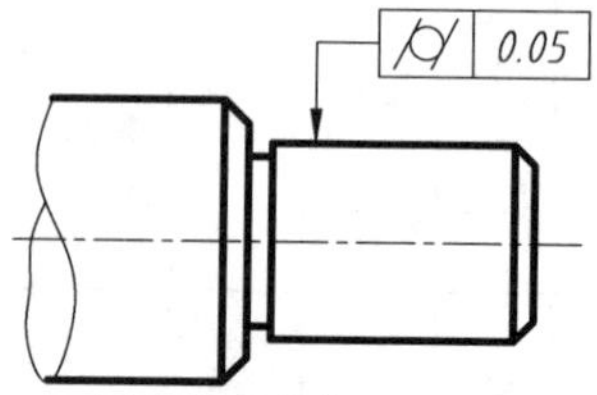 圆柱度允差值 $t=0.05$
位置度	点的位置度公差带是直径为公差值 t、以点的理想位置为中心的圆或球内的区域	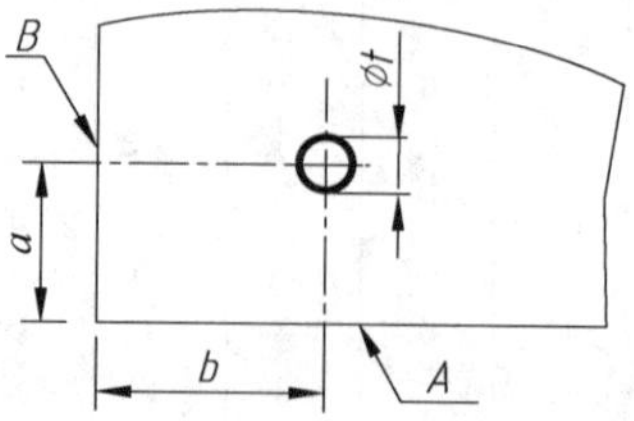	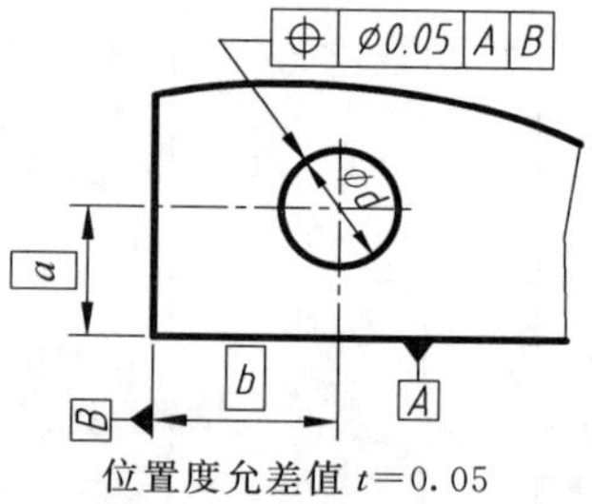 位置度允差值 $t=0.05$

项目	公差带定义	公差带示意图	公差标注示例
线轮廓度	公差带是包络一系列直径为公差值 t 的圆的两包络线之间的区域,该圆心应位于理想轮廓线,即公差带是相距为公差值 t 的两等距曲线		线轮廓度允差值 $t=0.08$
平行度	在给定方向上,当给定一个方向时,公差带是距离为公差值 t 且平行于基准平面(或直线)的两平行平面之间的区域	基准面 A	平行度允差值 $t=0.08$
垂直度	在任一方向上,公差带是直径为公差值 t 且垂直基准平面的圆柱面内的区域	基准面 A	垂直度允差值 $t=0.08$
同轴度	公差带是直径为公差值 t 且与基准线同轴的圆柱内的区域		同轴度允差值 $t=0.1$
圆跳动	1. 径向圆跳动:公差带是垂直于基准轴线的任意测量平面内半径差为公差值 t 且圆心在基准线上的两个同心圆之间的区域	测量平面	径向圆跳动允差值 $t=0.08$
	2. 端面圆跳动:公差带是与基准轴线同轴的任意一直径位置的测量圆柱面上,沿母线方向宽度为 t 的圆柱面区域		端面圆跳动允差值 $t=0.09$

（单位：μm）

配合代号	轴径尺寸/mm											
	1~3	3~6	6~10	10~18	18~30	30~50	50~80	80~120	120~180	120~260	260~360	360~500
H7	1.6	1.6	3.2	3.2	3.2	3.2	3.2	3.2	3.2	3.2	3.2	3.2
s6~s7,u5~u6,r6	0.8	0.8	0.8	1.6	1.6	1.6	1.6	3.2	3.2	3.2	3.2	3.2
n6,m6,k6,js6	0.8	0.8	1.6	1.6	1.6	1.6	3.2	3.2	3.2	3.2	3.2	3.2
h6,g6,f7	0.8	0.8	1.6	1.6	1.6	1.6	3.2	3.2	3.2	3.2	3.2	6.3
e8	0.8	0.8	1.6	1.6	1.6	3.2	3.2	6.3	6.3	6.3	6.3	6.3
d8	1.6	1.6	1.6	3.2	3.2	6.3	6.3	6.3	6.3	6.3	6.3	6.3
H8	1.6	1.6	3.2	3.2	3.2	3.2	3.2	3.2	3.2	6.3	6.3	6.3
n7,m7,k7,j7,js7	0.8	0.8	1.6	1.6	3.2	3.2	3.2	3.2	3.2	3.2	3.2	6.3
h7	1.6	1.6	3.2	3.2	3.2	3.2	3.2	3.2	6.3	6.3	6.3	6.3
H9	—	3.2	3.2	6.3	6.3	6.3	6.3	6.3	6.3	6.3	6.3	6.3
h8~h9,f9	3.2	3.2	3.2	6.3	6.3	6.3	6.3	6.3	6.3	6.3	6.3	6.3
d9~d10	3.2	3.2	3.2	6.3	6.3	6.3	6.3	6.3	6.3	6.3	6.3	6.3
H10,h11	1.6	1.6	3.2	3.2	6.3	6.3	6.3	6.3	6.3	6.3	6.3	12.5
H11	6.3	6.3	6.3	6.3	6.3	6.3	12.5	12.5	—	—	—	—
h11,d11,b11,c10~c11,a11	6.3	6.3	6.3	12.5	12.5	12.5	12.5	12.5	12.5	12.5	12.5	12.5
H12~H13,h12~h13,b12,c12~c13	6.3	12.5	12.5	12.5	12.5	12.5	12.5	12.5	12.5	12.5	12.5	12.5

Ⅱ.7　机械零件的结构要素

表 Ⅱ -30　零件倒圆与倒角（摘自 GB/T 6403.4—2008）

（单位：mm）

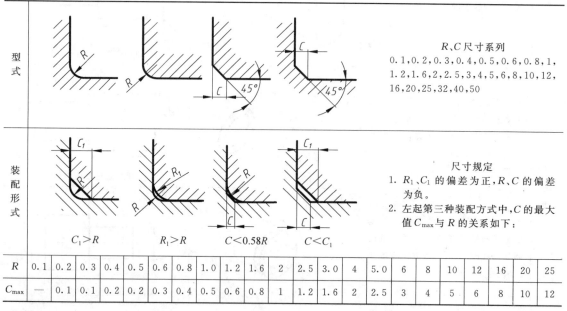

| 型式 | | | | R、C 尺寸系列
0.1,0.2,0.3,0.4,0.5,0.6,0.8,1,
1.2,1.6,2,2.5,3,4,5,6,8,10,12,
16,20,25,32,40,50 |
| 装配形式 | $C_1>R$ | $R_1>R$ | $C<0.58R$ | $C<C_1$ |

尺寸规定
1. R_1、C_1 的偏差为正，R、C 的偏差为负。
2. 左起第三种装配方式中，C 的最大值 C_{max} 与 R 的关系如下：

R	0.1	0.2	0.3	0.4	0.5	0.6	0.8	1.0	1.2	1.6	2	2.5	3.0	4	5.0	6	8	10	12	16	20	25
C_{max}	—	0.1	0.1	0.2	0.2	0.3	0.4	0.5	0.6	0.8	1	1.2	1.6	2	2.5	3	4	5	6	8	10	12

表Ⅱ-31 砂轮越程槽(摘自 GB/T 6403.5—2008)　　　　(单位:mm)

磨外圆　　磨内圆

b_1	0.6	1	1.6	2	3	4	5	8	10
b_2	2	3		4		5		8	10
h	0.1	0.2		0.3		0.4	0.6	0.8	1.2
r	0.2	0.5		0.8		1	1.6	2	3
d	~10			$>10\sim50$		$>50\sim100$		>100	

注:1. 越程槽内两直线相交处,不允许产生尖角。越程槽深度 h 与圆弧半径 r 要满足 $r\leqslant3h$。
　　2. 磨削具有数个直径的工件时可用同一规格越程槽,直径 d 大的零件,允许选择小规格的越程槽。
　　3. 砂轮越程槽的尺寸公差和表面粗糙度根据该零件的结构、性能确定。

表Ⅱ-32 紧固件通孔及沉孔尺寸(摘自 GB/T 152.2~152.4—1988)　　　(单位:mm)

螺栓或螺钉公称直径 d		3	4	5	6	8	10	12	14	16	20	24	30	36
通孔直径 d_h (GB/T 5277—1988)	精装配	3.2	4.3	5.3	6.4	8.4	10.5	13	15	17	21	25	31	37
	中等装配	3.4	4.5	5.5	6.6	9	11	13.5	15.5	17.5	22	26	33	39
	粗装配	3.6	4.8	5.8	7	10	12	14.5	16.5	18.5	24	28	35	42
六角头螺栓和六角螺母用沉孔 (GB/T 152.4—1988)	d_2	9	10	11	13	18	22	26	30	33	40	48	61	71
	t	只要能制出与通孔轴线垂直的圆平面即可												
沉头用沉孔 (GB/T 152.2—1988)	d_2	6.4	9.6	10.6	12.8	17.6	20.3	24.4	28.4	32.4	40.4	—	—	—
开槽圆柱头用的圆柱头沉孔 (GB/T 152.3—1988)	d_2	6	8	10	11	15	18	20	24	26	33	40	48	57
	t	—	3.2	4	4.7	6	7	8	9	10.5	12.5	—	—	—
内六角圆柱头用的圆柱头沉孔 (GB/T 152.3—1988)	d_2	6	8	10	11	15	18	20	24	26	33	40	48	57
	t	3.4	4.6	5.7	6.8	9	11	13	15	17.5	21.5	25.5	32	38

表Ⅱ-33 普通螺纹的螺纹收尾、肩距、退刀槽、倒角结构（摘自 GB/T3—1997）

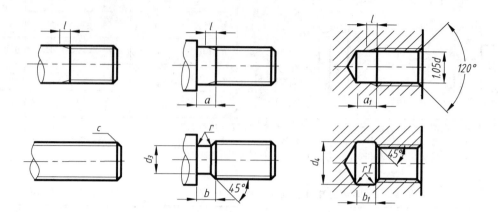

（单位：mm）

螺距 P	粗牙螺纹大径 D、d	外螺纹 螺纹收尾 l(不小于) 一般	短的	肩距 a(不大于) 一般	长的	短的	退刀槽 b 一般	$r\approx$	d_3	倒角 C	内螺纹 螺纹收尾 l(不小于) 一般	短的	肩距 a_1(不小于) 一般	长的	退刀槽 b 一般	$r_1\approx$	d_4
0.5	3	1.25	0.7	1.5	2	1	1.5		$d-0.8$	0.5	1	1.5	3	4	2		
0.6	3.5	1.5	0.75	1.8	2.4	1.2	1.5		$d-1$	0.5	1.2	1.8	3.2	4.8	2		
0.7	4	1.75	0.9	2.1	2.8	1.4	2		$d-1.1$	0.6	1.4	2.1	3.5	5.6	3		$d+0.3$
0.75	4.5	1.9	1	2.25	3	1.5	2		$d-1.2$	0.6	1.5	2.3	3.8	6	3		$d+0.3$
0.8	5	2	1	2.4	3.2	1.6	2		$d-1.3$	0.8	1.6	2.4	4	6.4	3		
1	6,7	2.5	1.25	3	4	2	2.5		$d-1.6$	1	2	3	5	8	4		
1.25	8	3.2	1.6	4	5	2.5	3		$d-2$	1.2	2.5	3.8	6	10	5		
1.5	10	3.8	1.9	4.5	6	3	3.5		$d-2.3$	1.5	3	4.5	7	12	6		
1.75	12	4.3	2.2	5.3	7	3.5	4	$0.5P$	$d-2.6$	2	3.5	5.2	9	14	7	$0.5P$	
2	14,16	5	2.5	6	8	4	5		$d-3$	2	4	6	10	16	8		
2.5	18,20,22	6.3	3.2	7.5	10	5	6		$d-3.6$	2.5	5	7.5	12	18	10		
3	24,27	7.5	3.8	9	12	6	7		$d-4.4$	2.5	6	9	14	22	12		$d+0.5$
3.5	30,33	9	4.5	10.5	14	7	8		$d-5$	3	7	10.5	16	24	14		
4	36,39	10	5	12	16	8	9		$d-5.7$	3	8	12	18	26	16		
4.5	42,45	11	5.5	13.5	18	9	10		$d-6.4$	4	9	13.5	21	29	18		
5	48,52	12.5	6.3	15	20	10	11		$d-7$	4	10	15	23	32	20		
5.5	56,60	14	7	16.5	22	11	12		$d-7.7$	5	11	16.5	25	35	22		
6	64,68	15	7.5	18	24	12	13		$d-8.3$	5	12	18	28	38	24		

Ⅱ.8 其他标准

表Ⅱ-34　六角螺塞(摘自 JB/ZQ 4450;JB/ZQ 4451)　　　　（单位:mm）

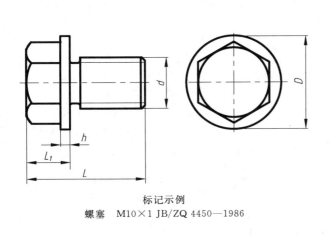

标记示例

螺塞　M10×1 JB/ZQ 4450—1986

d	尺寸			
	D	L	L_1	h
M8×1	14	18	10	
M10×1	18	20	10	
M12×1.25	22	24	12	3
M14×1.5	23	25	12	
M18×1.5	28	27	15	
M20×1.5	30	30	15	
M22×1.5	32	31	16	
M24×2	34	32	16	4
M27×2	38	35	17	
M30×2	42	38	18	

表Ⅱ-35　毡圈油封(摘自 JB/ZQ 4606—1986)　　　　（单位:mm）

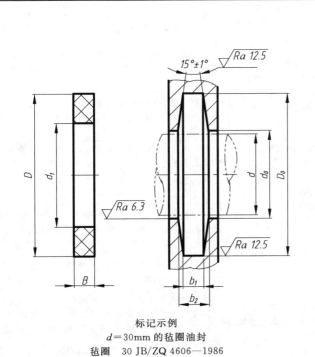

标记示例

d=30mm 的毡圈油封

毡圈　30 JB/ZQ 4606—1986

轴 d	毡圈			槽				
	D	d_1	B	D_0	d_0	b_1	b_2 min	
							钢	铁
15	29	14	6	28	16	5	10	12
20	33	19		32	21			
25	39	24	7	38	26	6		
30	45	29		44	31			
35	49	34		48	36			
40	53	89		52	41			
45	61	44	8	60	46	7	12	15
50	69	49		68	51			
55	74	53		72	56			
60	80	58		78	61			
65	84	63		82	66			
70	90	68		88	71			
75	94	73		92	77			
80	102	78	9	100	82	8	15	18
85	107	83		105	87			
90	112	88		110	92			

Ⅱ.9 材料与热处理

表Ⅱ-36 常用的黑色金属材料

国家标准	名称	牌号	牌号说明	材料性能及其应用举例
GB 700—1988	普通碳素钢	Q215（A2，A2F）	Q表示普通碳素钢，215、235表示材料的抗拉强度。括号内为对应的旧牌号	金属结构件、拉杆、套圈、铆钉、螺栓、短轴、心轴、凸轮（载荷不大的）、吊环、垫圈、渗碳零件及焊接件
		Q235（A3）		金属结构件，心部强度要求不高的渗碳或氰化零件，吊环、拉杆、套圈、车钩、汽缸、齿轮、螺栓、螺母、连杆、轮轴、楔、盖及焊接件
GB 699—1988	优质碳素钢	15	牌号的两位数字表示材料平均的含碳量，如45号钢即平均含碳量为0.45%。含锰量较高的钢，须加注化学元素符号Mn。含碳量≤0.25%为低碳钢（渗碳钢），>0.6%为高碳钢，介于中间的是中碳钢（调质钢）	塑性、韧性、焊接性和冷冲性良好，但强度较低。用于制造受力不大但韧性要求较高的零件、紧固件、冲模锻件及不要热处理的低负荷零件，如螺栓、螺钉、拉条、法兰盘及化工储器、蒸汽锅炉等
		35		具有良好的强度和韧性，用于制造曲轴、转轴、轴销、杠杆、连杆、横梁、星轮、圆盘、套筒、钩环、垫圈、螺钉、螺母等。一般不作焊接用
		45		用于强度要求较高的零件，如汽轮机的叶轮、压缩机、泵的零件等
		65Mn		强度高，淬渗性较大，离碳倾向小，但有过热敏感性，易产生淬火裂纹，并有回火脆性。宜做大尺寸的各种扁、圆弹簧，如座板簧、弹簧发条等
GB 1591—1988	低合金钢	16Mn	普通碳钢中加总量<3%的合金元素以提高其综合性能	桥梁、造船、厂房结构、储油罐、压力容器、机车车辆、起重设备、矿山机械及其他代替A3的焊接结构
GB 3077—1988	合金结构钢	15Cr	钢中加一定量合金元素以提高机械性能和耐磨性、淬透性等，保证金属在较大截面上获得较高的机械性能	船舶主机用螺栓、活塞销、凸轮、凸轮轴、汽轮机套环以及机车用小零件等，用于心部韧性较高的渗碳零件
		35SiMn		此钢耐磨、耐疲劳性均佳，适用于做轴、齿轮及工作在430℃以下的重要紧固件和减速机齿轮等，供渗碳处理
GB 1221—1984	耐热钢	1Cr18Ni9Ti	耐酸，在600℃以下耐热，在1000℃以下不起皮	用于化工设备的各种锻件，航空发动机排气系统的喷管及集合器等零件
GB 5675—1985	铸钢	ZG45	ZG是铸钢代号，45为其名义万分含碳量	各种形状的机件，如联轴器、轮、汽缸、齿轮、齿轮圈及重负荷机器的机架
GB 9439—1988	灰铸铁	HT150	HT是灰铸铁的代号，后面的数字代表抗拉强度。如HT200表示抗拉强度为200MPa的灰铸铁	用于制造端盖、汽轮泵体、轴承座、阀壳、管子及管路附件、手轮，一般机器底座、床身、滑座、工作台等
		HT200		用于制造汽缸、齿轮、底架、机体、飞轮、齿条、衬筒。一般机床铸有导轨的床身及中等压力的液压筒、液压泵和阀体等
GB 1348—1988	球墨铸铁	QT500-15 QT450-5 QT400-17	QT是球墨铸铁的代号，后面的数字代表强度和延伸率的大小	具有较高的强度、耐磨性和韧性，广泛应用于机械制造业中受磨损和受冲击的零件中，如曲轴、齿轮、汽缸套、活塞环、摩擦片、中低压阀门、千斤顶座、轴承座等
GB 9440—1988	可锻铸铁	KTH300-06	KTH、KTB、KTZ分别是黑心、白心、珠光体可锻铸铁的代号，数字是抗拉强度和延伸率	用于受冲击、振动等零件，如汽车零件、农机零件、机床零件以及管道配件等
		KTB350-04		韧性较低，强度大，耐磨性好，加工性能良好，可用于要求较高强度和耐磨性的重要零件，如曲轴、连杆、齿轮、凸轮轴等
		KTZ500-04		

表Ⅱ-37 常用的有色金属材料

国家标准	名称	牌号	牌号说明	材料性能及其应用举例
GB/T 5232—1985	普通黄铜	H62	H 表示黄铜,数字表示含铜量为62%左右	适用于各种引伸和折弯制造的受力零件,如销钉、垫圈、螺帽、导管、弹簧、铆钉等
GB/T 1176—1987	黄铜	ZCuZn38	Z 表示铸铜	用于散热器、垫圈、弹簧、各种网、螺钉及其他零件
	锡青铜	ZCuSn3Zn8Pb6Ni1	含锡 2%～4%、锌 6%～9%、铅 4%～7%、硅 0.5%～1% 等元素的铜	用于受中等冲击负荷和在液体或半液体润滑及耐腐蚀条件下工作的零件,如轴承、轴瓦、蜗轮、螺母,以及 1MPa 以下的蒸汽和水配件
	铝青铜	ZCuAl10Fe3	含有铝(8%～11%)、铁(2%～4%)等元素的铜	强度高、减磨性、耐蚀性、受压、铸造性能均良好。用于在蒸汽和海水条件下工作的零件及受磨损和腐蚀的零件,如蜗轮衬套等
GB/T 1173—1995	铸造铝合金	ZL102ZL202	ZL 表示铸铝,数字代表含不同元素及含量	耐磨性中上等,用于制造负荷不大的薄壁零件
GB/T 3190—1996	硬铝	2A11,2A12(LY11,LY12)	含铜、镁、锰的硬铝,括号内为旧牌号	适用于制作中等强度的零件,焊接性能好

表Ⅱ-38 常用的非金属材料

摘自标准	名称	牌号	牌号说明	材料性能及其应用举例
GB/T 5574—1994	普通橡胶板	1613		中等硬度,较好的耐磨性和弹性,适于制作具有耐磨、耐冲击及缓冲性能良好的垫圈、密封条、垫板等
	耐油橡胶板	37073807		较高硬度,较好的耐熔剂膨胀性,可在 -30～+100℃的机油、汽油等介质中工作,可制作垫圈用于密封
FJ 314—1992	工业用毛毡	细、半细毛粗毡	厚度为 1.5～2.5mm	防漏油、防震、缓冲衬垫等
QB/T 3625—1967	聚四氟乙烯	SPT-1,SPT-2SPT-3,SPT-4		稳定性好,高耐热耐寒性,自润滑好,用于耐腐、耐高温密封件、填料、衬垫、轴承、导轨、密封圈等

注:FJ 是原纺织工业部部颁标准;QB 是原轻工业部部颁标准。

表Ⅱ-39 常用的热处理方法与名词简介

名词	说明
退火	加热到临界温度以上,保温一定时间,然后再缓慢冷却(可在炉中冷却)
正火	加热到临界温度以上,保温一定时间,再在空气中冷却,冷却速度比退火要快
淬火	加热到临界温度以上,保温一定时间,再放在水、油或盐水中急速冷却
回火	经淬火后再加热到临界温度以下的某温度,再该温度停留一定时间,然后在油或空气中冷却
调质	在 450～650℃进行高温回火
表面淬火	用火焰或高频电流将零件表面迅速加热至临界温度以上,随后急速冷却
渗碳淬火	在渗碳剂中加热到 900～950℃,停留一定时间,将碳渗入钢表面,深度约 0.5～2mm,然后淬火后再回火
氮化	使工作表面饱和氮元素
发蓝	用加热方法使工件表面形成一层氧化铁组成的保护性薄膜,其颜色常为蓝色,属于一种氧化处理
材料的三种硬度值及代号	布氏硬度:HB,如 HB280 表示材料表面的布氏硬度值要求为 280kg/mm
	洛氏硬度:HRC,如 HRC50 表示材料表面的洛氏硬度值要求为 50
	维氏硬度:HV,如 HV400 表示材料表面的维氏硬度值要求为 400P/d

参 考 文 献

冯开平,等.2001.画法几何与机械制图.广州:华南理工大学出版社

葛正浩,等.2008.SolidWorks 2008三维机械设计.北京:化学工业出版社

郭红利.2009.工程制图.北京:科学出版社

侯洪生.2008.机械工程图学.2版.北京:科学出版社

侯维亚.2001.技术制图 简化表示法介绍及应用指南.北京:中国标准出版社

黄丽.2001.工程制图.北京:科学出版社

焦永和,等.2003.画法几何与工程制图.北京:北京理工大学出版社

陆国栋,等.2002.图学应用教程.北京:高等教育出版社

罗爱玲,等.2003.工程制图.西安:西安交通大学出版社

毛昕,等.2006.画法几何及机械制图.北京:高等教育出版社

强毅.1998.《技术制图》国家标准应用指南(续一、续二).北京:机械工业标准化技术服务部

谭建荣,等.1999.图学基础教程.北京:高等教育出版社

王安岑.2001.画法几何与机械制图.西安:陕西科学技术出版社

王槐德.2004.机械制图新旧标准代换教程.北京:中国标准出版社

王巍.2000.机械工程图学.北京:机械工业出版社

王喜力.2010.产品几何技术规范(GPS)国家标准应用指南.北京:中国标准出版社

王幼苓,等.2005.工程图学基础与应用.西安:陕西科学技术出版社

续丹.2008.3D机械制图.北京:机械工业出版社

佚名.2007.中华人民共和国国家标准(GB/T 131—2006).产品几何技术规范(GPS)技术产品文件中表面结
　　构的表示法.北京:中国标准出版社

尹常治.2004.机械设计制图.北京:高等教育出版社

中国标准出版社第三编辑室.2009.技术产品文件标准汇编:机械制图卷.2版.北京:中国标准出版社